信息技术人才培养系列规划教材

慕课版

Java Web

程序设计 慕课版 | 第2版

—— 基于 SSM（Spring+Spring MVC+MyBatis）框架

梁永先 陈滢生 尹校军 ◎ 主编　桑园 王兰 张军丽 ◎ 副主编

明日科技 ◎ 策划

人民邮电出版社

北京

图书在版编目（CIP）数据

Java Web程序设计：慕课版：基于SSM（Spring+Spring MVC+MyBatis）框架 / 梁永先，陈滢生，尹校军主编. -- 2版. -- 北京：人民邮电出版社，2021.3（2023.12重印）
信息技术人才培养系列规划教材
ISBN 978-7-115-52595-6

Ⅰ．①J… Ⅱ．①梁… ②陈… ③尹… Ⅲ．①JAVA语言－程序设计－教材 Ⅳ．①TP312.8

中国版本图书馆CIP数据核字(2019)第252429号

内 容 提 要

本书系统全面地介绍了有关 Java Web 程序开发所涉及的各类知识。全书共分 13 章，内容包括 Web 应用开发简介、网页前端开发基础、JavaScript 脚本语言、Java EE 开发环境、走进 JSP、Servlet 技术、数据库技术、程序日志组件、Spring MVC 框架、MyBatis 技术、Spring 框架、SSM 框架整合应用、综合案例——程序源论坛。本书在知识点讲解中配有丰富的实例，有助于学生理解知识、应用知识，使学生达到学以致用的目的。

本书为慕课版教材，各章节主要内容配有以二维码为入口的微课，并在人邮学院（www.rymooc.com）平台上提供了慕课。此外，本书还提供了课程资源包。资源包中提供了本书所有实例、上机指导、综合案例的源代码，制作精良的电子课件 PPT，重点及难点教学视频，自测题库（包括选择题、填空题、操作题题库及自测试卷等内容），以及拓展综合案例和拓展实验。其中，源代码全部经过精心测试，能够在 Windows 7、Windows 8、Windows 10 系统下编译和运行。

本书可作为高等院校计算机专业、软件专业，及相关专业"Java Web 程序设计"课程的教材，同时也可作为 Java Web 爱好者、Java Web 程序开发人员的参考用书。

◆ 主　　编　梁永先　陈滢生　尹校军
　　副主编　桑　园　王　兰　张军丽
　　责任编辑　王　平
　　责任印制　王　郁　马振武
◆ 人民邮电出版社出版发行　　北京市丰台区成寿寺路 11 号
　　邮编　100164　　电子邮件　315@ptpress.com.cn
　　网址　https://www.ptpress.com.cn
　　涿州市京南印刷厂印刷
◆ 开本：787×1092　1/16
　　印张：22.5　　　　　　　　　　　2021 年 3 月第 2 版
　　字数：592 千字　　　　　　　　　2023 年 12 月河北第 7 次印刷

定价：69.80 元

读者服务热线：**(010)81055256**　印装质量热线：**(010)81055316**
反盗版热线：**(010)81055315**
广告经营许可证：京东市监广登字 20170147 号

前言
Preface

为了让读者能够快速且牢固地掌握 Java Web 开发技术，人民邮电出版社充分发挥在线教育方面的技术优势、内容优势、人才优势，潜心研究，为读者提供一种"纸质图书+在线课程"相配套，全方位学习 Java Web 开发的解决方案。读者可根据个人需求，利用图书和"人邮学院"平台上的在线课程进行系统化、移动化的学习，以便快速而全面地掌握 Java Web 开发技术。

一、慕课版课程的学习

本课程依托于人民邮电出版社自主开发的在线教育慕课平台——人邮学院（www.rymooc.com）。该平台为读者提供优质、海量的课程，课程结构严谨，读者可以根据自身情况，自主安排学习进度。该平台具有完备的在线"学习、笔记、讨论、测验"功能，可为读者提供完善的一站式学习服务（见图1）。

图1 人邮学院首页

为使读者更好地完成慕课版课程的学习，现将本课程的使用方法介绍如下。

1. 读者购买本书后，找到粘贴在书封底上的刮刮卡，刮开后获得激活码（见图2）。

2. 登录人邮学院网站（www.rymooc.com），或扫描封面上的二维码，使用手机号码完成网站注册（见图3）。

图2 激活码

图3 注册人邮学院网站

3. 完成注册后，返回网站首页，单击页面右上角的"学习卡"选项（见图4），进入"学习卡"页面（见图5），输入激活码，即可获得该慕课课程的学习权限。

图4 单击"学习卡"选项　　　　　　图5 在"学习卡"页面输入激活码

4. 读者可随时随地使用计算机、平板电脑、手机学习本课程的任意章节，根据自身情况自主安排学习进度（见图6）。

5. 在学习慕课课程的同时，阅读本书中相关章节的内容，可巩固所学知识。本书既可与慕课课程配合使用，又可单独使用，书中各章节的主要内容均配备了二维码，读者只需扫描二维码即可在手机上观看相应内容的视频讲解。

6. 学完一章内容后，读者还可通过精心设计的在线测试题，查看知识掌握程度（见图7）。

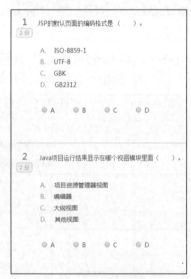

图6 课时列表　　　　　　　　　　图7 在线测试题

7. 读者如果对所学内容有疑问，还可到讨论区提问，除了有专业的老师答疑解惑，同学之间也可互相交流学习心得（见图8）。

8. 对于书中配套的PPT、源代码等教学资源，读者也可在该课程的首页找到相应的下载链接（见图9）。

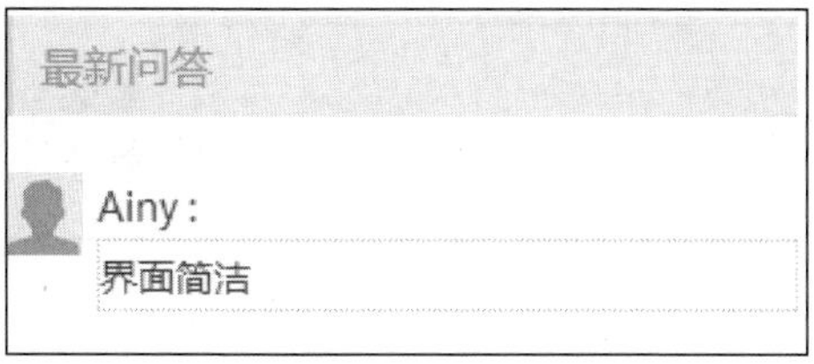

最新问答

Ainy：
界面简洁

资料区

文件名	描述	课时	时间
素材.rar		课时1	2015/1/26 0:00:00
效果.rar		课时1	2015/1/26 0:00:00
讲义.ppt		课时1	2015/1/26 0:00:00

图 8　讨论区 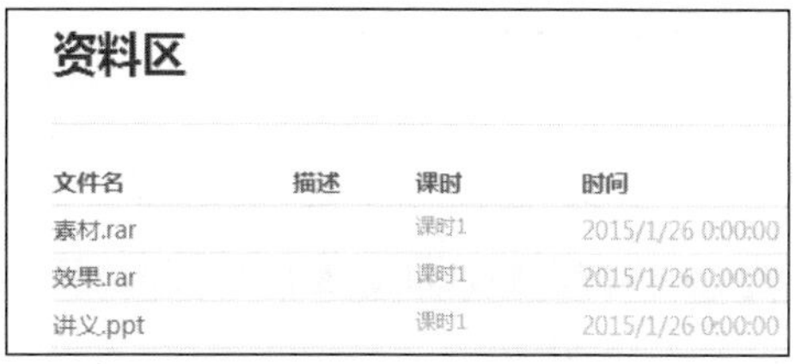　　　　　　　　　　　　　　　　图 9　配套资源

关于使用人邮学院平台的任何疑问，读者可登录人邮学院咨询在线客服，或致电：010-81055236。

二、本书的特点

Java 是 Sun 公司（现在属于 Oracle 公司）推出的能够跨越多平台、可移植性较高的一种面向对象的编程语言。Java 可用于编写桌面应用程序、Web 应用程序、分布式系统、嵌入式系统应用程序等，应用范围广泛，特别是在 Web 程序开发方面。

本书的编写采用"案例教学"形式，全书知识点的讲解始终围绕综合案例程序源论坛展开，知识点与实例有机结合、相辅相成，既有利于学生学习知识，又有利于教师指导学生实践。另外，本书在多章后面提供了上机指导或习题，方便读者及时验证自己的学习效果（包括动手实践能力和理论知识）。

本书作为教材使用时，课堂教学建议 34 学时，上机指导教学建议 14 学时。各章主要内容和学时建议分配如下，教师可以根据实际教学情况调整。

章	主　要　内　容	课堂学时	上机指导学时
第 1 章	网络程序开发体系结构、Web 简介、Web 开发技术	1	1
第 2 章	HTML 和 CSS	2	1
第 3 章	了解 JavaScript、在 Web 页面中使用 JavaScript、JavaScript 语言基础、函数、事件和事件处理程序、常用对象、Ajax 技术、传统 Ajax 工作流程、jQuery 技术	4	1
第 4 章	JDK 的下载、安装与使用，Eclipse 开发工具的安装与使用，常用 Java EE 服务器的安装、配置和使用	1	1
第 5 章	JSP 概述、了解 JSP 的基本构成、指令标签、嵌入 Java 代码、注释、JSP 的常用对象等内容	4	1
第 6 章	Servlet 基础、Servlet 开发、Servlet API 编程常用的接口和类、Servlet 过滤器	4	1
第 7 章	MySQL 数据库、JDBC 概述、JDBC 中的常用接口、连接数据库、数据库操作技术	2	1
第 8 章	日志组件简介、Logger 组件、Appender 组件、Layout 组件、应用日志调试程序	1	1
第 9 章	MVC 设计模式，Spring MVC 框架概述，Spring MVC 环境搭建，处理器、映射器和适配器，前端控制和视图解析器，请求映射与参数绑定，拦截器，Spring MVC 的其他操作	5	1

章	主 要 内 容	课堂学时	上机指导学时
第 10 章	初识 MyBatis、搭建 MyBatis 开发环境、MyBatis 配置文件详解、MyBatis 高级映射	2	1
第 11 章	Spring 概述、Spring IoC、AOP 概述、Spring 的切入点、Aspect 对 AOP 的支持、Spring 持久化	4	1
第 12 章	框架的作用、SSM 三大框架的使用、一个完整的 SSM 应用	2	1
第 13 章	开发背景、系统功能设计、开发准备、UEditor、数据库设计、页面功能设计、帖子保存与展示、帖子的关系链、实现登录注册、配置文件	2	2

本书由梁永先、陈滢生、尹校军任主编，桑园、王兰、张军丽任副主编。

编　者

2021 年 1 月

目录
Contents

第1章

Web应用开发简介

■ 随着网络技术的迅猛发展，国内外的信息化建设已经进入基于 Web 应用为核心的阶段。与此同时，Java 语言也是在不断完善优化，使自己更适合开发 Web 应用。为此，越来越多的程序员或编程爱好者走上了 Java Web 应用开发之路。

1.1　网络程序开发体系结构

网络程序开发
体系结构

　　随着网络技术的不断发展，单机的软件程序将难以满足网络计算的需要。为此，各种各样的网络程序开发体系结构应运而生。其中，运用最多的网络应用程序开发体系结构可以分为两种，一种是基于客户端/服务器的 C/S 结构，另一种是基于浏览器/服务器的 B/S 结构，下面详细介绍。

1.1.1　C/S 体系结构介绍

　　C/S（Client/Server）即客户端/服务器结构。在这种结构中，服务器通常采用高性能的 PC 或工作站，并采用大型数据库系统（如 Oracle 或 SQL Server），客户端则需要安装专用的客户端软件，如图 1-1 所示。这种结构可以充分利用两端硬件环境的优势，将任务合理分配到客户端和服务器，从而降低了系统的通信开销。在 2000 年以前，C/S 结构占据网络程序开发领域的主流。

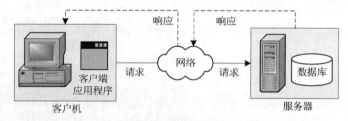

图 1-1　C/S 体系结构

1.1.2　B/S 体系结构介绍

　　B/S（Brower/Server）即浏览器/服务器结构。在这种结构中，客户端不需要开发任何用户界面，而统一采用如 IE 和火狐等浏览器，通过 Web 浏览器向 Web 服务器发送请求，由 Web 服务器进行处理，并将处理结果逐级传回客户端，如图 1-2 所示。这种结构利用不断成熟和普及的浏览器技术实现原来需要复杂专用软件才能实现的强大功能，从而节约了开发成本，是一种全新的软件体系结构。这种体系结构已经成为当今应用软件的首选体系结构。

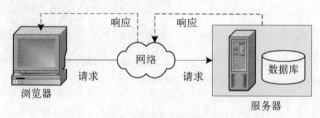

图 1-2　B/S 体系结构

说明　B/S 由美国微软公司研发，C/S 由美国 Borland 公司最早研发。

1.1.3　两种体系结构的比较

　　C/S 结构和 B/S 结构是当今世界网络程序开发体系结构的两大主流。目前，这两种结构都有自己的客户群。但是，这两种体系结构又各有各的优点和缺点，下面将从以下 3 个方面比较说明。

1. 开发和维护成本方面

C/S 结构的开发和维护成本都比 B/S 高。采用 C/S 结构时，对于不同客户端要开发不同的程序，而且软件的安装、调试和升级均需要在所有的客户机上进行。例如，如果一个企业共有 10 个客户站点使用一套 C/S 结构的软件，则这 10 个客户站点都需要安装客户端程序。当这套软件进行了哪怕很微小的改动后，系统维护员都必须将客户端原有的软件卸载，再安装新的版本并进行配置，最可怕的是客户端的维护工作必须不折不扣地进行 10 次。若某个客户端忘记进行这样的更新，则该客户端将会因软件版本不一致而无法工作。而 B/S 结构的软件，则不必在客户端进行安装及维护。如果将前面企业的 C/S 结构的软件换成 B/S 结构的，这样在软件升级后，系统维护员只需要将服务器的软件升级到最新版本，对于其他客户端，只要重新登录系统就可以使用最新版本的软件了。

2. 客户端负载

C/S 的客户端不仅负责与用户的交互，收集用户的信息，而且还需要完成通过网络向服务器请求对数据库、电子表格或文档等信息的处理工作。由此可见，应用程序的功能越复杂，客户端程序也就越庞大，这也给软件的维护工作带来了很大的困难。而 B/S 结构的客户端把事务处理逻辑部分交给了服务器，由服务器进行处理，客户端只需要进行显示，但是，这将使应用程序服务器的运行数据负荷较重，一旦发生服务器"崩溃"等问题，后果不堪设想。因此，许多单位都备有数据库存储服务器，以防万一。

3. 安全性

C/S 结构适用于专人使用的系统，可以通过严格的管理派发软件，达到保证系统安全的目的，这样的软件相对来说安全性比较高。而对于 B/S 结构的软件，由于使用的人数较多，且不固定，相对来说安全性就会低些。

由此可见，B/S 结构相对于 C/S 结构具有更多的优势，现今大量的应用程序开始转移到应用 B/S 结构，许多软件公司也争相开发 B/S 版的软件，也就是 Web 应用程序。随着 Internet 的发展，基于 HTTP 和 HTML 标准的 Web 应用呈几何级数增长，而这些 Web 应用又是由开发人员使用各种 Web 技术所开发的。

1.2　Web 简介

1.2.1　什么是 Web

Web 在计算机网页开发设计中就是网页的意思。网页是网站中的一个页面，通常是 HTML 格式的。网页可以展示文字、图片、媒体等，需要通过浏览器阅读。

Web 简介

1.2.2　Web 应用程序的工作原理

Web 应用程序大体上可以分为两种，即静态网站和动态网站。早期的 Web 应用主要是静态页面的浏览，即静态网站。这些网站使用 HTML 语言来编写，放在 Web 服务器上，用户使用浏览器通过 HTTP 请求服务器上的 Web 页面，服务器上的 Web 服务器将接收到的用户请求处理后，再发送给客户端浏览器，显示给用户。整个过程如图 1-3 所示。

随着网络的发展，很多线下业务开始向网上发展，基于 Internet 的 Web 应用也变得越来越复杂，用户所访问的资源已不能只是局限于服务器上保存的静态网页，更多的内容需要根据用户的请求动态生成页面信息，即动态网站。这些网站通常使用 HTML 语言和动态脚本语言（如 JSP、ASP 或是 PHP 等）编写，并将编写后的程序部署到 Web 服务器上，由 Web 服务器对动态脚本代码进行处理，并转化为浏览器可以解析的 HTML 代码，返回给客户端浏览器，显示给用户。整个过程如图 1-4 所示。

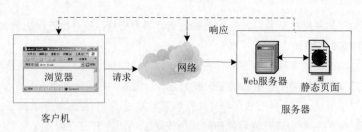

图 1-3　静态网站的工作流程

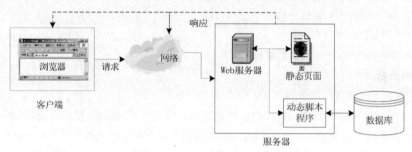

图 1-4　动态网站的工作流程

初学者经常会错误地认为带有动画效果的网页就是动态网页。其实不然，动态网页是指具有交互性、内容可以自动更新，并且内容会根据访问的时间和访问者而改变的网页。这里所说的交互性是指网页可以根据用户的要求动态改变或响应。

由此可见，静态网站类似于 10 年前研制的手机，这种手机只能使用出厂时设置的功能和铃声，用户自己并不能添加和删除铃声等；而动态网站则类似于现在研制的手机，用户在使用这些手机时，不仅可以使用手机中默认的铃声，而且可以根据自己的喜好任意设置。

1.2.3　Web 的发展历程

自从 1989 年由 Tim Berners-Lee（蒂姆·伯纳斯·李）发明了 World Wide Web 以来，Web 主要经历了 3 个阶段，分别是静态文档阶段（指代 Web 1.0）、动态网页阶段（指代 Web 1.5）和 Web 2.0 阶段。下面将对这 3 个阶段进行介绍。

1. 静态文档阶段

处理静态文档阶段的 Web，主要是用于静态 Web 页面的浏览。用户通过客户端的 Web 浏览器可以访问 Internet 上各个 Web 站点。在每个 Web 站点上，保存着提前编写好的 HTML 格式的 Web 页，以及各 Web 页之间可以实现跳转的超文本链接。在通常情况下，这些 Web 页都是通过 HTML 编写的。由于受低版本 HTML 语言和旧式浏览器的制约，Web 页面只能包括单纯的文本内容，浏览器也只能显示呆板的文字信息，不过这已经基本满足了建立 Web 站点的初衷，实现了信息资源的共享。

随着互联网技术的不断发展以及网上信息呈几何级数的增加，人们逐渐发现手工编写包含所有信息和内容的页面，对人力和物力都是一种极大的浪费，而且越来越变得难以实现。另外，这样的页面也无法实现各种动态的交互功能。这就促使 Web 技术进入了发展的第二阶段——动态网页阶段。

2. 动态网页阶段

为了克服静态页面的不足，人们将传统单机环境下的编程技术与 Web 技术相结合，从而形成新的网络编程技术。网络编程技术通过在传统的静态页面中加入各种程序和逻辑控制，从而实现动态和个性化的交流与互动。我们将这种使用网络编程技术创建的页面称为动态页面。动态页面的后缀通常是.jsp、.php 和.asp 等，而静态页面的后缀通常是.htm、.html 和.shtml 等。

 这里说的动态网页，与网页上的各种动画、滚动字幕等视觉上的"动态效果"没有直接关系，动态网页也可以是纯文字内容的，这些只是网页具体内容的表现形式。无论网页是否具有动态效果，采用动态网络编程技术生成的网页都称为动态网页。

3. Web 2.0 阶段

随着互联网技术的不断发展，又提出了一种新的互联网模式——Web 2.0。这种模式更加以用户为中心，通过网络应用（Web Applications）促进网络上人与人之间的信息交换和协同合作。

Web 2.0 技术主要包括：博客（Blog）、微博（Twitter）、百科全书（Wikipedia）、网摘（Delicious）、社交网络（SNS）、对等计算（P2P）、即时信息（IM）和基于地理信息服务（LBS）等。

1.3 Web 开发技术

在开发 Web 应用程序时，通常需要应用客户端和服务器两方面的技术。其中，客户端应用的技术主要用于展现信息内容，而服务器端应用的技术则主要用于进行业务逻辑的处理和与数据库的交互等，下面详细介绍。

1.3.1 客户端应用的技术

进行 Web 应用开发，离不开客户端技术的支持。目前，比较常用的客户端技术包括 HTML、CSS、Flash 和客户端脚本技术，下面详细介绍。

客户端应用的技术

1. HTML

HTML 是客户端技术的基础，主要用于显示网页信息，它不需要编译，由浏览器解释执行。HTML 简单易用，它在文件中加入标签，使其可以显示各种各样的字体、图形及闪烁效果，还增加了结构和标记，如头元素、文字、列表、表格、表单、框架、图像和多媒体等，并且提供了与 Internet 中其他文档的超链接。例如，在一个 HTML 页中，应用图像标记插入一个图片，可以使用图 1-5 所示的代码，该 HTML 页运行后的结果如图 1-6 所示。

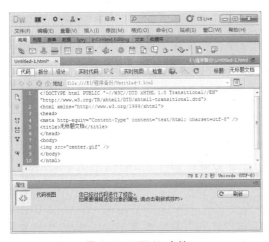

图 1-5　HTML 文件

图 1-6　运行结果

说明 HTML 不区分大小写，这一点与 Java 不同，例如，图1-5 中的 HTML 标记`<body></body>`标记也可以写为`<BODY></BODY>`。

2. CSS

CSS 就是一种叫作样式表（Style Sheet）的技术，也有人称之为层叠样式表（Cascading Style Sheet）。在制作网页时，采用 CSS 样式，可以有效地对页面的布局、字体、颜色、背景和其他效果实现更加精确的控制；只要对相应的代码做一些简单的修改，就可以改变整个页面的风格。CSS 大大提高了开发者对信息展现格式的控制能力，特别是在目前比较流行的 CSS+DIV 布局的网站中，CSS 的作用更是举足轻重。例如，在"心之语许愿墙"网站中，如果将程序中的 CSS 代码删除，将显示图1-7 所示的效果；而添加CSS 代码后，将显示图1-8 所示的效果。

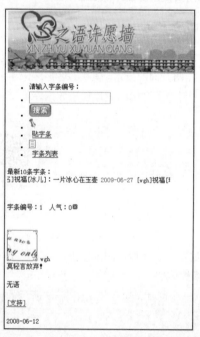

图1-7　没有添加 CSS 样式的页面效果

图1-8　添加 CSS 样式的页面效果

在网页中使用 CSS 不仅可以美化页面，而且可以优化网页速度。因为 CSS 文件只是简单的文本格式，不需要安装额外的第三方插件；另外，由于 CSS 提供了很多滤镜效果，从而可以避免使用大量的图片，这样将大大压缩文件的体积，提高下载速度。

3. Flash

Flash 是一种交互式矢量动画制作技术，它可以包含动画、音频、视频以及应用程序，而且 Flash 文件比较小，非常适合在 Web 上的应用。目前，很多 Web 开发者都将 Flash 技术引入到网页中，使网页更具有表现力。特别是应用 Flash 技术实现动态播放网站广告或新闻图片，并且加入随机的转场效果，如图1-9 所示。

4. 客户端脚本技术

客户端脚本技术是指嵌入到 Web 页面中的程序代码，这些程序代码是一种解释性的语言，浏览器可以对客户端脚本进行解释。通过脚本语言可以实现以编程的方式对页面元素进行控制，从而增加页面的灵活性。常用的客户端脚本语言有 JavaScript 和 VBScript。目前，应用最为广泛的客户端脚本语言是 JavaScript 脚本。

图 1-9　在网页中插入的 Flash 动画

1.3.2　服务器端应用的技术

在开发动态网站时，离不开服务器端技术，从技术发展的先后来看，服务器端技术主要有 CGI、ASP、PHP、ASP.NET 和 JSP，下面详细介绍。

服务器端应用的技术

1. CGI

CGI 是最早用来创建动态网页的一种技术，它可以使浏览器与服务器之间产生互动关系。CGI（Common Gateway Interface）即通用网关接口。它允许使用不同的语言来编写适合的 CGI 程序，该程序被放在 Web 服务器上运行。当客户端发出请求给服务器时，服务器端根据用户请求建立一个新的进程来执行指定的 CGI 程序，并将执行结果以网页的形式传输到客户端的浏览器上显示。CGI 可以说是当前应用程序的基础技术，但这种技术编制方式比较困难而且效率低下，因为每次页面被请求时，都要求服务器端重新将 CGI 程序编译成可执行的代码。在 CGI 中使用最常见的语言为 C/C++、Java 和文件分析报告语言（Practical Extraction and Report Language，Perl）。

2. ASP

ASP（Active Server Page）是一种使用很广泛的开发动态网站的技术。它通过在页面代码中嵌入 VBScript 或 JavaScript 脚本语言来生成动态的内容，服务器端必须安装了适当的解释器后，才可以通过调用此解释器来执行脚本程序，然后将执行结果与静态内容部分结合并传送到客户端浏览器上。对于一些复杂的操作，ASP 可以调用存在于后台的 COM 组件来完成，所以说 COM 组件无限扩充了 ASP 的能力，正因如此依赖本地的 COM 组件，使得它主要用于 Windows NT 平台中，所以 Windows 本身存在的问题都会映射到它的身上。当然该技术也存在很多优点，简单易学，并且 ASP 是与微软的 IIS 捆绑在一起的，在安装 Windows 操作系统的同时安装上 IIS 就可以运行 ASP 应用程序了。

3. PHP

PHP 来自于 Personal Home Page 这一短语，但现在的 PHP 已经不再表示该短语的缩写，而是一种开发动态网页技术的名称。PHP 语法类似于 C，并且混合了 Perl、C++和 Java 的一些特性。它是一种开源的 Web 服务器脚本语言，与 ASP 一样可以在页面中加入脚本代码来生成动态内容，并可将一些复杂的操作封装到函数或类中。在 PHP 中提供了许多已经定义好的函数，例如提供的标准的数据库接口，使得数据库连接方便，扩展性强。PHP 可以被多个平台支持，且被广泛应用于 UNIX/Linux 平台。由于 PHP 本身的代码对外开放，又经过许多软件工程师的检测，因此到目前为止，该技术具有公认的安全性。

4. ASP.NET

ASP.NET 是一种建立动态 Web 应用程序的技术。它是.NET 框架的一部分，可以使用任何.NET 兼容的语言来编写 ASP.NET 应用程序。使用 Visual Basic .NET、C#、J#、ASP.NET 页面（Web Forms）进行编译，可以提供比脚本语言更出色的性能表现。Web Forms 允许在网页基础上建立强大的窗体。当建立页面时，可以使用 ASP.NET 服务端控件来建立常用的 UI 元素，并对它们编程来完成一般的任务。这些控件允许开发者使用内建可重用的组件和自定义组件来快速建立 Web Form，使代码简单化。

5. JSP

JSP（Java Server Page）是以 Java 为基础开发的，所以它沿用 Java 强大的 API 功能。JSP 页面中的 HTML 代码用来显示静态内容部分；嵌入页面中的 Java 代码与 JSP 标记来生成动态的内容部分。JSP 允许程序员编写自己的标签库来完成应用程序的特定要求。JSP 可以被预编译，提高了程序的运行速度。另外，JSP 开发的应用程序经过一次编译后，就可随时随地运行。所以在绝大部分系统平台中，无须修改代码就可以在支持 JSP 的任何服务器中运行。

小　结

本章首先介绍了网络程序开发的体系结构，并对两种体系结构进行了比较，并说明 Web 应用开发所采用的体系结构，然后详细介绍了静态网站和动态网站的工作流程，并对 Web 应用技术进行了简要介绍，使读者对 Web 应用开发所需的技术有所了解。

习　题

1. 什么是 C/S 结构？什么是 B/S 结构？他们各有哪些优缺点？
2. 举一些常见的 C/S 结构和 B/S 结构的例子。
3. Web 客户端技术有哪些？Web 服务器端技术有哪些？

第2章

网页前端开发基础

本章要点：

掌握HTML文档的基本结构 ■
运用HTML的各种文本标记 ■
使用CSS控制页面 ■

■ HTML 是一种在因特网上常见的网页制作标注性语言，而并不能算作一种程序设计语言，因为它相对于程序设计语言来说缺少了其所应有的特征。HTML 是通过浏览器的翻译，将网页中的内容呈现给用户。对于网站设计人员来说，仅仅使用 HTML 是不够的，还需要在页面中引入 CSS 样式。HTML 与 CSS 的关系是"内容"与"形式"的关系，由 HTML 确定网页的内容，CSS 来实现页面的表现形式。HTML 与 CSS 的完美搭配将使页面更加美观、大方、容易维护。

2.1 HTML

在浏览器的地址栏中输入一个网址，就会展示出相应的网页内容。在网页中包含有很多内容，例如，文字、图片、动画，以及声音和视频等。网页的最终目的是为访问者提供有价值的信息。提到网页设计不得不提到超文本标记语言（Hypertext Markup Language，HTML）。HTML 用于描述超文本中内容的显示方式。使用 HTML 可以实现在网页中定义一个标题、文本或者表格等。本节将为大家详细介绍HTML。

HTML 是一种超文本语言，在因特网上常见的网页制作标注性语言，HTML 是通过浏览器的翻译，将网页中内容呈现给用户。

2.1.1 创建第一个 HTML 文件

编写 HTML 文件可以通过两种方式，一种是手工编写 HTML 代码，另一种是借助一些开发软件，比如 Adobe 公司的 Dreamweaver 或者微软公司的 Expression Web 这样的网页制作软件。在 Windows 操作系统中，最简单的文本编辑软件就是记事本。

下面为大家介绍应用记事本编写第一个 HTML 文件。HTML 文件的创建方法非常简单，具体步骤如下。

（1）单击"开始"菜单，依次选择"程序/附件/记事本"命令。

（2）在打开的记事本窗体中编写代码，如图 2-1 所示。

（3）编写完成之后，需要将其保存为 HTML 格式文件，具体步骤为：选择记事本菜单栏中的"文件→另存为"命令，在弹出的"另存为"对话框中，首先在"保存类型"下拉列表中选择"所有文件"选项，然后在"文件名"文本框中输入一个文件名，需要注意的是，文件名的后缀应该是".htm"或者".html"，如图 2-2 所示。

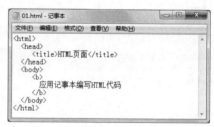

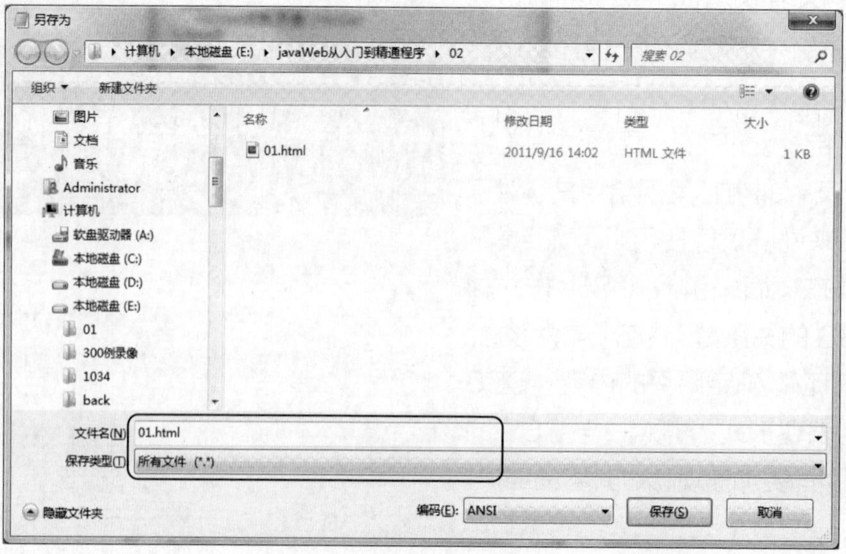

图 2-1 在记事本中输入 HTML 文件内容

图 2-2 保存 HTML 文件

如果没有修改记事本的"保存类型",那么记事本会自动将文件保存为".txt"文件,即普通的文本文件,而不是网页类型的文件。

（4）设置完成后,单击"保存"按钮,即可成功保存 HTML 文件。此时,双击该 HTML 文件,就会在显示页面内容,效果如图 2-3 所示。

图 2-3 运行 HTML 文件

这样就完成了第一个 HTML 文件的编写。尽管该文件内容非常简单,但是却体现了 HTML 文件的特点。

 在浏览器的显示页面中,单击鼠标右键选择"查看源代码"命令,这时会自动打开记事本程序,里面显示的就是 HTML 源文件。

2.1.2 HTML 文档结构

HTML 文档由 4 个主要标记组成,这 4 个标记是\<html\>、\<head\>、\<title\>、\<body\>。上节中为大家介绍的实例中,就包含了这 4 个标记,这 4 个标记构成了 HTML 页面最基本的元素。

HTML 文档结构

1．\<html\>标记

\<html\>标记是 HTML 文件的开头。所有 HTML 文件都是以\<html\>标记开头,以\</html\>标记结束。HTML 页面的所有标记都要放置在\<html\>与\</html\>标记中,\<html\>标记并没有实质性的功能。但却是 HTML 文件不可缺少的内容。

 HTML 标记是不区分大小写的。

2．\<head\>标记

\<head\>标记是 HTML 文件的头标记,作用是放置 HTML 文件的信息。如定义 CSS 样式代码可放置在\<head\>与\</head\>标记之中。

3．\<title\>标记

\<title\>标记为标题标记。可将网页的标题定义在\<title\>与\</title\>标记之中。例如在 2.1.1 小节中定义的网页的标题为"HTML 页面",如图 2-4 所示。\<title\>标记被定义在\<head\>标记中。

4．\<body\>标记

\<body\>是 HTML 页面的主体标记。页面中的所有内容都定义在\<body\>标记中。\<body\>标记也是成对使用的。以\<body\>标记开头,\</body\>标记结束。\<body\>标记本身也具有控制页面的一些特性,如控制页面的背景图片和颜色等。

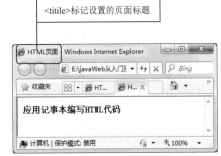

图 2-4 \<title\>标记定义页面标题

本节中介绍的是 HTML 页面的基本的结构。要深入学习 HTML,创建更加完美的网页,必须学习 HTML 的其他标记。

2.1.3 HTML 常用标记

HTML 中提供了很多标记，可以用来设计页面中的文字、图片、定义超链接等。这些标记的使用可以使页面更加的生动。下面为大家介绍 HTML 中的文本标记。

HTML 文本标记

1. 换行标记

要让网页中的文字实现换行，在 HTML 文件中输入换行符（Enter 键）是没有用的，如果要让页面中的文字实现换行，就必须用一个标记告诉浏览器在什么位置实现换行操作。在 HTML 中，换行标记为 "<br>"。

与前面为大家介绍的 HTML 标记不同，换行标记是一个单独标记，不是成对出现的。下面通过实例为大家介绍换行标记的使用方法。

【例 2-1】 创建 HTML 页面，实现在页面中输出一首古诗。

```html
<html>
  <head>
    <title>应用换行标记实现页面文字换行</title>
  </head>
  <body>
    <b>
      黄鹤楼送孟浩然之广陵
    </b><br>
      故人西辞黄鹤楼，烟花三月下扬州。<br>
      孤帆远影碧空尽，唯见长江天际流。
  </body>
</html>
```

运行本实例，效果如图 2-5 所示。

2. 段落标记

HTML 中的段落标记也是一个很重要的标记，段落标记以<p>标记开头，以</p>标记结束。段落标记在段前和段后各添加一个空行，而定义在段落标记中的内容不受该标记的影响。

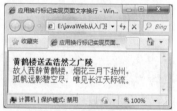

图 2-5　在页面中输出古诗

3. 标题标记

在 Word 文档中，可以很轻松地实现不同级别的标题。如果要在 HTML 页面中创建不同级别的标题，则可以使用 HTML 中的标题标记。在 HTML 标记中，设定了 6 个标题标记，分别为<h1>至<h6>，其中<h1>代表 1 级标题，<h2>代表 2 级标题，<h6>代表 6 级标题等。数字越小，表示级别越高，文字的字体也就越大。

【例 2-2】 在 HTML 页面中定义文字，并通过标题标记和段落标记设置页面布局。

```html
<html>
  <head>
    <title>设置标题标记</title>
  </head>
  <body>
    <h1>Java开发的3个方向</h1>
    <h2>Java SE</h2>
    <p>主要用于桌面程序的开发。它是学习Java EE和Java ME的基础，也是本书的重点内容。</p>
    <h2>Java EE</h2>
    <p>主要用于网页程序的开发。随着互联网的发展，越来越多的企业使用Java语言来开发自己的官方网站，
```

```
其中不乏世界500强企业。</p>
      <h2>Java ME</h2>
      <p>主要用于嵌入式系统程序的开发。</p>
   </body>
</html>
```

运行本实例,结果如图 2-6 所示。

4. 居中标记

HTML 页面中的内容有一定的布局方式,默认的布局方式是从左到右依次排序。如果要想让页面中的内容在页面的居中位置显示,则可以使用 HTML 中的<center>标记。<center>居中标记以<center>标记开头,以</center>标记结尾。标记之中的内容为居中显示。

将【例 2-2】中的代码进行修改,使用居中标记,将页面内容居中。

【例 2-3】 使用居中标记对页面中的内容进行居中处理。

```
<html>
   <head>
     <title>设置标题标记</title>
   </head>
   <body>
<center>
<h1>Java开发的3个方向</h1>
<h2>Java SE</h2>
<p>主要用于桌面程序的开发。它是学习Java EE和Java ME的基础,也是本书的重点内容。</p>
<h2>Java EE</h2>
<center>
<p>主要用于网页程序的开发。随着互联网的发展,越来越多的企业使用Java语言来开发自己的官方网站,其中不乏世界500强企业。</p>
</center>
<h2>Java ME</h2>
<center>
<p>主要用于嵌入式系统程序的开发。</p>
</center>
   </body>
</html>
```

将页面中的内容进行居中后的效果,如图 2-7 所示。

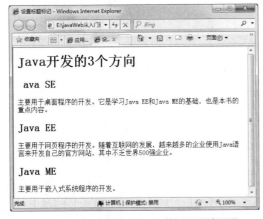

图 2-6 使用标题标记和段落标记设计页面

图 2-7 将页面中的内容进行居中处理

5. 文字列表标记

HTML 中提供了文字列表标记，文字列表标记可以将文字以列表的形式依次排列。使用这种形式可以更加方便网页的访问者。HTML 中的列表标记主要有无序的列表和有序的列表两种。

（1）无序列表

无序列表是在每个列表项的前面添加一个圆点符号。通过符号<ul>可以创建一组无序列表，其中每个列表项以<li>表示。下面的实例为大家演示了无序列表的应用。

【例 2-4】 使用无序列表对页面中的文字进行排序。

```
<html>
   <head>
    <title>无序列表标记</title>
   </head>
   <body>
    编程词典有以下几个品种
    <p>
    <ul>
        <li>Java编程词典
        <li>VB编程词典
        <li>VC编程词典
        <li>.net编程词典
        <li>C#编程词典
    </ul>
   </body>
</html>
```

本实例的运行结果如图 2-8 所示。

（2）有序列表

有序列表和无序列表的区别是，使用有序列表标记可以将列表项进行排号。有序列表的标记为<ol>，每个列表项前使用<li>。有序列表中项目项是有一定的顺序的。下面对【例 2-4】进行修改，使用有序列表进行排序。

图 2-8 在页面中使用无序列表

【例 2-5】 使用有序列表对页面中的文字进行排序。

```
<html>
   <head>
    <title>无序列表标记</title>
   </head>
   <body>
    编程词典有以下几个品种
    <p>
    <ol>
        <li>Java编程词典
        <li>VB编程词典
        <li>VC编程词典
        <li>.net编程词典
        <li>C#编程词典
    </ol>
   </body>
</html>
```

运行本实例，结果如图 2-9 所示。

图 2-9　在页面中插入有序列的列表

2.1.4　HTML 表格标记

表格标记

表格是网页中十分重要的组成元素。表格用来存储数据。表格包含标题、表头、行和单元格。在 HTML 中，表格标记使用符号<table>表示。定义表格只使用<table>是不够的，还需要定义表格中的行、列、标题等内容。在 HTML 页面中定义表格，需要学会使用以下 5 个标记。

（1）表格标记<table>

<table>...</table>标记表示整个表格。<table>标记中有很多属性，例如，width 属性用来设置表格的宽度，border 属性用来设置表格的边框，align 属性用来设置表格的对齐方式，bgcolor 属性用来设置表格的背景色等。

（2）标题标记<caption>

标题标记以<caption>开头，以</caption>结束。标题标记也有一些属性，例如，align、valign 等。

（3）表头标记<th>

表头标记以<th>开头，以</th>结束，可以通过 align、background、colspan、valign 等属性来设置表头。

（4）表格行标记<tr>

表格行标记以<tr>开头，以</tr>结束，一组<tr>标记表示表格中的一行。<tr>标记要嵌套在<table>标记中使用，该标记也具有 align、background 等属性。

（5）单元格标记<td>

单元格标记<td>又称为列标记，一个<tr>标记中可以嵌套若干个<td>标记。该标记也具有 align、background、valign 等属性。

【例 2-6】 在页面中定义学生成绩表。

```
<body>
<table width="318" height="167" border="1" align="center">
  <caption>学生考试成绩单</caption>
  <tr>
    <td align="center" valign="middle">姓名</td>
    <td align="center" valign="middle">语文</td>
    <td align="center" valign="middle">数学</td>
    <td align="center" valign="middle">英语</td>
  </tr>
  <tr>
    <td align="center" valign="middle">张三</td>
```

```
        <td align="center" valign="middle">89</td>
        <td align="center" valign="middle">92</td>
        <td align="center" valign="middle">87</td>
    </tr>
    <tr>
        <td align="center" valign="middle">李四</td>
        <td align="center" valign="middle">93</td>
        <td align="center" valign="middle">86</td>
        <td align="center" valign="middle">80</td>
    </tr>
    <tr>
        <td align="center" valign="middle">王五</td>
        <td align="center" valign="middle">85</td>
        <td align="center" valign="middle">86</td>
        <td align="center" valign="middle">90</td>
    </tr>
</table>
</body>
```

运行本实例，结果如图 2-10 所示。

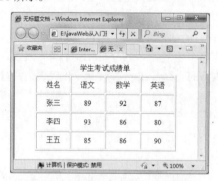

图 2-10　在页面中定义学生成绩表

 说明 表格不仅可以用于显示数据，在实际开发中，也常常会用于设计页面。在页面中创建一个表格，并设置没有边框，之后通过该表格将页面划分为几个区域，分别对几个区域进行设计。这是一种非常方便的设计页面的方式。

2.1.5　HTML 表单标记

经常上网的读者对网站中的登录等页面肯定不会感到陌生。在登录页面中，网站会提供给用户用户名文本框与密码文本框以供访客输入信息。这里的用户名文本框与密码文本框就属于 HTML 中的表单元素。表单在 HTML 页面中起着非常重要的作用，是用户与网页交互信息的重要手段。

<form>...</form>
表单标记

1.　\<form\>…\</form\>表单标记

表单标记以\<form\>标记开头，以\</form\>标记结尾。在表单标记中，可以定义处理表单数据程序的 URL 地址等信息。\<form\>标记的基本语法如下：

```
<form action = "url"method = "get"|"post"name = "name"onSubmit = ""target ="">     </form>
```

\<form\>标记的各属性说明如下。

（1）action 属性：用来指定处理表单数据程序的 URL 地址。

（2）method 属性：用来指定数据传送到服务器的方式。该属性有两种属性值，分别为 get 与 post。get 属性值表示将输入的数据追加在 action 指定的地址后面，并传送到服务器。当属性值为 post 时，会将输入的数据按照 HTTP 中的 post 传输方式传送到服务器。

（3）name 属性：指定表单的名称，该属性值程序员可以自定义。

（4）onSubmit 属性：onSubmit 属性用于指定当用户单击提交按钮时触发的事件。

（5）target 属性：target 属性指定输入数据结果显示在哪个窗口中，该属性的属性值可以设置为"_blank""_self""_parent""_top"。其中"_blank"表示在新窗口中打开目标文件，"_self"表示在同一个窗口中打开，这项一般不用设置，"_parent"表示在上一级窗口中打开。一般使用框架页时经常使用，"_top"表示在浏览器的整个窗口中打开，忽略任何框架。

【例 2-7】为创建表单，设置表单名称为 form，当用户提交表单时，提交至 action.html 页面进行处理。

【例 2-7】 定义表单元素，代码如下：

```
<form id="form1" name="form" method="post" action="action.html" target="_blank">
</form>
```

2. <input>表单输入标记

表单输入标记是使用最频繁的表单标记，通过这个标记可以向页面中添加单行文本、多行文本、按钮等。<input>标记的语法格式如下：

```
<input type="image" disabled="disabled" checked="checked" width="digit" height=
"digit" maxlength= "digit" readonly="" size="digit" src="uri" usemap="uri" alt="" name=
"checkbox" value="checkbox">
```

<input>标记的属性如表 2-1 所示。

<input>表单输入
标记

表 2-1 <input>标记的属性

属性	描述
type	用于指定添加的是哪种类型的输入字段，共有 10 个可选值，如表 2-2 所示
disabled	用于指定输入字段不可用，即字段变成灰色。其属性值可以为空值，也可以指定为 disabled
checked	用于指定输入字段是否处于被选中状态，用于 type 属性值为 radio 和 checkbox 的情况下。其属性值可以为空值，也可以指定为 checked
width	用于指定输入字段的宽度，用于 type 属性值为 image 的情况下
height	用于指定输入字段的高度，用于 type 属性值为 image 的情况下
maxlength	用于指定输入字段可输入文字的个数，用于 type 属性值为 text 和 password 的情况下，默认没有字数限制
readonly	用于指定输入字段是否为只读。其属性值可以为空值，也可以指定为 readonly
size	用于指定输入字段的宽度，当 type 属性为 text 和 password 时，以文字个数为单位，当 type 属性为其他值时，以像素为单位
src	用于指定图片的来源，只有当 type 属性为 image 时有效
usemap	为图片设置热点地图，只有当 type 属性为 image 时有效。属性值为 URI，URI 格式为"#+<map>标记的 name 属性值"。例如，<map>标记的 name 属性值为 Map，该 URI 为#Map
alt	用于指定当图片无法显示时显示的文字，只有当 type 属性为 image 时有效
name	用于指定输入字段的名称
value	用于指定输入字段默认数据值，当 type 属性为 checkbox 和 radio 时，不可省略此属性，为其他值时，可以省略。当 type 属性为 button、reset 和 submit 时，指定的是按钮上的显示文字；当 type 属性为 checkbox 和 radio 时，指定的是数据项选定时的值

type 属性是<input>标记中非常重要的内容，决定了输入数据的类型。该属性值的可选项如表 2-2 所示。

表 2-2　type 属性的属性值

可选值	描述	可选值	描述
text	文本框	submit	提交按钮
password	密码域	reset	重置按钮
file	文件域	button	普通按钮
radio	单选按钮	hidden	隐藏域
checkbox	复选按钮	image	图像域

【例 2-8】 在该文件中首先应用<form>标记添加一个表单，将表单的 action 属性设置为 register_deal.jsp，method 属性设置为 post，然后应用<input>标记添加获取用户名和 E-mail 的文本框、获取密码和确认密码的密码域、选择性别的单选按钮、选择爱好的复选按钮、提交按钮、重置按钮。关键代码如下：

```
<body><form action="" method="post" name="myform">
    用 户 名：<input name="username" type="text" id="UserName4" maxlength="20">
    密码：<input name="pwd1" type="password" id="PWD14" size="20" maxlength="20">
    确认密码：<input name="pwd2" type="password" id="PWD25" size="20" maxlength="20">
    性别：<input name="sex" type="radio" class="noborder" value="男" checked>
            男 
            <input name="sex" type="radio" class="noborder" value="女">
            女
    爱好：<input name="like" type="checkbox" id="like" value="体育">
            体育
            <input name="like" type="checkbox" id="like" value="旅游">
            旅游
            <input name="like" type="checkbox" id="like" value="听音乐">
            听音乐
            <input name="like" type="checkbox" id="like" value="看书">
            看书
    E-mail：<input name="email" type="text" id="PWD224" size="50">
            <input name="Submit" type="submit" class="btn_grey" value="确定保存">
            <input name="Reset" type="reset" class="btn_grey" id="Reset" value="重新填写">
            <input type="image" name="imageField" src="images/btn_bg.jpg">
</form>
```

完成在页面中添加表单元素后，即形成了网页的雏形。页面运行结果如图 2-11 所示。

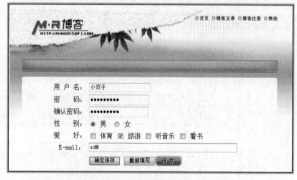

图 2-11　博客网站的注册页面

3. <select>...</select>下拉菜单标记

<select>标记可以在页面中创建下拉列表，此时的下拉列表是一个空的列表，要使用<option>标记向列表中添加内容。<select>标记的语法格式如下：

```
<select name="name" size="digit" multiple="multiple" disabled="disabled">
</select>
```

<select>标记的属性说明如表 2-3 所示。

<select>...</select>
下拉菜单标记

表 2-3　<select>标记的属性

属性	描述
name	用于指定列表框的名称
size	用于指定列表框中显示的选项数量，超出该数量的选项可以通过拖动滚动条查看
disabled	用于指定当前列表框不可使用（变成灰色）
multiple	用于让多行列表框支持多选

【例 2-9】　在页面中应用<select>标记和<option>标记添加下拉列表框和多行下拉列表框，关键代码如下：

下拉列表框：

```
<select name="select">
    <option>数码相机区</option>
    <option>摄影器材</option>
    <option>MP3/MP4/MP5</option>
    <option>U盘/移动硬盘</option>
</select>
 多行列表框（不可多选）：
<select name="select2" size="2">
    <option>数码相机区</option>
    <option>摄影器材</option>
    <option>MP3/MP4/MP5</option>
    <option>U盘/移动硬盘</option>
</select>
 多行列表框（可多选）：
<select name="select3" size="3" multiple>
    <option>数码相机区</option>
    <option>摄影器材</option>
    <option>MP3/MP4/MP5</option>
    <option>U盘/移动硬盘</option>
</select>
```

运行本程序，可发现在页面中添加了下拉列表，如图 2-12 所示。

图 2-12　在页面中添加的下拉列表

4．<textarea>多行文本标记

<textarea>为多行文本标记，与单行文本相比，多行文本可以输入更多的内容。在通常情况下，<textarea>标记出现在<form>标记的标记内容中。<textrare>标记的语法格式如下：

<textarea>多行文本标记

```
<textarea cols="digit" rows="digit" name="name" disabled="disabled" readonly="readonly" wrap="value">默认值</textarea>
```

<textarea>标记的属性说明如表 2-4 所示。

表 2-4　<textarea>标记属性说明

属性	描述
name	用于指定多行文本框的名称，当表单提交后，在服务器端获取表单数据时应用
cols	用于指定多行文本框显示的列数（宽度）
rows	用于指定多行文本框显示的行数（高度）
disabled	用于指定当前多行文本框不可使用（变成灰色）
readonly	用于指定当前多行文本框为只读
wrap	用于设置多行文本中的文字是否自动换行

【例 2-10】在页面中创建表单对象，并在表单中添加一个多行文本框，文本框的名称为 content，文字换行方式为 hard，关键代码如下：

```
<form name="form1" method="post" action="">
        <textarea name="content" cols="30" rows="5" wrap="hard"></textarea>
</form>
```

运行本实例，在页面中的多行文本框中可输入任意内容，运行结果如图 2-13 所示。

图 2-13　在页面的多行文本框中输入内容

2.1.6　超链接与图片标记

HTML 的标记有很多，本书由于篇幅有限不能一一为大家介绍，只能介绍一些文本标记。除了上面介绍的文本标记外，还有两个标记读者必须掌握，超链接与图片标记。

超链接与图片标记

1．超链接标记<a>

超链接标记是页面中非常重要的元素，在网站中实现从一个页面跳转到另一个页面，这个功能就是通过超链接标记来完成。超链接标记的语法非常简单，其语法格式如下：

```
<a href = ""></a>
```

属性 href 用来设定连接到哪个页面中。

2. 图像标记

大家在浏览网站中通常会看到各式各样漂亮的图片，在页面中添加的图片是通过<img>标记来实现的。<img>标记的语法格式如下：

```
<img src="url" width="value" height="value" border="value" alt="提示文字" >
```

<img>标记的属性说明如表 2-5 所示。

表 2-5　<img>标记的常用属性

属性	描述
src	用于指定图片的来源
width	用于指定图片的宽度
height	用于指定图片的高度
border	用于指定图片外边框的宽度，默认值为 0
alt	用于指定当图片无法显示时显示的文字

下面给出具体实例，为读者演示超链接和图像标记的使用。

【例 2-11】 在页面中添加表格，在表格中插入图片和超链接。

```
<table width="409" height="523" border="1" align="center">
  <tr>
    <td width="199" height="208">
     <img src="images/ASP.NET.jpg" />
    </td>
    <td width="194">
     <img src="images/C#.jpg"/>
    </td>
  </tr>
  <tr>
    <td height="35" align="center" valign="middle"><a href="message.html">查看详情</a></td>
    <td align="center" valign="middle"><a href="message.html">查看详情</a></td>
  </tr>
  <tr>
    <td height="227"><img src="images/Java .jpg"/></td>
    <td><img src="images/VB.jpg"/></td>
  </tr>
  <tr>
    <td height="35" align="center" valign="middle"><a href="message.html">查看详情</a></td>
    <td align="center" valign="middle"><a href="message.html">查看详情</a></td>
  </tr>
</table>
```

运行本实例，结果如图 2-14 所示。

页面中的"查看详情"为超链接，当用户单击该超链接后，将转发至 message.html 页面，如图 2-15 所示。

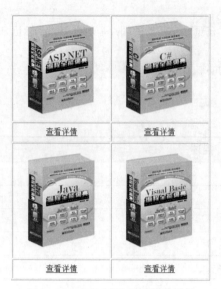

图 2-14　页面中添加图片和超链接

图 2-15　message.html 页面的运行结果

2.2　CSS

　　CSS（Cascading Style Sheet，层叠样式表）是 W3C 协会为弥补 HTML 在显示属性设定上的不足而制定的一套扩展样式标准。CSS 标准中重新定义了 HTML 中原来的文字显示样式，增加了一些新概念，如类、层等，可以对文字重叠、定位等。在 CSS 还没有引入页面设计之前，传统的 HTML 要实现页面美化在设计上是十分麻烦的，例如，要设计页面中文字的样式，如果使用传统的 HTML 语句来设计，就不得不在每个需要设计的文字上都定义样式。CSS 的出现改变了这一传统模式。

2.2.1　CSS 规则

　　CSS 中包括 3 部分内容：选择符、属性和属性值。语法格式为：

　　选择符{属性：属性值;}

　　语法说明如下。

　　① 选择符：又称选择器，是 CSS 中很重要的概念，所有 HTML 中的标记都是通过不同的 CSS 选择器进行控制的。

　　② 属性：主要包括字体属性、文本属性、背景属性、布局属性、边界属性、列表项目属性、表格属性等内容。其中一些属性只有部分浏览器支持，因此使 CSS 属性的使用变得更加复杂。

　　③ 属性值：为某属性的有效值。属性与属性值之间以 "："号分隔。当有多个属性时，使用 "；" 分隔。图 2-16 标注了 CSS 语法中的选择器、属性与属性值。

CSS 规则

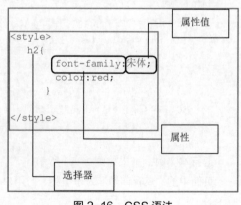

图 2-16　CSS 语法

2.2.2 CSS 选择器

CSS 选择器常用的是标记选择器、类别选择器、包含选择器、ID 选择器等。使用选择器即可对不同的 HTML 标签进行控制，从而实现各种效果。下面对各种选择器进行详细介绍。

CSS 选择器

1. 标记选择器

大家知道 HTML 页面是由很多标记组成，例如，图片标记\<img\>、超链接标记\<a\>、表格标记\<table\>等。而 CSS 标记选择器就是声明页面中哪些标记采用哪些 CSS 样式。例如，a 选择器，就是用于声明页面中所有\<a\>标记的样式风格。

【例 2-12】 定义 a 标记选择器，在该标记选择器中定义超链接的字体与颜色。

```
<style>
    a{
        font-size:9px;
        color:#F93;
    }
</style>
```

2. 类别选择器

使用标记选择器非常快捷，但是会有一定的局限性，页面如果声明标记选择器，那么页面中所有该标记内容会有相应的变化。假如页面中有 3 个\<h2\>标记，如果想要每个\<h2\>的显示效果都不一样，使用标记选择器就无法实现了，这时就需要引入类别选择器。

类别选择器的名称由用户自己定义，并以 "." 号开头，定义的属性与属性值也要遵循 CSS 规范。要应用类别选择器的 HTML 标记，只需使用 class 属性来声明即可。

【例 2-13】 使用类别选择器控制页面中字体的样式。

```
<!--以下为定义的CSS样式-->
<style>
    .one{                      <!--定义类名为one的类别选择器-->
        font-family:宋体;          <!--设置字体-->
        font-size:24px;           <!--设置字体大小-->
        color:red;              <!--设置字体颜色-->
    }
    .two{
        font-family:宋体;
        font-size:16px;
        color:red;
    }
    .three{
        font-family:宋体;
        font-size:12px;
        color:red;
    }
</style>
</head>
<body>
    <h2 class="one"> 应用了选择器one </h2><!--定义样式后页面会自动加载样式-->
    <p> 正文内容1     </p>
    <h2 class="two">应用了选择器two</h2>
```

```
    <p>正文内容2 </p>
    <h2 class="three">应用了选择器three </h2>
    <p>正文内容3 </p>
</body>
```

在上面的代码中，页面中的第一个<h2>标记应用了选择器 one，第二个<h2>标记应用了选择器 two，第三个<h2>标记应用了选择器 three，运行结果如图 2-17 所示。

图 2-17　类别选择器控制页面文字样式

在 HTML 标记中，不仅可以应用一种类别选择器，也可以应用多种类别选择器，这样可使 HTML 标记同时加载多个类别选择器的样式。在使用多种类别选择器之间用空格进行分割即可。例如 "<h2 class="size color">"。

3. ID 选择器

ID 选择器是通过 HTML 页面中的 ID 属性来进行选择增添样式，与类别选择器的基本相同，但需要注意的是，由于 HTML 页面中不能包含有两个相同的 ID 标记，因此定义的 ID 选择器也就只能被使用一次。

命名 ID 选择器要以 "#" 号开始，后加 HTML 标记中的 ID 属性值。

【例 2-14】 使用 ID 选择器控制页面中字体的样式。

```
<style>                    <!--定义ID选择器-->
  #first{
        font-size:18px
    }
  #second{
        font-size:24px
    }
    #three{
        font-size:36px
    }
</style>
<body>
    <p id="first">ID选择器</p>                    <!--在页面定义标记，则自动应用样式-->
    <p id="second">ID选择器2</p>
    <p id="three">ID选择器3</p>
</body>
```

运行本段代码，结果如图 2-18 所示。

图 2-18　使用 ID 选择器控制页面文字大小

2.2.3　在页面中包含 CSS

在对 CSS 有了一定的了解后，下面为大家介绍如何实现在页面中包含 CSS 样式的几种方式，其中包括行内样式、内嵌式、链接式和导入式。

在页面中包含 CSS

1. 行内样式

行内样式是比较直接的一种样式，直接定义在 HTML 标记之内，通过 style 属性来实现。这种方式也是比较容易被初学者接受，但是灵活性不强。

【例 2-15】　通过行内定义样式的形式，实现控制页面文字的颜色和大小。

```
<table width="200" border="1" align="center">          <!--在页面中定义表格-->
<tr>
<td><p style="color:#F00; font-size:36px;">行内样式一</p></td><%--在页面文字中定义CSS样式--%>
</tr>
<tr>
  <td><p style="color:#F00; font-size:24px;">行内样式二</p></td>
</tr>
<tr>
<td><p style="color:#F00; font-size:18px;">行内样式三</p></td>
</tr>
<tr>
  <td><p style="color:#F00; font-size:14px;">行内样式四</p></td>
</tr>
</table>
```

运行本实例，运行结果如图 2-19 所示。

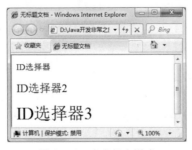

图 2-19　定义行内样式

2. 内嵌式样式表

内嵌式样式表就是在页面中使用<style></style>标记将 CSS 样式包含在页面中。本章中的【例 2-13】就是使用这种内嵌式样式表的模式。内嵌式样式表的形式没有行内标记表现的直接，但是能够使页面更加规整。

与行内样式相比，内嵌式样式表更加的便于维护。一般地，由于每个网站都不可能只由一个页面构成，若每个页面中相同的 HTML 标记都要求有相同的样式，此时使用内嵌式样式表就显得比较笨重，而使用链接式样式表就可以很好地解决这一问题。

3．链接式样式表

链接外部 CSS 是常用的一种引用样式表的方式，将 CSS 样式定义在一个单独的文件中，然后在 HTML 页面中通过<link>标记引用，是一种最为有效的使用 CSS 样式的方式。

<link>标记的语法结构如下：

```
<link rel='stylesheet'href='path'type='text/css'>
```

参数说明如下。

① rel：定义外部文档和调用文档间的关系。

② href：CSS 文档的绝对或相对路径。

③ type：外部文件的 MIME 类型。

【例 2-16】 通过链接式样式表的形式在页面中引入 CSS 样式。

（1）创建名称为 css.css 的样式表，在该样式表中定义页面中<h1>、<h2>、<h3>、<p>标记的样式，代码如下：

```
h1,h2,h3{                              /*定义CSS样式 */
    color:#6CFw;
    font-family:"Trebuchet MS", Arial, Helvetica, sans-serif;
}
p{
    color:#F0Cs;                        /*定义颜色*/
    font-weight:200;
    font-size:24px;                     /*设置字体大小*/
}
```

（2）在页面中通过<link>标记将 CSS 引入到页面中，此时 CSS 定义的内容将自动加载到页面中，代码如下：

```
<title>通过链接形式引入CSS样式</title>
<link href="css.css"/>            <!--页面引入CSS-->
</head>
<body>
    <h2>页面文字一</h2>          <!--在页面中添加文字-->
    <p>页面文字二</p>
</body>
```

运行程序，结果如图 2-20 所示。

图 2-20　使用链接式引入样式表

小 结

本章为大家介绍的是网页设计中不可缺少的内容：HTML 标记与 CSS 样式，HTML 是构成网页的灵魂，对于制作一般的网页，尤其是静态网页来说，HTML 完全可以胜任，但如果要制作夺人眼球的网页，CSS 是不可缺少的，本章对 HTML 与 CSS 的基础内容进行讲解，以此来带领广大读者进入 Web 学习之旅。

上机指导

创建 HTML 页面，并在页面中添加表格，并实现在浏览网站信息时，当鼠标经过表格的某个单元格时，会显示相关的提示信息。效果如图 2-21 所示。

☆ 收藏夹	🗀 C:\Users\Administrator\Desktop\3.html		
单元格1	单元格2	单元格3
单元格4	单元格5	单元格6
单元格7	单元格8	单元格9

图 2-21　鼠标前经过弹出提示的效果

开发步骤如下。

（1）在桌面创建一个 txt 文件，写入如下代码：

```
<html>
<head>
<meta http-equiv="Content-Type" content="text/html; charset=utf-8" />
</head>
<body>
<table width="98%" height="114" border="0" cellpadding="0" cellspacing="1" bgcolor="#666666">
  <tr>
    <td bgcolor="#FFFFFF" title="单元格1">单元格1</td>
    <td bgcolor="#FFFFFF" title="单元格2">单元格2</td>
    <td bgcolor="#FFFFFF" title="单元格3">单元格3</td>
  </tr>
  <tr>
    <td bgcolor="#FFFFFF" title="单元格4">单元格4</td>
    <td bgcolor="#FFFFFF" title="单元格5">单元格5</td>
    <td bgcolor="#FFFFFF" title="单元格6">单元格6</td>
  </tr>
  <tr>
    <td bgcolor="#FFFFFF" title="单元格7">单元格7</td>
    <td bgcolor="#FFFFFF" title="单元格8">单元格8</td>
    <td bgcolor="#FFFFFF" title="单元格9">单元格9</td>
  </tr>
</table>
</body>
</html>
```

（2）保存文件，修改文件后缀名，将.txt 修改成.html，用浏览器打开即可看到效果。

习　题

1. HTML 是由哪几部分组成的？
2. HTML 有哪些常用标记？都有什么作用？
3. <input>标记有哪几种输入类型？
4. 什么是 CSS？CSS 有哪些效果？
5. 如何为一个 HTML 页面添加 CSS 效果？

第3章

JavaScript脚本语言

本章要点：

了解JavaScript，以及JavaScript的
主要特点 ■
了解JavaScript与Java的区别 ■
掌握在Web页面中使用JavaScript的
两种方法 ■
了解Ajax技术 ■
了解jQuery技术 ■

■ JavaScript 是 Web 页面中一种比较流行的脚本语言，它由客户端浏览器解释执行，可以应用在 JSP、PHP、ASP 等网站中。同时，随着 Ajax 进入 Web 开发的主流市场，JavaScript 已经被推到了舞台的中心，因此，熟练掌握并应用 JavaScript 对于网站开发人员来说非常重要。本章将详细介绍 JavaScript 的基本语法、常用对象及 DOM 技术。

3.1　了解 JavaScript

了解 JavaScript

3.1.1　什么是 JavaScript

　　JavaScript 是一种基于对象和事件驱动并具有安全性能的解释型脚本语言，在 Web 应用中得到了非常广泛的应用。它不需要进行编译，而是直接嵌入在 HTTP 页面中，把静态页面转变成支持用户交互并响应应用事件的动态页面。在 Java Web 程序中，经常应用 JavaScript 进行数据验证、控制浏览器，以及生成时钟、日历和时间戳文档等。

3.1.2　JavaScript 的主要特点

　　JavaScript 适用于静态或动态网页，是一种被广泛使用的客户端脚本语言。它具有解释性、基于对象、事件驱动、安全性和跨平台等特点，下面进行详细介绍。

1.　解释性

　　JavaScript 是一种脚本语言，采用小程序段的方式实现编程。与其他脚本语言一样，JavaScript 也是一种解释型语言，它可以为开发者提供一个简易的开发过程。

2.　基于对象

　　JavaScript 是一种基于对象的语言。它可以应用自己已经创建的对象，因此许多功能来自于脚本环境中对象的方法与脚本的相互作用。

3.　事件驱动

　　JavaScript 可以以事件驱动的方式直接对客户端的输入做出响应，无须经过服务器端程序。

说明

　　事件驱动就是用户进行某种操作（例如，按下鼠标、选择菜单等），计算机随之做出相应的响应。这里的某种操作称之为事件，而计算机做出的响应称之为事件响应。

4.　安全性

　　JavaScript 具有安全性。它不允许访问本地硬盘，不能将数据写入服务器中，并且不允许对网络文档进行修改和删除，只能通过浏览器实现信息浏览或动态交互，从而有效地防止数据的丢失。

5.　跨平台

　　JavaScript 依赖于浏览器本身，与操作系统无关，只要浏览器支持 JavaScript，JavaScript 的程序代码就可以正确执行。

3.1.3　JavaScript 与 Java 的区别

　　虽然 JavaScript 与 Java 的名字中都有 Java，但是它们之间除了语法上有一些相似之处外，两者毫不相干。JavaScript 与 Java 的区别主要表现在以下几个方面。

1.　基于对象和面向对象

　　JavaScript 是一种基于对象和事件驱动的脚本语言，它本身提供了非常丰富的内部对象供设计人员使用；而 Java 是一种真正的面向对象的语言，即使是开发简单的程序，也必须设计对象。

2.　解释和编译

　　JavaScript 是一种解释型编程语言，其源代码在发往客户端执行之前不需要经过编译，而是将文本格式的字符代码发送给客户端由浏览器解释执行；而 Java 的源代码在传递到客户端执行之前，必须经过编译才可以执行。

3. 弱变量和强变量

JavaScript 采用弱变量，即变量在使用前无须声明，解释器在运行时将检查其数据类型；而 Java 则使用强类型变量检查，即所有变量在编译之前必须声明。

3.2 在 Web 页面中使用 JavaScript

在 Web 页面中
使用 JavaScript

通常情况下，在 Web 页面中使用 JavaScript 有以下两种方法：一种是在页面中直接嵌入 JavaScript；另一种是链接外部 JavaScript。下面分别介绍。

3.2.1 在页面中直接嵌入 JavaScript

在 Web 页面中，可以使用<script>...</script>标记对封装脚本代码，当浏览器读取到<script>标记时，将解释执行其中的脚本。

在使用<script>标记时，还需要通过其 language 属性指定使用的脚本语言。例如，在<script>中指定使用 JavaScript 脚本语言的代码如下：

```
<script language="javascript">...</script>
```

【例 3-1】 在页面中直接嵌入 JavaScript 代码，实现弹出欢迎访问网站的对话框。在需要弹出欢迎对话框的页面的<head>...</head>标记中间插入以下 JavaScript 代码，用于实现在用户访问网页时，弹出提示系统时间及欢迎信息的对话框。

```
<script language="javascript">
    var now=new Date();                  //获取Date对象的一个实例
    var hour=now.getHours();             //获取小时数
    var minu=now.getMinutes();           //获取分钟数
    alert("您好！现在是"+hour+":"+minu+"\r欢迎访问我公司网站！");   //弹出提示对话框
</script>
```

<script>标记可以放在 Web 页面的<head></head>标记中，也可以放在<body></body>标记中，其中最常用的是放在<head></head>标记中。

运行程序，将显示图 3-1 所示的欢迎对话框。

图 3-1 弹出的欢迎对话框

3.2.2 链接外部 JavaScript

在 Web 页面中引入 JavaScript 的另一种方法是采用链接外部 JavaScript 文件的形式。如果脚本代码比较复杂或是同一段代码可以被多个页面所使用，则可以将这些脚本代码放置在一个单独的文件中（该文件的扩展名为.js），然后在需要使用该代码的 Web 页面中链接该 JavaScript 文件即可。

在 Web 页面中链接外部 JavaScript 文件的语法格式如下：

```
<script language="javascript" src="javascript.js"></script>
```

 在外部 JS 文件中，不需要将脚本代码用<script>和</script>标记括起来。

3.3 JavaScript 语言基础

3.3.1 JavaScript 的语法

JavaScript 与 Java 在语法上有些相似，但也不尽相同。下面将结合 Java 语言对编写 JavaScript 代码时需要注意的事项进行详细介绍。

（1）JavaScript 区分大小写

JavaScript 区分大小写，这一点与 Java 语言是相同的。例如，变量 username 与变量 userName 是两个不同的变量。

JavaScript 的语法

（2）每行结尾的分号可有可无

与 Java 语言不同，JavaScript 并不要求必须以分号（；）作为语句的结束标记。如果语句的结束处没有分号，JavaScript 会自动将该行代码的结尾作为语句的结尾。

例如，下面的两行代码都是正确的：

```
alert("您好！欢迎访问我公司网站！")
alert("您好！欢迎访问我公司网站！");
```

 最好的代码编写习惯是在每行代码的结尾处加上分号，这样可以保证每行代码的准确性。

（3）变量是弱类型的

与 Java 语言不同，JavaScript 的变量是弱类型的。因此在定义变量时，只使用 var 运算符，就可以将变量初始化为任意的值。例如，通过以下代码可以将变量 username 初始化为 mrsoft，而将变量 age 初始化为 20。

```
var username="mrsoft";               //将变量username初始化为mrsoft
var age=20;                          //将变量age初始化为20
```

（4）使用大括号标记代码块

与 Java 语言相同，JavaScript 也是使用一对大括号标记代码块，被封装在大括号内的语句将按顺序执行。

（5）注释

在 JavaScript 中，提供了两种注释，即单行注释和多行注释，下面详细介绍。

单行注释使用双斜线"//"开头，在"//"后面的文字为注释内容，在代码执行过程中不起任何作用。例如，在下面的代码中，"获取日期对象"为注释内容，在代码执行时不起任何作用。

```
var now=new Date();                            //获取日期对象
```

多行注释以"/*"开头，以"*/"结尾，在"/*"和"*/"之间的内容为注释内容，在代码执行过程中不起任何作用。

例如，在下面的代码中，"功能……""参数……""时间……"和"作者……"等为注释内容，在代码执行时不起任何作用。

```
/*
 * 功能：获取系统日期函数
 * 参数：指定获取的系统日期显示的位置
 * 时间：2009-05-09
 * 作者：wgh
 */
function getClock(clock){
    …                                  //此处省略了获取系统日期的代码
    clock.innerHTML="系统公告："+time   //显示系统日期
}
```

3.3.2 JavaScript 中的关键字

JavaScript 中的关键字是指在 JavaScript 中具有特定含义的、可以成为 JavaScript 语法中一部分的字符。与其他编程语言一样，JavaScript 中也有许多关键字，JavaScript 中的关键字如表 3-1 所示。

JavaScript 中的
关键字

表 3-1　JavaScript 中的关键字

abstract	continue	finally	instanceof	private	this
boolean	default	float	int	public	throw
break	do	for	interface	return	typeof
byte	double	function	long	short	true
case	else	goto	native	static	var
catch	extends	implements	new	super	void
char	false	import	null	switch	while
class	final	in	package	synchronized	with

 JavaScript 中的关键字不能用作变量名、函数名及循环标签。

3.3.3 了解 JavaScript 的数据类型

JavaScript 的数据类型比较简单，主要有数值型、字符型、布尔型、转义字符、空值（null）和未定义值 6 种，下面分别介绍。

了解 JavaScript
的数据类型

1. 数值型

JavaScript 的数值型数据又可以分为整型和浮点型两种，下面分别进行介绍。

（1）整型

JavaScript 的整型数据可以是正整数、负整数和 0，并且可以采用十进制、八进制或十六进制来表示。例如：

```
729         //表示十进制的729
071         //表示八进制的71
0x9405B     //表示十六进制的9405B
```

 以 0 开头的数为八进制数；以 0x 开头的数为十六进制数。

（2）浮点型

浮点型数据由整数部分加小数部分组成，只能采用十进制，但是可以使用科学记数法或是标准方法来表示。例如：

```
3.1415926                //采用标准方法表示
1.6E5                    //采用科学记数法表示，代表1.6×10⁵
```

2．字符型

字符型数据是使用单引号或双引号括起来的一个或多个字符。

单引号括起来的一个或多个字符，代码如下：

```
'a'
'保护环境从我做起'
```

双引号括起来的一个或多个字符，代码如下：

```
"b"
"系统公告："
```

 说明　JavaScript 与 Java 不同，它没有 char 数据类型，要表示单个字符，必须使用长度为 1 的字符串。

单引号定界的字符串中可以含有双引号，代码如下：

```
'<td width="25%" align="center" bgcolor="#F0F0F0">注册时间</td>'
```

双引号定界的字符串中可以含有单引号，代码如下：

```
"<td bgcolor='#FFFFFF'>"
```

以反斜杠开头的不可显示的特殊字符通常称为控制字符，也被称为转义字符。通过转义字符可以在字符串中添加不可显示的特殊字符，或者防止引号匹配混乱的问题。JavaScript 常用的转义字符如表 3-2 所示。

表 3-2　JavaScript 常用的转义字符

转义字符	描述	转义字符	描述
\b	退格	\n	换行
\f	换页	\t	Tab 符
\r	回车符	\'	单引号
\"	双引号	\\	反斜杠
\xnn	十六进制代码 nn 表示的字符	\unnnn	十六进制代码 nnnn 表示的 Unicode 字符
\0nnn	八进制代码 nnn 表示的字符		

例如，在网页中弹出一个提示对话框，并应用转义字符 "\r" 将文字分为两行显示的代码如下：

```
var hour=13;
var minu=10;
alert("您好！现在是"+hour+":"+minu+"\r欢迎访问我公司网站！");
```

上述代码的执行结果如图 3-2 所示。

图 3-2　弹出提示对话框

说明

在 document.writeln();语句中使用转义字符时，只有将其放在格式化文本块中才会起作用，所以输出的带转义字符的内容必须在\<pre>和\</pre>标记内。

3. 布尔型

布尔型数据只有两个值，即 true 或 false，主要用来说明或代表一种状态或标志。在 JavaScript 中，也可以使用整数 0 表示 false，使用非 0 的整数表示 true。

4. 空值

JavaScript 中有一个空值（null），用于定义空的或不存在的引用。如果试图引用一个没有定义的变量，则返回一个 null 值。

注意

空值不等于空的字符串（""）或 0。

5. 未定义值

当使用了一个并未声明的变量，或者使用了一个已经声明但没有赋值的变量时，将返回未定义值（undefined）。

说明

JavaScript 中还有一种特殊类型的数字常量 NaN，即"非数字"。当在程序中由于某种原因发生计算错误后，将产生一个没有意义的数字，此时 JavaScript 返回的数字值就是 NaN。

3.3.4　变量的定义及使用

变量是指程序中一个已经命名的存储单元，其主要作用就是为数据操作提供存放信息的容器。在使用变量前，必须明确变量的命名规则、变量的声明方法及变量的作用域。

变量的定义及使用

1. 变量的命名规则

JavaScript 变量的命名规则如下。

① 变量名由字母、数字或下画线组成，但必须以字母或下画线开头。

② 变量名中不能有空格、加号、减号或逗号等符号。

③ 不能使用 JavaScript 中的关键字。

JavaScript 的变量名是严格区分大小写的。例如，arr_week 与 arr_Week 代表两个不同的变量。

说明

虽然 JavaScript 的变量可以任意命名，但是在实际编程时，最好使用便于记忆、且有意义的变量名，以便增加程序的可读性。

2. 变量的声明

在 JavaScript 中，可以使用关键字 var 声明变量，其语法格式如下：

```
var variable;
```

variable：用于指定变量名，该变量名必须遵守变量的命名规则。

在声明变量时需要遵守以下规则。

可以使用一个关键字 var 同时声明多个变量。例如：

```
var now,year,month,date;
```
可以在声明变量的同时对其进行赋值，即初始化。例如：
```
var now="2009-05-12",year="2009", month="5",date="12";
```
如果只是声明了变量，但未对其赋值，则其默认值为 undefined。

当给一个尚未声明的变量赋值时，JavaScript 会自动用该变量名创建一个全局变量。在一个函数内部，通常创建的只是一个仅在函数内部起作用的局部变量，而不是一个全局变量。若要创建一个全局变量，则必须使用 var 关键字进行变量声明。

由于 JavaScript 采用弱类型，所以在声明变量时不需要指定变量的类型，而变量的类型将根据变量的值来确定。例如，声明以下变量：

```
var number=10                                              //数值型
var info="欢迎访问我公司网站！\rhttp://www.mingribook.com";        //字符型
var flag=true                                              //布尔型
```

3. 变量的作用域

变量的作用域是指变量在程序中的有效范围。在 JavaScript 中，根据变量的作用域可以将变量分为全局变量和局部变量两种。全局变量是定义在所有函数之外，作用于整个脚本代码的变量；局部变量是定义在函数体内，只作用于函数体内的变量。例如，下面的代码将说明变量的有效范围。

```
<script language="javascript">
    var company="明日科技";              //该变量在函数外声明，作用于整个脚本代码
    function send(){
        var url="www.mingribook.com";    //该变量在函数内声明，只作用于该函数体
        alert(company+url);
    }
</script>
```

3.3.5　运算符的应用

运算符是用来完成计算或者比较数据等一系列操作的符号。常用的 JavaScript 运算符按类型可分为赋值运算符、算术运算符、比较运算符、逻辑运算符、条件运算符和字符串运算符 6 种。

运算符的应用

1. 赋值运算符

JavaScript 中的赋值运算可以分为简单赋值运算和复合赋值运算。简单赋值运算是将赋值运算符（=）右边表达式的值保存到左边的变量中；而复合赋值运算混合了其他操作（算术运算操作、位操作等）和赋值操作。例如：

```
sum+=i;              //等同于sum=sum+i;
```
JavaScript 中的赋值运算符如表 3-3 所示。

表 3-3　JavaScript 中的赋值运算符

运算符	描述	示例
=	将右边表达式的值赋给左边的变量	userName="mr"
+=	将运算符左边的变量加上右边表达式的值赋给左边的变量	a+=b　//相当于 a=a+b
-=	将运算符左边的变量减去右边表达式的值赋给左边的变量	a-=b　//相当于 a=a-b
*=	将运算符左边的变量乘以右边表达式的值赋给左边的变量	a*=b　//相当于 a=a*b
/=	将运算符左边的变量除以右边表达式的值赋给左边的变量	a/=b　//相当于 a=a/b
%=	将运算符左边的变量用右边表达式的值求模，并将结果赋给左边的变量	a%=b　//相当于 a=a%b

续表

运算符	描述	示例
&=	将运算符左边的变量与右边表达式的值进行逻辑与运算，并将结果赋给左边的变量	a&=b //相当于 a=a&b
|=	将运算符左边的变量与右边表达式的值进行逻辑或运算，并将结果赋给左边的变量	a|=b //相当于 a=a|b
^=	将运算符左边的变量与右边表达式的值进行异或运算，并将结果赋给左边的变量	a^=b //相当于 a=a^b

2. 算术运算符

算术运算符用于在程序中进行加、减、乘、除等运算。在 JavaScript 中常用的算术运算符如表 3-4 所示。

表 3-4　JavaScript 中的算术运算符

运算符	描述	示例
+	加运算符	4+6 //返回值为 10
−	减运算符	7−2 //返回值为 5
*	乘运算符	7*3 //返回值为 21
/	除运算符	12/3 //返回值为 4
%	求模运算符	7%4 //返回值为 3

++	自增运算符。该运算符有两种情况：i++（在使用 i 之后，使 i 的值加 1）；++i（在使用 i 之前，先使 i 的值加 1）	i=1；j=i++ //j 的值为 1，i 的值为 2
		i=1；j=++i //j 的值为 2，i 的值为 2

−−	自减运算符。该运算符有两种情况：i−−（在使用 i 之后，使 i 的值减 1）；−−i（在使用 i 之前，先使 i 的值减 1）	i=6；j=i−− //j 的值为 6，i 的值为 5
		i=6；j=−−i //j 的值为 5，i 的值为 5

执行除法运算时，0 不能用作除数。如果 0 用作除数，则返回结果为 Infinity。

【例 3-2】 编写 JavaScript 代码，应用算术运算符计算商品金额。

```
<script language="javascript">
    var price=992;          //定义商品单价
    var number=10;          //定义商品数量
    var sum=price*number;   //计算商品金额
    alert(sum);             //显示商品金额
</script>
```

运行结果如图 3-3 所示。

3. 比较运算符

比较运算符的基本操作过程是：首先对操作数进行比较，这个操作数可以是数字也可以是字符串，然后返回一个布尔值 true 或 false。在 JavaScript 中常用的比较运算符如表 3-5 所示。

图 3-3　显示商品金额

表 3-5　JavaScript 中的比较运算符

运算符	描述	示例
<	小于	1<6　//返回值为 true
>	大于	7>10　//返回值为 false
<=	小于等于	10<=10　//返回值为 true
>=	大于等于	3>=6　//返回值为 false
==	等于。只根据表面值进行判断，不涉及数据类型	"17"==17　//返回值为 true
===	绝对等于。根据表面值和数据类型同时进行判断	"17"===17　/返回值为 false
!=	不等于。只根据表面值进行判断，不涉及数据类型	"17"!=17　//返回值为 false
!==	不绝对等于。根据表面值和数据类型同时进行判断	"17"!==17　//返回值为 true

4. 逻辑运算符

逻辑运算符通常和比较运算符一起使用，用来表示复杂的比较运算，常用于 if、while 和 for 语句中，其返回结果为一个布尔值。JavaScript 中常用的逻辑运算符如表 3-6 所示。

表 3-6　JavaScript 中的逻辑运算符

运算符	描述	示例
!	逻辑非。否定条件，即!假 = 真，!真 = 假	!true　　　　//值为 false
&&	逻辑与。只有当两个操作数的值都为 true 时,值才为 true	true && flase　//值为 false
||	逻辑或。只要两个操作数其中之一为 true，值就为 true	true || false　//值为 true

5. 条件运算符

条件运算符是 JavaScript 支持的一种特殊的三目运算符，其语法格式如下：

```
操作数?结果1:结果2
```

如果 "操作数" 的值为 true，则整个表达式的结果为 "结果 1"，否则为 "结果 2"。

例如，应用条件运算符计算两个数中的最大数，并赋值给另一个变量。代码如下：

```
var a=26;
var b=30;
var m=a>b?a:b　　//m的值为30
```

6. 字符串运算符

字符串运算符是用于两个字符型数据之间的运算符，除了比较运算符外，还可以是+和+=运算符。其中，+运算符用于连接两个字符串，而+=运算符则连接两个字符串，并将结果赋给第一个字符串。

例如，在网页中弹出一个提示对话框，显示进行字符串运算后变量 a 的值。代码如下：

```
var a="One "+"world ";　　　//将两个字符串连接后的值赋值给变量a
a+="One Dream"　　　　　　//连接两个字符串，并将结果赋给第一个字符串
alert(a);
```

上述代码的执行结果如图 3-4 所示。

图 3-4　弹出提示对话框

3.4 函数

函数实质上就是可以作为一个逻辑单元对待的一组 JavaScript 代码。使用函数可以使代码更为简洁，并提高代码的可重用性。在 JavaScript 中，大约 95%的代码都是包含在函数中的。由此可见，函数在 JavaScript 中是非常重要的。

函数

3.4.1 函数的定义

函数是由关键字 function、函数名加一组参数，以及置于大括号中需要执行的一段代码定义的。定义函数的基本语法如下：

```
function functionName([parameter 1, parameter 2,…]){
    statements;
    [return expression;]
}
```

① functionName：必选，用于指定函数名。在同一个页面中，函数名必须是唯一的，并且区分大小写。

② parameter：可选，用于指定参数列表。当使用多个参数时，参数间使用逗号进行分隔。一个函数最多可以有 255 个参数。

③ statements：必选，是函数体，用于实现函数功能的语句。

④ expression：可选，用于返回函数值。expression 为任意的表达式、变量或常量。

例如，定义一个用于计算商品金额的函数 account()，该函数有两个参数，用于指定单价和数量，返回值为计算后的金额。具体代码如下：

```
function account(price,number){
    var sum=price*number;        //计算金额
    return sum;                  //返回计算后的金额
}
```

3.4.2 函数的调用

函数的调用比较简单，如果要调用不带参数的函数，使用函数名加上括号即可；如果要调用的函数带参数，则在括号中加上需要传递的参数；如果包含多个参数，各参数间用逗号分隔。

如果函数有返回值，则可以使用赋值语句将函数值赋给一个变量。

例如，3.4.1 小节的函数 account()可以通过以下代码进行调用。

```
account(7.6,10);
```

在 JavaScript 中，由于函数名区分大小写，在调用函数时也需要注意函数名的大小写。

【例 3-3】 定义一个 JavaScript 函数 checkRealName()，用于验证输入的字符串是否为汉字。

（1）在页面中添加用于输入真实姓名的表单及表单元素。具体代码如下：

```
<form name="form1" method="post" action="">
请输入真实姓名：<input name="realName" type="text" id="realName" size="40">
<br><br>
<input name="Button" type="button" class="btn_grey" value="检测">
</form>
```

（2）编写自定义的 JavaScript 函数 checkRealName()，用于验证输入的真实姓名是否正确，即判断输入的内容是否为两个或两个以上的汉字。函数 checkRealName()的具体代码如下：

```javascript
<script language="javascript">
    function checkRealName(){
        var str=form1.realName.value;                    //获取输入的真实姓名
        if(str==""){                                     //当真实姓名为空时
            alert("请输入真实姓名！");form1.realName.focus();return;
        }else{                                           //当真实姓名不为空时
            var objExp=/[\u4E00-\u9FA5]{2,}/;            //创建RegExp对象
            if(objExp.test(str)==true){                  //判断是否匹配
                alert("您输入的真实姓名正确！");
            }else{
                alert("您输入的真实姓名不正确！");
            }
        }
    }
</script>
```

 说明 正确的真实姓名由两个以上的汉字组成，如果输入的不是汉字，或是只输入一个汉字，都将被认为是不正确的真实姓名。

（3）在"检测"按钮的 onClick 事件中调用 checkRealName()函数。具体代码如下：

```html
<input name="Button" type="button" class="btn_grey" onClick="checkRealName()" value="检测">
```

运行程序，输入真实姓名"wgh"，单击"检测"按钮，将弹出图 3-5 所示的对话框；输入真实姓名"王语"，单击"检测"按钮，将弹出图 3-6 所示的对话框。

图 3-5　输入的真实姓名不正确

图 3-6　输入的真实姓名正确

3.4.3　匿名函数

匿名函数的语法和 function 语句非常相似，只不过它被用作表达式，而不是用作语句，而且也无须指定函数名。定义匿名函数的语法格式如下：

```
var func=function([parameter 1,parameter 2,…]){ statements;};
```

① parameter：可选，用于指定参数列表。当使用多个参数时，参数间使用逗号进行分隔。

② statements：必选，是函数体，用于实现函数功能的语句。

例如，当页面载入完成后，调用无参数的匿名函数，弹出一个提示对话框。代码如下：

```javascript
window.onload=function(){
    alert("页面载入完成");
}
```

3.5 事件和事件处理程序

通过前面的学习，我们知道 JavaScript 可以以事件驱动的方式直接对客户端的输入做出响应，无须经过服务器端程序。也就是说，JavaScript 是事件驱动的，它可以使在图形界面环境下的一切操作变得简单化。下面将对事件及事件处理程序进行详细介绍。

事件和事件处理
程序

3.5.1 什么是事件和事件处理程序

JavaScript 与 Web 页面之间的交互是通过用户操作浏览器页面时触发相关事件来实现的。例如，在页面载入完毕时将触发 onload（载入）事件、当用户单击按钮时将触发按钮的 onclick 事件等。事件处理程序则是用于响应某个事件而执行的处理程序。事件处理程序可以是任意 JavaScript 语句，但通常使用特定的自定义函数（Function）来对事件进行处理。

3.5.2 JavaScript 的常用事件

多数浏览器内部对象都拥有很多事件，下面将以表格的形式给出常用的事件及何时触发这些事件。JavaScript 的常用事件如表 3-7 所示。

表 3-7 JavaScript 的常用事件

事件	何时触发
onabort	对象载入被中断时触发
onblur	元素或窗口本身失去焦点时触发
onchange	改变\<select\>元素中的选项或其他表单元素失去焦点，并且在其获取焦点后内容发生过改变时触发
onclick	单击鼠标左键时触发。当光标的焦点在按钮上，并按下回车键时，也会触发该事件
ondblclick	双击鼠标左键时触发
onerror	出现错误时触发
onfocus	任何元素或窗口本身获得焦点时触发
onkeydown	键盘上的按键（包括 Shift 或 Alt 等键）被按下时触发，如果一直按着某键，则会不断触发。当返回 false 时，取消默认动作
onkeypress	键盘上的按键被按下，并产生一个字符时发生。也就是说，当按下 Shift 或 Alt 等键时不触发。如果一直按下某键时，会不断触发。当返回 false 时，取消默认动作
onkeyup	释放键盘上的按键时触发
onload	页面完全载入后，在 Window 对象上触发；所有框架都载入后，在框架集上触发；\<img\>标记指定的图像完全载入后，在其上触发；或\<object\>标记指定的对象完全载入后，在其上触发
onmousedown	单击任何一个鼠标按键时触发
onmousemove	鼠标在某个元素上移动时持续触发
onmouseout	将鼠标从指定的元素上移开时触发
onmouseover	鼠标移到某个元素上时触发
onmouseup	释放任意一个鼠标按键时触发
onreset	单击重置按钮时，在\<form\>上触发

续表

事件	何时触发
onresize	窗口或框架的大小发生改变时触发
onscroll	在任何带滚动条的元素或窗口上滚动时触发
onselect	选中文本时触发
onsubmit	单击提交按钮时，在 `<form>` 上触发
onunload	页面完全卸载后，在 Window 对象上触发；或者所有框架都卸载后，在框架集上触发

3.5.3　事件处理程序的调用

在使用事件处理程序对页面进行操作时，最主要的是如何通过对象的事件来指定事件处理程序。指定方式主要有以下两种。

1. 在 JavaScript 中

在 JavaScript 中调用事件处理程序，首先需要获得要处理对象的引用，然后将要执行的处理函数赋值给对应的事件。例如，下面的代码：

```html
<input name="bt_save" type="button" value="保存">
  <script language="javascript">
    var b_save=document.getElementById("bt_save");
    b_save.onclick=function(){
        alert("单击了保存按钮");
    }
  </script>
```

在页面中加入上面的代码并运行，当单击"保存"按钮时，将弹出"单击了保存按钮"对话框。
上面的实例也可以通过以下代码来实现：

```html
<input name="bt_save" type="button" value="保存">
  <script language="javascript">
    form1.bt_save.onclick=function(){
        alert("单击了保存按钮");
    }
  </script>
```

在 JavaScript 中指定事件处理程序时，事件名称必须小写，才能正确响应事件。

2. 在 HTML 中

在 HTML 中分配事件处理程序，只需要在 HTML 标记中添加相应的事件，并在其中指定要执行的代码或函数名即可。例如：

```html
<input name="bt_save" type="button" value="保存" onclick="alert('单击了保存按钮');">
```

在页面中加入上面的代码并运行，当单击"保存"按钮时，将弹出"单击了保存按钮"对话框。
上面的实例也可以通过以下代码来实现：

```html
<input name="bt_save" type="button" value="保存" onclick="clickFunction();">
function clickFunction(){
    alert("单击了保存按钮");
}
```

3.6 常用对象

通过前面的学习，我们知道 JavaScript 是一种基于对象的语言，它可以应用自己已经创建的对象，因此许多功能来自于脚本环境中对象的方法与脚本的相互作用。下面将对 JavaScript 的常用对象进行详细介绍。

3.6.1 String 对象

String 对象是动态对象，需要创建对象实例后才能引用其属性和方法。但是，由于在 JavaScript 中可以将用单引号或双引号括起来的一个字符串当作一个字符串对象的实例，所以可以直接在某个字符串后面加上点 "." 去调用 String 对象的属性和方法。下面对 String 对象的常用属性和方法进行详细介绍。

String 对象

1. 属性

String 对象最常用的属性是 length，该属性用于返回 String 对象的长度。length 属性的语法格式如下：

```
string.length
```

返回值：一个只读的整数，它代表指定字符串中的字符数，每个汉字按一个字符计算。

例如：

```
"flowre的哭泣".length;              //值为9
"wgh".length;                      //值为3
```

2. 方法

String 对象提供了很多用于对字符串进行操作的方法。下面对比较常用的方法进行详细介绍。

（1）indexOf()方法

indexOf()方法用于返回 String 对象内第一次出现子字符串的字符位置。如果没有找到指定的子字符串，则返回-1。其语法格式如下：

```
string.indexOf(subString[, startIndex])
```

① subString：必选项。要在 String 对象中查找的子字符串。

② startIndex：可选项。该整数值指出在 String 对象内开始查找索引。如果省略，则从字符串的开始处查找。

例如，从一个邮箱地址中查找@所在的位置，可以使用以下的代码：

```
var str="wgh717@sohu.com";
var index=str.indexOf('@');        //返回的索引值为6
var index=str.indexOf('@',7);      //返回值为-1
```

由于在 JavaScript 中，String 对象的索引值是从 0 开始的，所以此处返回的值为 6，而不是 7。String 对象各字符的索引值如图 3-7 所示。

图 3-7 String 对象各字符的索引值

String 对象还有一个 lastIndexOf()方法，该方法的语法格式与 indexOf()方法类似，所不同的是 indexOf()从字符串的第一个字符开始查找，而 lastIndexOf()方法则从字符串的最后一个字符开始查找。

例如，下面的代码将演示 indexOf()方法与 lastIndexOf()方法的区别。

```
var str="2009-05-15";
var index=str.indexOf('-');              //返回的索引值为4
var lastIndex=str.lastIndexOf('-');      //返回的索引值为7
```

（2）substr()方法

substr()方法用于返回指定字符串的一个子串。其语法格式如下：

```
string.substr(start[,length])
```

① start：用于指定获取子字符串的起始下标，如果是一个负数，那么表示从字符串的尾部开始算起的位置。即-1代表字符串的最后一个字符，-2代表字符串的倒数第二个字符，依此类推。

② length：可选，用于指定子字符串中字符的个数。如果省略该参数，则返回从 start 开始位置到字符串结尾的子串。

例如，使用 substr()方法获取指定字符串的子串，代码如下：

```
var word= "One World One Dream!";
var subs=word.substr(10,9);              //subs的值为One Dream
```

（3）substring()方法

substring()方法用于返回指定字符串的一个子串。其语法格式如下：

```
string.substr(from[,to])
```

① from：用于指定要获取子字符串的第一个字符在 string 中的位置。

② to：可选，用于指定要获取子字符串的最后一个字符在 string 中的位置。

由于 substring()方法在获取子字符串时，是从 string 中的 from 处到 to-1 处复制，因此 to 的值应该是要获取子字符串的最后一个字符在 string 中的位置加 1。如果省略该参数，则返回从 from 开始到字符串结尾处的子串。

例如，使用 substring()方法获取指定字符串的子串，代码如下：

```
var word= "One World One Dream!";
var subs=word.substring(10,19);          //subs的值为One Dream
```

（4）replace()方法

replace()方法用于替换一个与正则表达式匹配的子串。其语法格式如下：

```
string.replace(regExp,substring);
```

① regExp：一个正则表达式。如果正则表达式中设置了标志 g，那么该方法将用替换字符串替换检索到的所有与模式匹配的子串，否则只替换所检索到的第一个与模式匹配的子串。

② substring：用于指定替换文本或生成替换文本的函数。如果 substring 是一个字符串，那么每个匹配都将由该字符串替换，但是在 substring 中的 "$" 字符具有特殊的意义，如表 3-8 所示。

【例 3-4】　去掉字符串中的首尾空格。

在页面中添加用于输入原字符串和显示转换后的字符串的表单及表单元素，具体代码如下：

```
<form name="form1" method="post" action="">
```

表 3-8　substring 中的 "$" 字符的意义

字符	替换文本
$1, $2, …, $99	与 regExp 中的第 1～99 个子表达式匹配的文本
$&	与 regExp 相匹配的子串
$`	位于匹配子串左侧的文本
$'	位于匹配子串右侧的文本
$$	直接量——$符号

原字符串：

```
<textarea name="oldString" cols="40" rows="4"></textarea>
```

转换后的字符串：

```
<textarea name="newString" cols="40" rows="4"></textarea>
<input name="Button" type="button" class="btn_grey" value="去掉字符串的首尾空格">
</form>
```

编写自定义的 JavaScript 函数 trim()，在该函数中应用 String 对象的 replace() 方法去掉字符串中的首尾空格。函数 trim() 的具体代码如下：

```javascript
<script language="javascript">
    function trim(){
        var str=form1.oldString.value;         //获取原字符串
        if(str==""){                           //当原字符串为空时
            alert("请输入原字符串");form1.oldString.focus();return;
        }else{                                 //当原字符串不为空时，去掉字符串中的首尾空格
            var objExp=/(^\s*)|(\s*$)/g;       //创建regExp对象
            str=str.replace(objExp,"");        //替换字符串中的首尾空格
        }
        form1.newString.value=str;             //将转换后的字符串写入"转换后的字符串"文本框中
    }
</script>
```

在"去掉字符串的首尾空格"按钮的 onClick 事件中调用函数 trim()，具体代码如下：

```
<input name="Button" type="button" class="btn_grey" onClick="trim()" value="去掉字符串的首尾空格">
```

运行程序，输入原字符串，单击"去掉字符串的首尾空格"按钮，将去掉字符串中的首尾空格，并显示到"转换后的字符串"文本框中，如图 3-8 所示。

图 3-8　去掉字符串的首尾空格

（5）split() 方法

split() 方法用于将字符串分割为字符串数组。其语法格式如下：

```
string.split(delimiter,limit);
```

① delimiter：字符串或正则表达式，用于指定分隔符。

② limit：可选项，用于指定返回数组的最大长度。如果设置了该参数，返回的子串不会多于这个参

数指定的数字，否则整个字符串都会被分割，而不考虑其长度。

③ 返回值：一个字符串数组，该数组是通过 delimiter 指定的边界将字符串分割成的字符串数组。

在使用 split()方法分割数组时，返回的数组不包括 delimiter 自身。

例如，将字符串"2009-05-15"以"-"为分隔符分割成数组，代码如下：

```
var str="2009-05-15";
var arr=str.split("-");          //分割字符串数组
document.write("字符串""+str+""使用分隔符"-"进行分割后得到的数组为：<br>");
//通过for循环输出各个数组元素
for(i=0;i<arr.length;i++){
    document.write("arr["+i+"]: "+arr[i]+"<br>");
}
```

上面代码运行结果如图 3-9 所示。

```
字符串"2009-05-15"使用分隔符"-"进行分割后得到的数组为：
arr[0]：2009
arr[1]：05
arr[2]：15
```

图 3-9　运行结果

3.6.2　Math 对象

Math 对象提供了大量的数学常量和数学函数。在使用 Math 对象时，不能使用 new 关键字创建对象实例，而应直接使用"对象名.成员"的格式来访问其属性或方法。下面将对 Math 对象的属性和方法进行介绍。

Math 对象

1. Math 对象的属性

Math 对象的属性是数学中常用的常量，如表 3-9 所示。

表 3-9　Math 对象的属性

属性	描述	属性	描述
E	欧拉常量（2.718281828459045）	LOG2E	以 2 为底数的 e 的对数（1.44269504088 89633）
LN2	2 的自然对数（0.6931471805599453）	LOG10E	以 10 为底数的 e 的对数（0.4342944819 032518）
LN10	10 的自然对数（2.3025850994046）	PI	圆周率常数 π（3.141592653589793）
SQRT2	2 的平方根（1.4142135623730951）	SQRT1-2	0.5 的平方根（0.7071067811865476）

2. Math 对象的方法

Math 对象的方法是数学中常用的函数，如表 3-10 所示。

表 3-10　Math 对象的方法

属性	描述	示例
abs(x)	返回 x 的绝对值	Math.abs(-10);　　//返回值为 10
ceil(x)	返回大于或等于 x 的最小整数	Math.ceil(1.05);　　//返回值为 2 Math.ceil(-1.05);　　//返回值为-1

续表

属性	描述	示例	
cos(x)	返回 x 的余弦值	Math.cos(0);	//返回值为 1
exp(x)	返回 e 的 x 乘方	Math.exp(4);	//返回值为 54.598150033144236
floor(x)	返回小于或等于 x 的最大整数	Math.floor(1.05);	//返回值为 1
		Math.floor(−1.05);	//返回值为−2
log(x)	返回 x 的自然对数	Math.log(1);	//返回值为 0
max(x, y)	返回 x 和 y 中的最大数	Math.max(2,4);	//返回值为 4
min(x, y)	返回 x 和 y 中的最小数	Math.min(2,4);	//返回值为 2
pow(x, y)	返回 x 对 y 的次方	Math.pow(2,4);	//返回值为 16
random()	返回 0 和 1 之间的随机数	Math.random();	//返回值为类似 0.8867056997839715 的随机数
round(x)	返回最接近 x 的整数，即四舍五入函数	Math.round(1.05);	//返回值为 1
		Math.round(−1.05);	//返回值为−1
sqrt(x)	返回 x 的平方根	Math.sqrt(2);	//返回值为 1.4142135623730951

3.6.3　Date 对象

在 Web 程序开发过程中，可以使用 JavaScript 的 Date 对象来对日期和时间进行操作。例如，如果想在网页中显示计时的时钟，就可以使用 Date 对象来获取当前系统的时间，并按照指定的格式进行显示。下面将对 Date 对象进行详细介绍。

Date 对象

1. 创建 Date 对象

Date 对象是一个有关日期和时间的对象。它具有动态性，即必须使用 new 运算符创建一个实例。创建 Date 对象的语法格式如下：

```
dateObj=new Date()
dateObje=new Date(dateValue)
dateObj=new Date(year,month,date[,hours[,minutes[,seconds[,ms]]]])
```

① dateValue：如果是数值，则表示指定日期与 1970 年 1 月 1 日午夜间全球标准时间相差的毫秒数；如果是字符串，则 dateValue 按照 parse 方法中的规则进行解析。

② year：一个 4 位数的年份。如果输入的是 0～99 之间的值，则给它加上 1900。

③ month：表示月份，值为 0～11 之间的整数，即 0 代表 1 月份。

④ date：表示日，值为 1～31 之间的整数。

⑤ hours：表示小时，值为 0～23 之间的整数。

⑥ minutes：表示分，值为 0～59 之间的整数。

⑦ seconds：表示秒，值为 0～59 之间的整数。

⑧ ms：表示毫秒，值为 0～999 之间的整数。

例如，创建一个代表当前系统日期的 Date 对象的代码如下：

```
var now = new Date();          //代表的日期为Mon May 18 09：00：37 UTC+0800 2009
```

例如，创建一个代表 2009 年 5 月 18 日的 Date 对象的代码如下：

```
var now=new Date(2009,4,18);  //代表的日期为Mon May 18 00：00：00 UTC+0800 2009
```

在上面的代码中，第二个参数应该是当前月份−1，而不能是当前月份 5，如果是 5 则表示 6 月份。

2．Date 对象的方法

Date 对象没有提供直接访问的属性，只具有获取、设置日期和时间的方法。Date 对象的常用方法如表 3-11 所示。

表 3-11　Date 对象的常用方法

方法	描述	示例
get[UTC]FullYear()	返回 Date 对象中的年份，用 4 位数表示，采用本地时间或世界时	new Date().getFullYear(); //返回值为 2009
get[UTC]Month()	返回 Date 对象中的月份（0~11），采用本地时间或世界时	new Date().getMonth();　/ 返回值为 4
get[UTC]Date()	返回 Date 对象中的日（1~31），采用本地时间或世界时	new Date().getDate();　//返回值为 18
get[UTC]Day()	返回 Date 对象中的星期（0~6），采用本地时间或世界时	new Date().getDay();　//返回值为 1
get[UTC]Hours()	返回 Date 对象中的小时数（0~23），采用本地时间或世界时	new Date().getHours();　//返回值为 9
get[UTC]Minutes()	返回 Date 对象中的分钟数（0~59），采用本地时间或世界时	new Date().getMinutes();　//返回值为 39
get[UTC]Seconds()	返回 Date 对象中的秒数（0~59），采用本地时间或世界时	new Date().getSeconds();　//返回值为 43
get[UTC]Milliseconds()	返回 Date 对象中的毫秒数，采用本地时间或世界时	new Date().getMilliseconds();//返回值为 281
getTimezoneOffset()	返回日期的本地时间和 UTC 表示之间的时差，以分钟为单位	new Date().getTimezoneOffset();//返回值为-480
getTime()	返回 Date 对象的内部毫秒表示。注意，该值独立于时区，所以没有单独的 getUTCtime()方法	new Date().getTime();　// 返回值为 1242612357734
set[UTC]FullYear()	设置 Date 对象中的年份，用 4 位数表示，采用本地时间或世界时	new Date().setFullYear("2008"); //设置为 2008 年
set[UTC]Month()	设置 Date 对象的月，采用本地时间或世界时	new Date().setMonth(5);　//设置为 6 月
set[UTC]Date()	设置 Date 对象的日，采用本地时间或世界时	new Date().setDate(17);　//设置为 17 日
set[UTC]Hours()	设置 Date 对象的小时，采用本地时间或世界时	new Date().setHours(10);　//设置为 10 时
set[UTC]Minutes()	设置 Date 对象的分钟，采用本地时间或世界时	new Date().setMinutes(15);　//设置为 15 分
set[UTC]Seconds()	设置 Date 对象的秒数，采用本地时间或世界时	new Date().setSeconds(17);　//设置为 17 秒
set[UTC]Milliseconds()	设置 Date 对象中的毫秒数，采用本地时间或世界时	new Date().setMilliseconds(17); //设置为 17 毫秒
toDateString()	返回日期部分的字符串表示,采用本地时间	new Date().toDateString(); //返回值为 Mon May 18 2009

续表

方法	描述	示例
toUTCString()	将 Date 对象转换成一个字符串，采用世界时	new Date().toUTCString(); //返回值为 Mon, 18 May 2009 02:22:31 UTC
toLocaleDateString()	返回日期部分的字符串,采用本地日期	new Date().toLocaleDateString(); //返回值为星期一 2009 年 5 月 18 日
toLocaleTimeString()	返回时间部分的字符串,采用本地时间	new Date().toLocaleTimeString(); //返回值为 10:23:34
toTimeString()	返回时间部分的字符串表示,采用本地时间	new Date().toTimeString(); //返回值为 10:23:34 UTC +0800
valueOf()	将 Date 对象转换成其内部毫秒格式	new Date().valueOf(); //返回值为 1242613489906

【例 3-5】 实时显示系统时间。

（1）在页面的合适位置添加一个 id 为 clock 的<div>标记，关键代码如下：

```
<div id="clock"></div>
```

（2）编写自定义的 JavaScript 函数 realSysTime()，在该函数中使用 Date 对象的相关方法获取系统日期。函数 realSysTime()的具体代码如下：

```
<script language="javascript">
function realSysTime(clock){
    var now=new Date();                                     //创建Date对象
    var year=now.getFullYear();                             //获取年份
    var month=now.getMonth();                               //获取月份
    var date=now.getDate();                                 //获取日期
    var day=now.getDay();                                   //获取星期
    var hour=now.getHours();                                //获取小时
    var minu=now.getMinutes();                              //获取分
    var sec=now.getSeconds();                               //获取秒
    month=month+1;
    var arr_week=new Array("星期日","星期一","星期二","星期三","星期四","星期五","星期六");
    var week=arr_week[day];                                 //获取中文的星期
    var time=year+"年"+month+"月"+date+"日 "+week+" "+hour+":"+minu+":"+sec;  //组合系统时间
    clock.innerHTML="当前时间："+time;                       //显示系统时间
}
</script>
```

（3）在页面的载入事件中每隔 1 秒调用一次 realSysTime()实时显示系统时间，具体代码如下：

```
window.onload=function(){
    window.setInterval("realSysTime(clock)",1000);         //实时获取并显示系统时间
}
```

实例运行结果如图 3-10 所示。

当前时间：2009年5月18日 星期一 10:38:38

图 3-10　实时显示系统时间

3.6.4　Window 对象

Window 对象即浏览器窗口对象，是一个全局对象，是所有对象的顶级对象，在 JavaScript 中起着举足轻重的作用。Window 对象提供了许多属性和方法，这些属性和方法被用来操作浏览器页面的内容。Window 对象同 Math 对象一样，也不需要使用 new 关键字创建对象实例，而是直接使用"对象名.成员"的格式来访问其属性或方法。下面将对 Window 对象的属性和方法进行介绍。

Window 对象

1. Window 对象的属性

Window 对象的常用属性如表 3-12 所示。

表 3-12　Window 对象的常用属性

属性	描述
document	对窗口或框架中含有文档的 Document 对象的只读引用
defaultStatus	一个可读写的字符，用于指定状态栏中的默认消息
frames	表示当前窗口中所有 Frame 对象的集合
location	用于代表窗口或框架的 Location 对象。如果将一个 URL 赋予该属性，则浏览器将加载并显示该 URL 指定的文档
length	窗口或框架包含的框架个数
history	对窗口或框架的 history 对象的只读引用
name	用于存放窗口对象的名称
status	一个可读写的字符，用于指定状态栏中的当前信息
top	表示最顶层的浏览器窗口
parent	表示包含当前窗口的父窗口
opener	表示打开当前窗口的父窗口
closed	一个只读的布尔值，表示当前窗口是否关闭。当浏览器窗口关闭时，表示该窗口的 Window 对象并不会消失，不过其 closed 属性被设置为 true
self	表示当前窗口
screen	对窗口或框架的 screen 对象的只读引用，提供屏幕尺寸、颜色深度等信息
navigator	对窗口或框架的 navigator 对象的只读引用，通过 navigator 对象可以获得与浏览器相关的信息

2. Window 对象的方法

Window 对象的常用方法如表 3-13 所示。

表 3-13　Window 对象的常用方法

方法	描述
alert()	弹出一个警告对话框
confirm()	显示一个确认对话框，单击"确认"按钮时返回 true，否则返回 false
prompt()	弹出一个提示对话框，并要求输入一个简单的字符串
blur()	将键盘焦点从顶层浏览器窗口中移走。在多数平台上，这将使窗口移到最后面
close()	关闭窗口

续表

方法	描述
focus()	将键盘焦点赋予顶层浏览器窗口。在多数平台上，这将使窗口移到最前边
open()	打开一个新窗口
scrollTo(x, y)	把窗口滚动到（x, y）坐标指定的位置
scrollBy(offset$x$, offset$y$)	按照指定的位移量滚动窗口
setTimeout(timer)	在经过指定的时间后执行代码
clearTimeout()	取消对指定代码的延迟执行
moveTo(x, y)	将窗口移动到一个绝对位置
moveBy(offset$x$, offset$y$)	将窗口移动到指定的位移量处
resizeTo(x, y)	设置窗口的大小
resizeBy(offset$x$, offset$y$)	按照指定的位移量设置窗口的大小
print()	相当于浏览器工具栏中的"打印"按钮
setInterval()	周期执行指定的代码
clearInterval()	停止周期性地执行代码

由于 Window 对象使用十分频繁，又是其他对象的父对象，所以在使用 Window 对象的属性和方法时，JavaScript 允许省略 Window 对象的名称。

例如，在使用 Window 对象的 alert()方法弹出一个提示对话框时，可以使用下面的语句：

```
window.alert("欢迎访问明日科技网站!");
```

也可以使用下面的语句：

```
alert("欢迎访问明日科技网站!");
```

由于 Window 对象的 open()方法和 close()方法在实际网站开发中经常用到，下面将对其进行详细的介绍。

（1）open()方法

open()方法用于打开一个新的浏览器窗口，并在该窗口中装载指定 URL 地址的网页。open()方法的语法格式如下：

```
windowVar=window.open(url, windowname[, location]);
```

① windowVar：当前打开窗口的句柄。如果 open()方法执行成功，则 windowVar 的值为一个 Window 对象的句柄，否则 windowVar 的值是一个空值。

② url：目标窗口的 URL。如果 URL 是一个空字符串，则浏览器将打开一个空白窗口，允许用 write()方法创建动态 HTML。

③ windowname：用于指定新窗口的名称，该名称可以作为<a>标记和<form>的 target 属性的值。如果该参数指定了一个已经存在的窗口，那么 open()方法将不再创建一个新的窗口，而只是返回对指定窗口的引用。

④ location：对窗口属性进行设置，其可选参数如表 3-14 所示。

表 3-14　对窗口属性进行设置的可选参数

参数	描述
width	窗口的宽度
height	窗口的高度
top	窗口顶部距离屏幕顶部的像素数

续表

参数	描述
left	窗口左端距离屏幕左端的像素数
scrollbars	是否显示滚动条，值为 yes 或 no
resizable	设定窗口大小是否固定，值为 yes 或 no
toolbar	浏览器工具栏，包括后退及前进按钮等，值为 yes 或 no
menubar	菜单栏，一般包括文件、编辑及其他菜单项，值为 yes 或 no
location	定位区，也叫地址栏，是可以输入 URL 的浏览器文本区，值为 yes 或 no

当 Window 对象赋给变量后，也可以使用打开窗口句柄的 close() 方法关闭窗口。

例如，打开一个新的浏览器窗口，在该窗口中显示 bbs.htm 文件，设置打开窗口的名称为 bbs，并设置窗口的顶边距、左边距、宽度和高度。代码如下：

```
window.open("bbs.htm","bbs","width=531,height=402,top=50,left=20");
```

（2）close() 方法

close() 方法用于关闭当前窗口。其语法格式如下：

```
window.close()
```

当 Window 对象赋给变量后，也可以使用以下方法关闭窗口：

打开窗口的句柄.close();

【例 3-6】　应用 Window 对象的 open() 方法打开显示公告信息的窗口，并设置该窗口在 10 秒后自动关闭。

（1）编写 bbs.htm 文件，在该文件中显示公告信息（这里为一张图片），并且设置该窗口 10 秒后自动关闭。bbs.htm 文件的关键代码如下：

```
<html>
<head><title>明日科技公告</title></head>
<body onLoad="window.setTimeout('window.close()',5000)" style=" margin:0px">
<img src="images/bbs.jpg" width="531" height="402"> <!--显示公告信息-->
</body>
```

（2）编写 index.jsp 文件，在该文件的 <head> 标记中添加以下代码，用于打开新窗口显示公告信息：

```
<script language="javascript">
 window.open("bbs.htm","bbs","width=531,height=402,top=50,left=20");    //打开新窗口显示公告信息
</script>
```

运行程序，将打开图 3-11 所示的新窗口显示公告信息，并且在 10 秒后该窗口将自动关闭。

图 3-11　实例运行结果

在应用 Window 对象的 close() 方法关闭 IE 主窗口时，将会弹出一个"您查看的网页正在试图关闭窗口。是否关闭此窗口？"的询问对话框，如果不想显示该询问对话框，则可以应用以下代码关闭 IE 主窗口：

```
<a href="#" onClick="window.opener=null;window.close();">关闭</a>
```

3.7　Ajax 技术

3.7.1　什么是 Ajax

Ajax 技术

Ajax（Asynchronous JavaScript and XML）的意思是异步的 JavaScript 与 XML。Ajax 并不是一门新的语言或技术，它是 JavaScript、XML、CSS、DOM 等多种已有技术的组合，可以实现客户端的异步请求操作，进而在不需要刷新页面的情况下与服务器进行通信，减少用户的等待时间，减轻服务器和带宽的负担，提供更好的服务响应。

Ajax 使用的技术中，最核心的技术就是 XMLHttpRequest。它是一个具有应用程序接口的 JavaScript 对象，能够使用超文本传输协议（HTTP）连接一个服务器。XMLHttpRequest 是微软公司为了满足开发者的需要，于 1999 年在 IE 5.0 浏览器中率先推出的。现在许多浏览器都对其提供了支持，不过实现方式与 IE 有所不同。

通过 XMLHttpRequest 对象，Ajax 可以像桌面应用程序一样只同服务器进行数据层面的交换，而不用每次都刷新页面，也不用每次都将数据处理的工作交给服务器来完成。这样既可以减轻服务器负担，又可以加快响应速度、缩短用户等待的时间。

3.7.2　Ajax 的开发模式

在传统的 Web 应用模式中，页面中用户的每一次操作都将触发一次返回 Web 服务器的 HTTP 请求，服务器进行相应的处理（获得数据、运行与不同的系统会话）后，返回一个 HTML 页面给客户端，如图 3-12 所示。

图 3-12　Web 应用的传统模型

而在 Ajax 应用中，页面中用户的操作将通过 Ajax 引擎与服务器端进行通信，然后将返回结果提交给客户端页面的 Ajax 引擎，再由 Ajax 引擎来决定将这些数据插入页面的指定位置，如图 3-13 所示。

图 3-13　Web 应用的 Ajax 模型

从图 3-12 和图 3-13 中可以看出，对于每个用户的行为，在传统的 Web 应用模型中，将生成一次 HTTP 请求，而在 Ajax 应用开发模型中，将变成对 Ajax 引擎的一次 JavaScript 调用。在 Ajax 应用开发模型中，通过 JavaScript 实现了在不刷新整个页面的情况下对部分数据进行更新，从而可以降低网络流量，给用户带来更好的体验。

3.7.3　Ajax 的优点

与传统的 Web 应用不同，Ajax 在用户与服务器之间引入一个中间媒介（Ajax 引擎），从而消除了网络交互过程中的处理—等待—处理—等待的缺点。使用 Ajax 的优点具体表现在以下 5 个方面。

（1）可以减轻服务器的负担。Ajax 的原则是"按需求获取数据"，能够最大限度地减少冗余请求和响应对服务器造成的负担。

（2）可以把一部分以前由服务器负担的工作转移到客户端，利用客户端闲置的资源进行处理，减轻服务器和带宽的负担，节约空间和成本。

（3）无刷新更新页面，从而使用户不用再像以前一样在服务器处理数据时，只能在死板的白屏前焦急地等待。Ajax 使用 XMLHttpRequest 对象发送请求并得到服务器响应，在不需要重新载入整个页面的情况下，就可以通过 DOM 及时将更新的内容显示在页面上。

（4）可以调用 XML 等外部数据，进一步促进页面显示和数据的分离。

（5）基于标准化的并被广泛支持的技术不需要下载插件或者小程序。

3.8　传统 Ajax 工作流程

3.8.1　发送请求

Ajax 可以通过 XMLHttpRequest 对象实现采用异步方式在后台发送请求。

通常情况下，Ajax 发送请求有两种，一种是发送 GET 请求，另一种是发送 POST 请求。但是无论发送哪种请求，都需要经过以下 4 个步骤。

传统 Ajax 工作流程

（1）初始化 XMLHttpRequest 对象。为了提高程序的兼容性，需要创建一个跨浏览器的 XMLHttpRequest 对象，并且判断 XMLHttpRequest 对象的实例是否成功，如果不成功，则给予提示。具体代码如下：

```
http_request = false;
if (window.XMLHttpRequest) {                        //Mozilla等非IE浏览器
    http_request = new XMLHttpRequest();
} else if (window.ActiveXObject) {                  //IE浏览器
    try {
        http_request = new ActiveXObject("Msxml2.XMLHTTP");
    } catch (e) {
        try {
            http_request = new ActiveXObject("Microsoft.XMLHTTP");
        } catch (e) {}
    }
}
if (!http_request) {
    alert("不能创建XMLHttpRequest对象实例！ ");
    return false;
}
```

（2）为 XMLHttpRequest 对象指定一个回调函数，用于对返回结果进行处理。具体代码如下：

```
http_request.onreadystatechange = getResult;        //调用回调函数
```

使用 XMLHttpRequest 对象的 onreadystatechange 属性指定回调函数时，不能指定要传递的参数。如果要指定传递的参数，可以应用以下方法：

```
http_request.onreadystatechange = function(){getResult(param)};
```

（3）创建一个与服务器的连接。在创建时，需要指定发送请求的方式（即 GET 或 POST），以及设置是否采用异步方式发送请求。

例如，采用异步方式发送 GET 请求的具体代码如下：

```
http_request.open('GET', url, true);
```

例如，采用异步方式发送 POST 请求的具体代码如下：

```
http_request.open('POST', url, true);
```

open()方法中的 url 参数可以是一个 JSP 页面的 URL 地址，也可以是 Servlet 的映射地址。也就是说，请求处理页可以是一个 JSP 页面，也可以是一个 Servlet。

在指定 url 参数时，最好将一个时间戳追加到该 url 参数的后面，这样可以防止因浏览器缓存结果而不能实时得到最新的结果。例如，可以指定 url 参数为以下代码：

```
String url="deal.jsp?nocache="+new Date().getTime();
```

（4）向服务器发送请求。利用 XMLHttpRequest 对象的 send()方法可以实现向服务器发送请求，该方法需要传递一个参数，如果发送的是 GET 请求，可以将该参数设置为 null；如果发送的是 POST 请求，可以通过该参数指定要发送的请求参数。

向服务器发送 GET 请求的代码如下：

```
http_request.send(null);
```

向服务器发送 POST 请求的代码如下：

```
//组合参数
var param="user="+form1.user.value
+"&pwd="+form1.pwd.value+"&email="+form1.email.value
+"&question="+form1.question.value+"&answer="+form1.answer.value
+"&city="+form1.city.value;        http_request.send(param);
```

需要注意的是，在发送 POST 请求前，还需要设置正确的请求头。具体代码如下：

```
http_request.setRequestHeader("Content-Type","application/x-www-form-urlencoded");
```

上面的这句代码需要添加在"http_request.send(param);"语句之前。

3.8.2 处理服务器响应

当向服务器发送请求后，接下来就需要处理服务器响应了。在不同的条件下，服务器对同一个请求也可能有不同的响应结果。例如，网络不通畅，就会返回一些错误结果。因此，根据响应状态的不同，应该采取不同的处理方式。

在 3.8.1 小节向服务器发送请求时，已经通过 XMLHttpRequest 对象的 onreadystatechange 属性指定了一个回调函数，用于处理服务器响应。在这个回调函数中，首先需要判断服务器的请求状态，保证请求已完成，然后再根据服务器的 HTTP 状态码，判断服务器对请求的响应是否成功，如果成功，则获取服务器的响应反馈给客户端。

XMLHttpRequest 对象提供了两个用来访问服务器响应的属性：一个是 responseText 属性，返回字符串响应；另一个是 responseXML 属性，返回 XML 响应。

1. 处理字符串响应

字符串响应通常应用在响应不是特别复杂的情况下。例如，将响应显示在提示对话框中，或者响应只是显示成功或失败的字符串。

将字符串响应显示到提示对话框中的回调函数的具体代码如下：

```
function getResult() {
    if (http_request.readyState == 4) {                //判断请求状态
        if (http_request.status == 200) {              //请求成功，开始处理响应
            alert(http_request.responseText);          //弹出提示对话框显示响应结果
        } else {                                       //请求页面有错误
            alert("您所请求的页面有错误！");
        }
    }
}
```

如果需要将响应结果显示到页面的指定位置，也可以先在页面的合适位置添加一个<div>或<span>标记，设置该标记的 ID 属性，例如，div_result，然后在回调函数中应用以下代码显示响应结果：

```
document.getElementById("div_result").innerHTML=http_request.responseText;
```

2. 处理 XML 响应

如果在服务器端需要生成特别复杂的响应，那么就需要应用 XML 响应。应用 XMLHttpRequest 对象的 responseXML 属性，可以生成一个 XML 文档，而且当前浏览器已经提供了很好的解析 XML 文档对象的方法。

在回调函数中遍历保存留言信息的 XML 文档，并显示到页面中。代码如下：

```
<script language="javascript">
function getResult() {
    if (http_request.readyState == 4) {                //判断请求状态
        if (http_request.status == 200) {              //请求成功，开始处理响应
                var xmldoc = http_request.responseXML;
                var msgs="";
                for(i=0;i<xmldoc.getElementsByTagName("board").length;i++){
                var board = xmldoc.getElementsByTagName("board").item(i);
                msgs=msgs+board.getAttribute("name")+"的留言："+
                board.getElementsByTagName('msg')[0].firstChild.data+"<br>";
}
                document.getElementById("msg").innerHTML=msgs;    //显示留言内容
        } else {                                                 //请求页面有错误
            alert("您所请求的页面有错误！");
        }
    }
}
</script>
<div id="msg"></div>
```

要遍历的 XML 文档的结构如下：

```
<?xml version="1.0" encoding="UTF-8"?>
<boards>
<board name="wgh">
```

```
        <msg>你现在好吗？</msg>
    </board>
    <board name="无语">
        <msg>恒则成</msg>
    </board>
</boards>
```

3.9 jQuery 技术

jQuery 技术

通过前面的介绍，我们可以知道在 Web 中应用 Ajax 的工作流程比较烦琐，每次都需要编写大量的 JavaScript 代码。不过应用目前比较流行的 jQuery 可以简化 Ajax。下面将具体介绍如何应用 jQuery 实现 Ajax。

3.9.1 jQuery 简介

jQuery 是一套简洁、快速、灵活的 JavaScript 脚本库，它是由 John Resig 于 2006 年创建的，它帮助我们简化了 JavaScript 代码。JavaScript 脚本库类似于 Java 的类库，我们将一些工具方法或对象方法封装在类库中，方便用户使用。jQuery 因为它的简便易用，为大量的开发人员所推崇。

如需在自己的网站中应用 jQuery 库，则需要先下载并配置它。

3.9.2 下载和配置 jQuery

jQuery 是一个开源的脚本库，可以在它的官方网站中下载到最新版本的 jQuery 库。

将 jQuery 库下载到本地计算机后，还需要在项目中配置 jQuery 库。即将下载后的 jquery-1.7.2.min.js 文件放置到项目的指定文件夹中，通常放置在 JS 文件夹中，然后在需要应用 jQuery 的页面中使用下面的语句，将其引用到文件中。

```
<script language="javascript" src="JS/jquery-1.7.2.min.js"></script>
```
或者
```
<script src="JS/jquery-1.7.2.min.js" type="text/javascript"></script>
```

3.9.3 jQuery 的工厂函数

在 jQuery 中，无论我们使用哪种类型的选择符都需要从一个"$"符号和一对"()"开始。在"()"中通常使用字符串参数，参数中可以包含任何 CSS 选择符表达式。下面介绍几种比较常见的用法。

（1）在参数中使用标记名

$("div")：用于获取文档中全部的<div>。

（2）在参数中使用 ID

$("#username")：用于获取文档中 ID 属性值为 username 的一个元素。

（3）在参数中使用 CSS 类名

$(".btn_grey")：用于获取文档中使用 CSS 类名为 btn_grey 的所有元素。

3.9.4 一个简单的 jQuery 脚本

【例 3-7】 应用 jQuery 弹出一个提示对话框。

（1）在 Eclipse 中创建动态 Web 项目，并在该项目的 WebContent 节点下创建一个名称为 JS 的文件夹，将 jquery-1.7.2.min.js 复制到该文件夹中。

> 默认情况下，在 Eclipse 创建的动态 Web 项目中，添加 jQuery 库以后，将出现红色叉号（×），
> 标识有语法错误，但是程序仍然可以正常运行。解决该问题的方法是：首先在 Eclipse 的主
> 菜单中选择"窗口/首选项"菜单项，将打开"首选项"对话框，并在"首选项"对话框的左
> 侧选择" JavaScript/Validator/Errors/Warnings"节点，然后将右侧的" Enable
> JavaScript Semantic Validation"复选框取消选取状态，并应用，接下来再找到项目
> 的.project 文件，将其中的以下代码删除：
> <buildCommand>
> <name>org.eclipse.wst.jsdt.core.javascriptValidator</name>
> <arguments>
> </arguments>
> </buildCommand>
> 并保存该文件，最后刷新项目并重新添加 jQuery 库就可以了。

（2）创建一个名称为"index.jsp"的文件，在该文件的<head>标记中引用 jQuery 库文件，关键代
码如下：

```
<script type="text/javascript" src="JS/jquery-1.7.2.min.js"></script>
```

（3）在<body>标记中，应用 HTML 的<a>标记添加一个空的超链接，关键代码如下：

```
<a href="#">弹出提示对话框</a>
```

（4）编写 jQuery 代码，实现在单击页面中的超链接时，弹出一个提示对话框，具体代码如下：

```
<script>
$(document).ready(function(){
    //获取超链接对象，并为其添加单击事件
    $("a").click(function(){
        alert("我的第一个jQuery脚本！");
    });
});
</script>
```

运行本实例，单击页面中的"弹出提示对话框"超链接，将弹出图 3-14 所示的提示对话框。

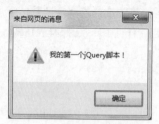

图 3-14　弹出的提示对话框

小 结

　　本章首先对什么是 JavaScript、JavaScript 的主要特点，以及 JavaScript 与 Java 的区
别做了简要介绍；然后介绍了如何在 Web 页面中使用 JavaScript，以及 JavaScript 的基本

语法；接下来又对 JavaScript 的常用对象做了详细介绍，其中应用正则表达式进行模式匹配需要读者重点掌握，在以后的编程中经常会用到；最后对 Ajax 技术和 jQuery 进行了介绍。在开发 Web 应用时，这部分内容会经常用到，因此，读者需要重点掌握。

上机指导

创建一个用户注册的页面，让用户输入用户名、密码、电话和邮箱，使用 Javascript 脚本完成密码校验、电话号码校验、邮箱校验和空内容校验。

开发步骤如下。

（1）创建一个项目命名为"CheckInformation"，在 WebContent 文件夹下创建一个名为"index.jsp"的文件，代码如下：

```
<%@ page language="java" import="java.util.*" pageEncoding="UTF-8"%>
<html>
  <head>
    <title>检测表单元素是否为空</title>
      <script language="javascript">
      function checkNull(form){
          /*判断是否有空内容*/
          for(i=0;i<form.length;i++){
              if(form.elements[i].value == ""){ //form的属性elements的首字e要小写
                  alert("很抱歉, "+form.elements[i].title + "不能为空!");
                  form.elements[i].focus();                   //当前元素获取焦点
                  return false;
              }
          }
          /*判断两次密码是否一致*/
          var pwd1=document.getElementById("pwd1_id").value;
          var pwd2=document.getElementById("pwd2_id").value;
          if(pwd1!=pwd2){
              alert("两次密码不一致，请确认! ");
              return false;
          }
          /*判断电话号码是否有效*/
          var phone = document.getElementById("phone_id").value;
          var regExpression = /^(86)?((13\d{9})|(15[0,1,2,3,5,6,7,8,9]\d{8})|(18[0,5,6,7,8,9]\ d{8}))$/;
          var objExp = new RegExp(regExpression);      //创建正则表达式对象
          if(objExp.test(phone)==false){
              alert("您输入的手机号码有误! ");
              return false;
          }
          /*判断电子邮箱是否有效*/
          var email = document.getElementById("email_id").value;
          var regExpression = /\w+([-+.]\w+)*@\w+([-.]\w+)*\.\w+([-.]\w+)*/;
          var objExp = new RegExp(regExpression);      //创建正则表达式对象
          if(objExp.test(email)==false){ //通过test()函数测试字符串是否与表达式的模式匹配
              alert("您输入的E-mail地址不正确! ");
              return false;
```

```
        }
      }
    </script>
  </head>

  <body>
  <form name="form1" method="post" action="" onSubmit="return checkNull(form1)">
  <table width="296" border="0" align="center" cellpadding="0" cellspacing="1" bgcolor=
"#333333">
    <tr>
      <td colspan="2" bgcolor="#eeeeee">·用户注册</td>
    </tr>
    <tr>
      <td width="200" align="center" bgcolor="#FFFFFF">用户名：</td>
      <td width="384" bgcolor="#FFFFFF"><input name="user" type="text" id="user_id"
title="用户名">
      *</td>
    </tr>
    <tr>
      <td align="center" bgcolor="#FFFFFF">密  码：</td>
      <td bgcolor="#FFFFFF"><input name="pwd" type="password" id="pwd1_id" title="
密码">
      *</td>
    </tr>
     <tr>
      <td align="center" bgcolor="#FFFFFF">确认密码：</td>
      <td bgcolor="#FFFFFF"><input name="pwd2" type="password" id="pwd2_id" title="确认
密码">
      *</td>
    </tr>
     <tr>
      <td align="center" bgcolor="#FFFFFF">电话：</td>
      <td bgcolor="#FFFFFF"><input name="phone" type="text" id="phone_id" title="电话">
      *</td>
    </tr>
     <tr>
      <td align="center" bgcolor="#FFFFFF">邮箱：</td>
      <td bgcolor="#FFFFFF"><input name="email" type="text" id="email_id" title="邮箱">
      *</td>
    </tr>
    <tr>
      <td bgcolor="#FFFFFF"> </td>
      <td bgcolor="#FFFFFF"><input name="Submit" type="submit" class="btn_grey" value="
提交">
       
      <input name="Submit2" type="reset" class="btn_grey" value="重置"></td>
    </tr>
  </table>
  </form>
  </body>
</html>
```

（2）将项目部署到服务器中，启动服务器，访问地址 http://localhost:8080/ CheckInformation/，查看页面效果如图 3-15 和图 3-16 所示。

图 3-15　用户注册页面

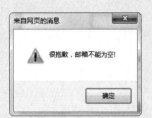

图 3-16　没填写邮箱的提示

习　题

1. 什么是 JavaScript？JavaScript 与 Java 是什么关系？
2. JavaScript 脚本如何调用？JavaScript 有哪些常用的属性和方法？
3. 如何使用 JavaScript 给一个按钮添加事件？
4. 什么是 Ajax？如何用 Ajax 实时更新前台页面的数据？
5. 什么是 jQuery？$(document).ready() 是干什么用的？

第4章

Java EE开发环境

本章要点：

掌握Tomcat服务器的各种配置方法 ■
掌握Eclipse开发工具的下载与安装 ■
掌握如何在Eclipse中创建及发布
Web程序 ■

■ 在进行 Java Web 应用开发前，需要把整个开发环境搭建好，例如，需要安装 Java 开发工具包 JDK，Web 服务器（本章为大家介绍的是 Tomcat）和 IDE 开发工具。

4.1 JDK 的下载、安装与使用

4.1.1 下载

　　Java 开发工具包（Java Development Kit，JDK），是 Java 应用程序的基础。本节将对 JDK 的下载、安装及配置进行详细讲解。

　　下面介绍下载 JDK 的方法，具体步骤如下。

　　（1）打开浏览器，在 Oracle 官网上找到 JDK 的下载页面。在 JDK 的下载页面中，单击图 4-1 所示的"Oracle JDK DOWNLOAD"按钮。

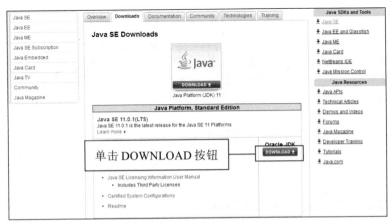

图 4-1　JDK 下载页面

　　（2）在 JDK 的下载列表中，首先选中"Accept License Agreement"单选按钮，然后根据当前使用的操作系统的位数，选择合适的 JDK 版本进行下载，步骤如图 4-2 所示。

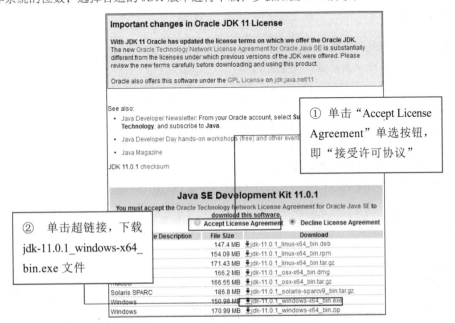

图 4-2　JDK 的下载列表

说明 JDK 11 仅为 64 位的 Windows 操作系统提供了下载链接，因此 32 位 Windows 操作系统的用户推荐使用 JDK 8 的最新版本。

4.1.2 安装

下载 Windows 平台的 JDK 安装文件后，安装步骤如下。

（1）双击已下载完毕的安装文件，弹出"欢迎对话框"，直接单击"下一步"按钮，在弹出的图 4-3 所示的"定制安装"对话框中，建议读者不要更改 JDK 的安装路径，其他设置也都选择默认设置，单击 "下一步"按钮。

（2）成功安装 JDK 后，将弹出图 4-4 所示的"完成"对话框，单击"关闭"按钮即可。

图 4-3 "定制安装"对话框

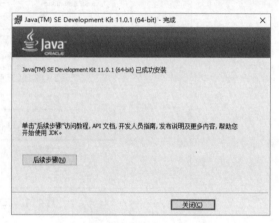

图 4-4 "完成"对话框

4.1.3 配置与测试

安装 JDK 后，必须配置环境变量才能使用 Java 开发环境。在 Windows 10 下，只需配置环境变量 Path（用来使系统能够在任何路径下都可以识别 Java 命令）即可。步骤如下。

（1）在"此电脑"图标上单击鼠标右键，在弹出的快捷菜单中选择"属性"命令，在弹出的"属性"对话框左侧单击"高级系统设置"超链接，将打开图 4-5 所示的"系统属性"对话框。

（2）单击"系统属性"对话框中的"环境变量"按钮，将弹出图 4-6 所示的"环境变量"对话框，在"系统变量"中找到并双击 Path 变量，会弹出图 4-7 所示的"编辑环境变量"对话框。

（3）在"编辑环境变量"对话框中，单击"编辑文本"按钮，对 Path 变量的变量值进行修改。先删除原变量值最前面的"C:\Program Files (x86)\Common

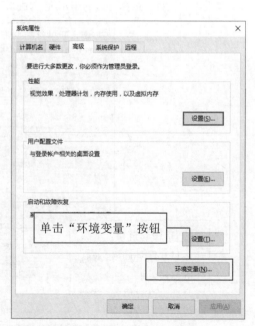

图 4-5 "系统属性"对话框

Files\Oracle\Java\javapath；"后，再输入 "C:\Program Files\Java\jdk-11.0.1\bin；"，修改后的效果如图 4-8 所示。

图 4-6 "环境变量"对话框

图 4-7 "编辑环境变量"对话框

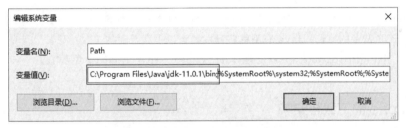

图 4-8 设置 Path 变量的变量值

 说明 ";"为英文格式下的分号，用于分割不同的变量值，因此每个变量值后的 ";" 不能省略。

（4）逐个单击对话框中的"确定"按钮，依次退出上述对话框后，即可完成在 Windows 10 下配置 JDK 的相关操作。

JDK 配置完成后，需确认其是否配置准确。在 Windows 10 下测试 JDK 环境需要先单击桌面左下角的 "⊞" 图标（在 Windows 7 系统下单击 "⬛" 图标），再直接键入 cmd，接着按回车键，启动命令提示符对话框，输入 cmd 后的效果如图 4-9 所示。

在已经启动的命令提示符对话框中输入 javac，按回车键，将输出图 4-10 所示的 JDK 的编译器信息，其中包括修改命令的语法和参数选项等信息。这说明 JDK 环境搭建成功。

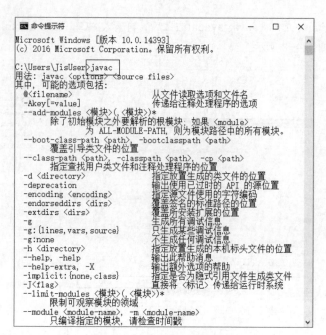

图 4-9　输入 cmd 后的效果　　　　　　　　　图 4-10　JDK 的编译器信息

4.2　Eclipse 开发工具的安装与使用

要进行 Java Web 应用开发，选择合适的开发工具非常重要，而 Eclipse 开发工具正是很多 Java 开发者的首选。Java 应用程序开发者可以下载普通的 J2SE 版本，而 Java Web 程序开发者则需要使用 J2EE 版本的 Eclipse。Eclipse 是完全免费的工具，使用起来简单方便，深受广大开发者的热爱。

Eclipse 开发工具

4.2.1　Eclipse 的下载与安装

Eclipse 的下载步骤如下。

（1）打开浏览器，进入 Eclipse 的官方网站，然后单击图 4-11 所示的"Download 64bit"超链接。

图 4-11　Eclipse 的官网首页

（2）进入"ECLIPSE IDE DOWNLOADS"页面后，找到"Eclipse IDE for Enterprise Java Developers"，单击"Windows 64-bit"超链接，如图 4-12 所示。

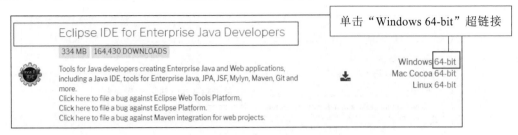

图 4-12　Eclipse IDE for Enterprise Java Developers 的效果

（3）单击图 4-13 所示的"Download"按钮，即可下载 64-bit 的 Eclipse。

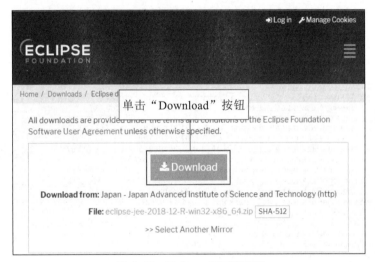

图 4-13　Eclipse 的下载页面

4.2.2　安装 Eclipse 中文语言包

从网站中下载的 Eclipse 安装文件是一个压缩包，将其解压缩到指定的文件夹，然后运行文件夹中的 Eclipse.exe 文件，即可启动 Eclipse 开发工具。但是在启动 Eclipse 之前需要安装中文语言包，以降低读者的学习难度。

Eclipse 的国际语言包可以到官方网站下载，具体的下载和使用步骤如下。

（1）进入 Eclipse 官方网站，在下载页面的"Babel Language Packs Zips"标题下选择对应 Eclipse 版本的超链接下载语言包，例如本书使用的 Eclipse 版本为 Photon，所以单击"Photon"超链接，如图 4-14 所示。

 说明　下载 Eclipse 多国语言包时，要注意语言包所匹配的 Eclipse 版本，虽然语言包版本上下兼容，但建议下载使用与 Eclipse 同版本的语言包。

（2）在弹出的下载列表页面中，在 Language：Chinese(Simplified)列表下选择并单击图 4-15 所示的"BabelLanguagePack-eclipse-zh_×.×.×"超链接。×.×.×为汉化包的版本号，因为官方会频繁更新汉化包，但文件的前缀不会改变，所以读者只要下载前缀为"BabelLanguagePack-eclipse-zh_"的 zip 文件即可。

图 4-14　Babel 项目组首页

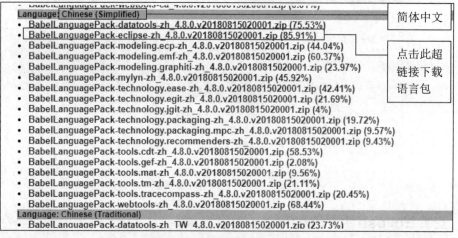

图 4-15　中文语言包下载分类

（3）单击超链接后，Eclipse 服务器会根据客户端所在的地理位置，为客户端分配合理的下载镜像站点，读者只需单击"DOWNLOAD"按钮，即可下载汉化包。下载镜像站点页面如图 4-16 所示。

Download from: Japan - Yamagata University (http)

File: BabelLanguagePack-eclipse-zh_4.8.0.v20180815020001.zip　SHA-512

\>> Select Another Mirror

图 4-16　语言包下载镜像页面

（4）将下载完成的汉化包解压缩，解压后生成的 eclipse 文件夹下有两个子文件夹：features 文件夹和 plugins 文件夹。将这两个子文件夹覆盖到 Eclipse 程序的根目录下，效果如图 4-17 所示。重启 Eclipse 之后就可以看到汉化效果。

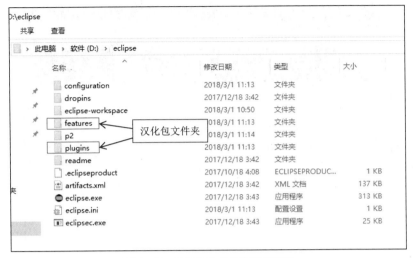

图 4-17　汉化包文件夹覆盖的位置

4.2.3　启动 Eclipse

启动 Eclipse 的步骤如下。

现在已经配置好 Eclipse 的多国语言包，可以启动 Eclipse 了。在 Eclipse 的解压文件夹中运行 eclipse.exe 文件，即开始启动 Eclipse，将弹出"工作空间启动程序"对话框，该对话框用于设置 Eclipse 的工作空间（用于保存 Eclipse 建立的程序项目和相关设置）。本书的开发环境统一设置工作空间为 Eclipse 安装位置的 workspace 文件夹，在"工作空间启动程序"对话框的"工作空间"文本框中输入 ".\workspace"，单击"启动"按钮，即可启动 Eclipse，如图 4-18 所示。

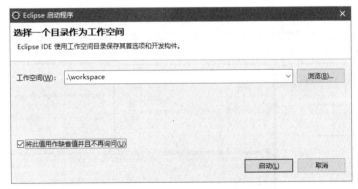

图 4-18　设置工作空间

 说明　如果在启动 Eclipse 时，选中"将此值用作缺省值并且不再询问"复选框，设置不再询问工作空间设置后，可以通过以下方法恢复提示。首先选择"窗口→首选项"命令，打开"首选项"对话框，然后在左侧选择"常规→启动和关闭→工作空间"节点，并且选中右侧的"启动时提示工作空间"复选框，单击"应用"按钮后，再单击"确定"按钮即可。

Eclipse 首次启动时，会显示 Eclipse 的欢迎界面，如图 4-19 所示。单击欢迎界面标题上的 ×，即可关闭该界面。

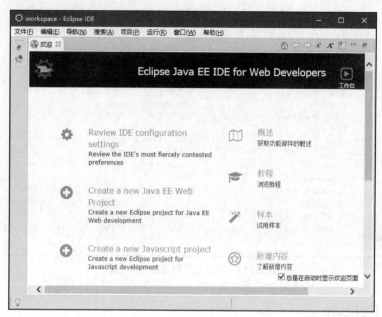

图 4-19　Eclipse 的欢迎界面

4.2.4　Eclipse 工作台

启动 Eclipse 后，关闭欢迎界面，将进入 Eclipse 的主界面，即 Eclipse 的工作台窗口。Eclipse 的工作台主要由菜单栏、工具栏、透视图工具栏、项目资源管理器视图、大纲视图、编辑器和其他视图组成。Eclipse 的工作台如图 4-20 所示。

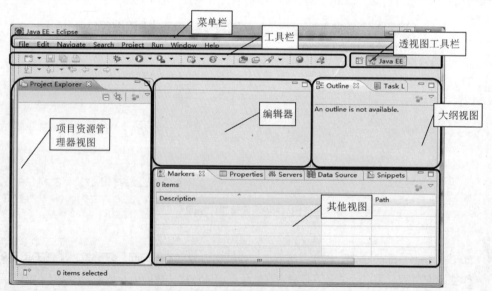

图 4-20　Eclipse 的工作台

 在应用 Eclipse 时，各视图的内容会有所改变，例如，打开一个 JSP 文件后，在大纲视图中，将显示该 JSP 文件的节点树。

4.2.5　配置 Web 服务器

配置 Web 服务器

在发布和运行项目前，需要先配置 Web 服务器；如果 Web 服务器已经配置好，就不需要再重新配置了。也就是说，本节的内容不是每个项目开发时都必须经过的步骤。配置 Web 服务器的具体步骤如下。

（1）在 Eclipse 工作台的其他视图中，选中"服务器"视图，在该视图的空白区域单击鼠标右键，在弹出的快捷菜单中选择"New→Server"菜单项，将打开"新建服务器（New Server）"对话框，在该对话框中，展开 Apache 节点，选中该节点下的"Tomcat v7.0 Server"子节点（当然也可以选择其他版本的服务器），其他采用默认设置，如图 4-21 所示。

（2）单击"Next"按钮，将打开指定 Tomcat 服务器安装路径的对话框，单击"Browse"按钮，选择 Tomcat 的安装路径，其他采用默认设置，如图 4-22 所示。

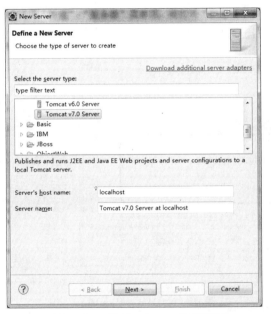

图 4-21　"New Server"对话框

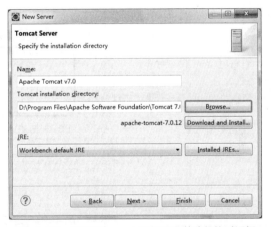

图 4-22　指定 Tomcat 服务器安装路径的对话框

（3）单击"完成（Finish）"按钮，完成 Tomcat 服务器的配置。这时在"服务器"视图中，将显示一个"Tomcat v6.0 服务器 @ localhost [已停止]"节点。这时表示 Tomcat 服务器没有启动。

说明 在"服务器"视图中，选中服务器节点，单击"▶"按钮，即可启动服务器。服务器启动后，可以单击"■"按钮，停止服务器。

Java Web 项目创建完成后，就可以将项目发布到 Tomcat 并运行该项目了。下面将介绍具体的方法。

（1）在"项目资源管理器"中选择项目名称节点，在工具栏上单击"▶ ▼"按钮中的黑色下三角符号，在弹出的快捷菜单中选择"运行方式（Run As）→在服务器上运行（Run on Server）"菜单项，将打开"在服务器上运行（Run On Server）"对话框，在该对话框中，选中"将服务器设置为缺省值（Always use this server when running this project）"复选框，其他采用默认设置，如图 4-23 所示。

（2）单击"完成（Finish）"按钮，即可通过 Tomcat 运行该项目，运行后的效果如图 4-24 所示。

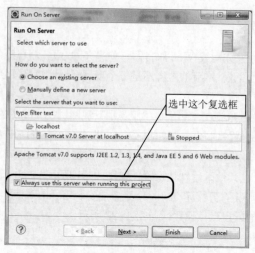

图 4-23　"在服务器上运行"对话框

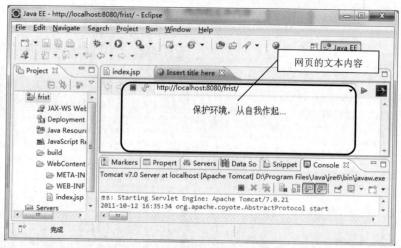

图 4-24　运行 firstProject 项目

如果想要在 IE 浏览器中运行该项目，可以将图 4-24 中的 URL 地址复制到 IE 地址栏中，并按回车键运行即可。

4.2.6　指定 Web 浏览器

Eclipse 在调试 Web 程序的时候使用的是系统中自带的浏览器，但 Eclipse 也支持使用其他浏览器。

（1）打开菜单 "Window→Preferences→General→Web Brower"，如图 4-25 所示。

指定 Web 浏览器

（2）单击 "New" 按钮，添加其他浏览器。例如，图 4-26 所示为添加 FireFox 浏览器窗口。

（3）添加完浏览器之后，选择 "Use external web browser" 选项，然后勾选新添加的 "FireFox"，单击 "OK" 按钮，就完成了将 FireFox 设置成 Eclipse 默认浏览器的操作，如图 4-27 所示。

图 4-25　浏览器设置窗口

图 4-26　添加 FireFox 浏览器窗口

图 4-27　将 FireFox 浏览器设置为默认浏览器

4.2.7 设置 JSP 页面编码格式

设置 JSP 页面
编码格式

使用 Eclipse 编程的时候，很多 JSP 的默认编码都是 ISO-8859-1，但我们更常用的是 UTF-8 编码，为了避免每次创建修改编码，Eclipse 就提供了修改 JSP 默认编码的功能。

打开菜单"Window→Preferences→Web→JSP Files"，右侧窗口中的 Encoding 下拉框就是 Eclipse 中 JSP 页面的默认编码了，如图 4-28 所示。

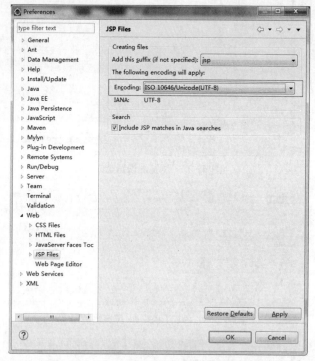

图 4-28　将 JSP 页面默认编码设置成 UTF-8

4.3 常用 Java EE 服务器的安装、配置和使用

4.3.1 Tomcat

常用 Java EE
服务器的安装、
配置和使用

Tomcat 是由 Apache 开发的一个 Servlet 容器，实现了对 Servlet 和 JSP 的支持，并提供了作为 Web 服务器的一些特有功能，如 Tomcat 管理和控制平台、安全域管理和 Tomcat 阀等。由于 Tomcat 本身也内含了一个 HTTP 服务器，它也可以被视作一个单独的 Web 服务器。此外，Tomcat 包含了一个配置管理工具，也可以通过编辑 XML 格式的配置文件来进行配置。本节将以 Tomcat 9.0 为例，分别介绍如何下载 Tomcat 9.0、如何在 Eclipse for Java EE 2018-12 (4.10.0)中配置 Tomcat 9.0 和如何使用 Tomcat 9.0 发布并运行程序等内容。

1. 下载 Tomcat

（1）通过访问 https://tomcat.apache.org/，即可打开 Apache Tomcat 官网主页。在 Apache

Tomcat 官网主页左侧的导航栏中，单击 "Download" 下的 "Tomcat 9"，页面效果如图 4-29 所示。

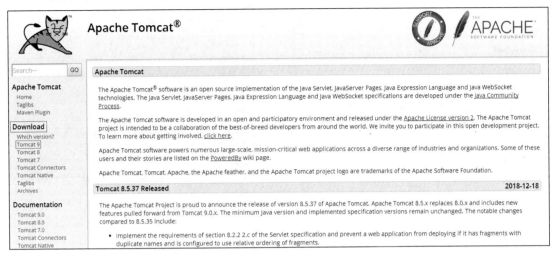

图 4-29　单击 Download 下的 Tomcat 9

（2）进入 Tomcat 9 Software Downloads 页面后，拉动滚动条至 Binary Distributions。由于笔者的操作系统是 64 位的 Win10，所以须单击超链接 "64-bit Windows zip (pgp, sha512)"，即可进行下载，页面效果如图 4-30 所示。

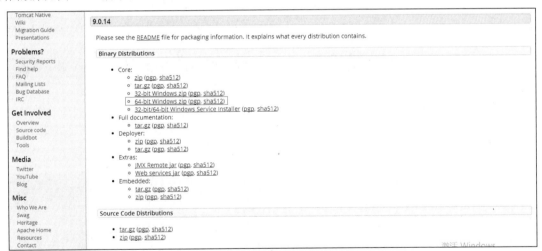

图 4-30　单击超链接 64-bit Windows zip (pgp, sha512)

2. 配置 Tomcat

本书使用的开发工具是 Eclipse for Java EE 2018-12 (4.10.0)，那么，如何在 Eclipse for Java EE 2018-12 (4.10.0)中配置 Tomcat 9.0？本节将予以介绍。

（1）打开 Eclipse for Java EE 2018-12 (4.10.0)，单击工具栏中的 "　　　" 按钮。在打开的 "New" 窗口中，先打开 "Server" 文件夹，再单击 "Server" 选项，接着单击 "Next" 按钮，如图 4-31 所示。

（2）在打开的 "New Server" 窗口中，先打开 "Apache" 文件夹，再选择 "Tomcat v9.0 Server" 选项，接着单击 "Next" 按钮，如图 4-32 所示。

（3）在新的窗口中，先单击 "Browse" 按钮，再选择已经下载好的 Tomcat 文件夹，笔者 Tomcat 文件夹的路径是 D:\apache-tomcat-9.0.14，接着单击 "Finish" 按钮即可完成服务器的配置，如图 4-33 所示。

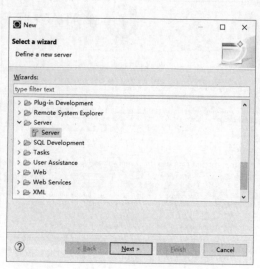

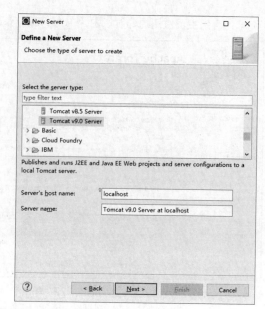

图4-31　选择Server文件夹下的Server　　　图4-32　选择Apache文件夹下的Tomcat v9.0 Server

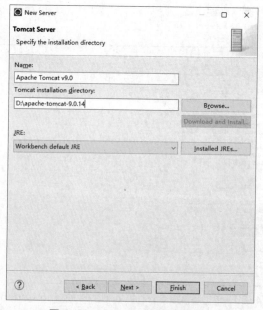

图4-33　Tomcat文件夹的路径

4.3.2　其他服务器

除了 Tomcat 服务器，还有很多其他服务器可以在 Eclipse 中使用。

最新版本的 Eclipse for Java EE 集成了这个服务器，使用起来非常简单。在没有配置 Tomcat 的环境下，可以使用这个服务器。

配置 J2EE Preview 服务器的步骤如下。

（1）选择"Window→Preferences→Server→Runtime Environments"，单击窗口右侧的"Add"按钮，如图 4-34 所示。

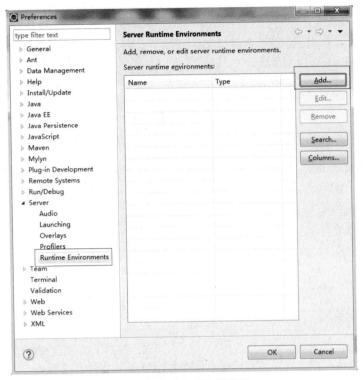

图 4-34　添加服务器窗口

（2）在 "New Server Runtime Environment" 对话框中，选择 "Basic" 下的 "J2EE Preview"，单击 "Finish" 按钮完成配置，如图 4-35 所示。

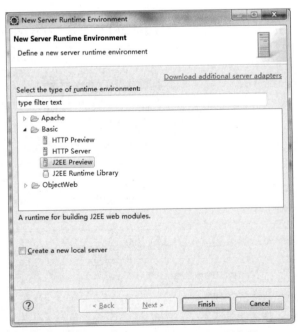

图 4-35　完成配置 J2EE Preview 服务器

小 结

本章是 Java Web 开发的前奏篇——环境搭建，介绍了 Java Web 应用所需的开发环境，如何安装和配置 Tomcat 服务器。

上机指导

使用 Eclipse 创建一个最简单的 Web 程序。

（1）在安装完 JDK、Eclipse 和 Tomcat 开发环境之后，在 Eclipse 菜单中选择"File→New→Other"菜单项，在弹出的窗口中选择"Web→DynamicWeb Project"，项目命名为"MyWebProject"，单击"Next"进行下一步。

（2）在项目的 WebContent 文件下，创建名为"index.jsp"的 JSP 文件，JSP 中代码如下：

```
<%@ page language="java" contentType="text/html; charset=UTF-8"
    pageEncoding="UTF-8"%>
<!DOCTYPE html PUBLIC "-//W3C//DTD HTML 4.01 Transitional//EN" "http://www.w3.org/
TR/html4/loose.dtd">
<html>
<head>
<meta http-equiv="Content-Type" content="text/html; charset=UTF-8">
<title>Insert title here</title>
</head>
<body>
    我的网页
</body>
</html>
```

（3）在项目上单击鼠标右键，在弹出的快捷菜单中，选择"Run As→Run on Server"，当服务器启动完毕之后，在浏览器输入网址 http://localhost:8080/MyWebProject/查看效果，如图 4-36 所示。

图 4-36　网页运行效果

习 题

1. 什么是 JDK？JDK 有哪些控制台命令？
2. 如何运行 Eclipse 中的项目？
3. 如何用 Eclipse 配置服务器？

第5章

走进JSP

本章要点：

了解什么是JSP ■

了解JSP的工作原理 ■

掌握学习JSP技术的方法 ■

掌握如何搭建JSP开发环境 ■

了解JSP程序的编写步骤 ■

■ 本章将带领读者走进 JSP 开发领域，开始学习 Java 语言的 Web 开发技术。JSP 的全称是 Java Sever Pages，它主要用于开发企业级 Web 应用，属于 JavaEE 技术范畴。

5.1 JSP 概述

JSP 概述

5.1.1 什么是 JSP

JSP（Java Server Pages）是由 Sun 公司倡导、许多公司参与而建立的动态网页技术标准。它在 HTML 代码中嵌入 Java 代码片段（Scriptlet）和 JSP 标签，构成了 JSP 网页。在接收到用户请求时，服务器会处理 Java 代码片段，然后生成处理结果的 HTML 页面返回给客户端，客户端的浏览器将呈现最终页面效果。其工作原理如图 5-1 所示。

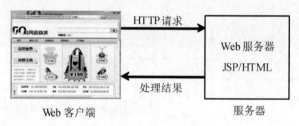

图 5-1　JSP 工作原理

5.1.2 如何学好 JSP

学好 JSP 技术就是掌握 Java Web 网站程序开发的能力。其实，每种 Web 开发技术的学习方法都大同小异，需要注意的主要有以下 11 点。

① 了解 Web 设计流程与工作原理，能根据工作流程分析程序的运行过程，这样才能分析问题所在，快速进行程序调试。

② 了解 MVC 设计模式。开发程序必须编写程序代码，这些代码必须具有高度的可读性，只有这样，编写的程序才有调试、维护和升级的价值。学习一些设计模式，能够更好地把握项目的整体结构。

③ 多实践，多思考，多请教。只读懂书本中的内容和技术是不行的，必须动手编写程序代码，并运行程序、分析其结构，从而对学习的内容有个整体的认识和肯定。在此过程中，可用自己的方式思考问题，逐步总结提高编程思想。遇到技术问题，多请教别人，加强沟通，提高自己的技术和见识。

④ 不要急躁。遇到技术问题，必须冷静对待，不要让自己的大脑思绪混乱，保持清醒的头脑才能分析和解决各种问题，可以尝试听歌、散步等活动放松自己。

⑤ 遇到问题，首先尝试自己解决，这样可以提高自己的程序调试能力，并对常见问题有一定的了解，明白出错的原因，甚至举一反三，解决其他关联的错误问题。

⑥ 多查阅资料。可以经常到 Internet 上搜索相关资料或者解决问题的办法，网络上已经摘录了很多人遇到的问题和不同的解决方法，分析这些解决问题的方法，从中找出最好、最适合自己的。

⑦ 多阅读别人的源代码，不但要看懂，还要分析编程者的编程思想和设计模式，并融为己用。

⑧ HTML、CSS、JavaScript 技术是网页页面布局和动态处理的基础，必须熟练掌握，才能够设计出完美的网页。

⑨ 掌握主流的框架技术，如 Struts、MyBatis 和 Spring 等。各种开源的框架很多，它们能够提高 JSP 程序的开发和维护效率，并减少错误代码，使程序结构更加清晰。

⑩ 掌握 SQL 和 JDBC 对关系型数据库的操作。企业级程序开发离不开数据库，作为一名合格的程序开发人员，必须拥有常用数据库的管理能力，掌握 SQL 标准语法或者本书介绍的 MyBatis 框架。

⑪ 要熟悉常用的 Web 服务器的管理，如 Tomcat，并且了解如何在这些服务器中部署自己的 Web 项目。

5.1.3　JSP 技术特征

JSP 技术所开发的 Web 应用程序是基于 Java 的，它拥有 Java 语言跨平台的特性，以及业务代码分离、组件重用、基础 Java Servlet 功能和预编译等特征。

1.　跨平台

既然 JSP 是基于 Java 语言的，那么它就可以使用 Java API，所以它也是跨平台的，可以应用在不同的系统中，如 Windows、Linux、Mac 和 Solaris 等。这同时也拓宽了 JSP 可以使用的 Web 服务器的范围。另外，应用于不同操作系统的数据库也可以为 JSP 服务，JSP 使用 JDBC 技术操作数据库，从而可以避免代码移植导致更换数据库时的代码修改问题。

正是因为跨平台的特性，使得采用 JSP 技术开发的项目可以不加修改地应用到任何不同的平台上，这也应验了 Java 语言的"一次编写，到处运行"的特点。

2.　业务代码分离

采用 JSP 技术开发的项目，通常使用 HTML 语言来设计和格式化静态页面的内容，而使用 JSP 标签和 Java 代码片段来实现动态部分。程序开发人员可以将业务处理代码全部放到 JavaBean 中，或者把业务处理代码交给 Servlet、Struts 等其他业务控制层来处理，从而实现业务代码从视图层分离。这样 JSP 页面只负责显示数据即可，当需要修改业务代码时，不会影响 JSP 页面的代码。

3.　组件重用

JSP 中可以使用 JavaBean 编写业务组件，也就是使用一个 JavaBean 类封装业务处理代码或者作为一个数据存储模型，在 JSP 页面甚至整个项目中都可以重复使用这个 JavaBean。JavaBean 也可以应用到其他 Java 应用程序中，包括桌面应用程序。

4.　继承 Java Servlet 功能

Servlet 是 JSP 出现之前的主要 Java Web 处理技术。它接受用户请求，在 Servlet 类中编写所有 Java 和 HTML 代码，然后通过输出流把结果页面返回给浏览器。其缺点是：在类中编写 HTML 代码非常不便，也不利于阅读。使用 JSP 技术之后，开发 Web 应用便变得相对简单快捷，并且 JSP 最终要编译成 Servlet 才能处理用户请求，因此我们说 JSP 拥有 Servlet 的所有功能和特性。

5.　预编译

预编译就是在用户第一次通过浏览器访问 JSP 页面时，服务器将对 JSP 页面代码进行编译，并且仅执行一次编译。编译好的代码将被保存，在用户下一次访问时，直接执行编译好的代码。这样不仅可以节约服务器的 CPU 资源，还可以大大提升客户端的访问速度。

5.2　了解 JSP 的基本构成

【例 5-1】　了解 JSP 页面的基本构成。

在开始学习 JSP 语法之前，不妨先来了解一下 JSP 页面的基本构成。JSP 页面主要由指令标签、HTML 语句、注释、嵌入 Java 代码、JSP 动作标签等 5 个元素组成，如图 5-2 所示。

程序说明如下。

（1）指令标签

上述代码的第 1 行就是一个 JSP 的指令标签，它们通常位于文件的首位。

```
1  <%@ page language="java" import="java.util.*" pageEncoding="GB18030"%>
2  <!DOCTYPE HTML PUBLIC "-//W3C//DTD HTML 4.01 Transitional//EN">
3  <html>
4      <head>
5          <title>一个简单的JSP页面</title>
6      </head>
7      <body>
8          <!--HTML注释信息-->
9          <%
10             Date now = new Date();
11             String dateStr;
12             dateStr = String.format("%tY年%tm月%td日", now, now, now);
13         %>
14         当前日期是： <%=dateStr%>
15         <br>
16     </body>
17 </html>
18
```

图 5-2　简单的 JSP 页面代码

（2）HTML 语句

第 2~7 行、第 15~17 行都是 HTML 的代码，这些代码定义了网页内容的显示格式。

（3）注释

第 8 行使用了 HTML 的注释格式，在 JSP 页面中还可以使用 JSP 的注释格式和嵌入 Java 代码的注释格式。

（4）嵌入 Java 代码

在 JSP 页面中可以嵌入 Java 程序代码片段，这些 Java 代码被包含在<%%>标签中。例如，上述的第 9~14 行就嵌入了 Java 代码片段，其中的代码可以视作一个 Java 类的部分代码。

（5）JSP 动作标签

上述代码中没有编写动作标签。JSP 动作标签是 JSP 中标签的一种，它们都使用"JSP:"开头，例如，"<jsp:forward>"标签可以将用户请求转发给另一个 JSP 页面或 Servlet 处理。在后面的内容中会对动作标签进行介绍。

5.3　指令标签

指令标签不会产生任何内容输出到网页中，主要用于定义整个 JSP 页面的相关信息，例如，使用的语言、导入的类包、指定错误处理页面等。其语法格式如下：

```
<%@ directive attribute="value" attributeN="valueN" ...%>
```

① directive：指令名称。

② attribute：属性名称，不同的指令包含不同的属性。

③ value：属性值，为指定属性赋值的内容。

标签中的<%@和%>是完整的标记，不能再添加空格，但是标签中定义的各种属性之间以及与指令名之间可以添加空格。

5.3.1　page 指令

page 指令是 JSP 页面最常用的指令，用于定义整个 JSP 页面的相关属性，这些属性在 JSP 被服务器解析成 Servlet 时会转换为相应的 Java 程序代码。page 指令的语法格式如下：

page 指令

```
<%@ page attr1="value1" attr2="value2" ...%>
```

page 指令包含的属性有 15 个，下面对一些常用的属性进行介绍。

1. language 属性

该属性用于设置 JSP 页面使用的语言，目前只支持 Java 语言，以后可能会支持其他语言，如 C++、C#等。该属性的默认值是 Java。

例如：

```
<%@ page language="java" %>
```

2. extends 属性

该属性用于设置 JSP 页面继承的 Java 类，所有 JSP 页面在执行之前都会被服务器解析成 Servlet，而 Servlet 是由 Java 类定义的，所以 JSP 和 Servlet 都可以继承指定的父类。该属性并不常用，而且有可能影响服务器的性能优化。

3. import 属性

该属性用于设置 JSP 导入的类包。JSP 页面可以嵌入 Java 代码片段，这些 Java 代码在调用 API 时需要导入相应的类包。

例如：

```
<%@ page import="java.util.*" %>
```

4. pageEncoding 属性

该属性用于定义 JSP 页面的编码格式，也就是指定文件编码。JSP 页面中的所有代码都使用该属性指定的字符集，如果该属性值设置为 ISO-8859-1，那么这个 JSP 页面就不支持中文字符。通常我们设置编码格式为 GBK 或 UTF-8。

例如：

```
<%@ page pageEncoding="UTF-8"%>
```

5. contentType 属性

该属性用于设置 JSP 页面的 MIME 类型和字符编码，浏览器会据此显示网页内容。

例如：

```
<%@ page contentType="text/html; charset=UTF-8"%>
```

如果将这个属性设置应用于 JSP 页面，那么浏览器在呈现该网页时会使用 UTF-8 编码格式，如果当前浏览的编码格式为 GBK，那么就会产生乱码，这时用户需要手动更改浏览器的显示编码才能看到正确的中文内容，如图 5-3 所示。

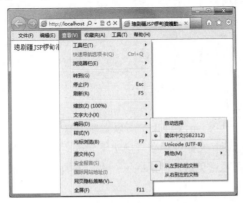

图 5-3　错误的网页编码

5.3.2　include 指令

include 指令

include 指令用于文件包含。该指令可以在 JSP 页面中包含另一个文件的内容，但是它仅支持静态包含，也就是说被包含文件中的所有内容都被原样包含到该 JSP 页面中；如果被包含文件中有代码，将不被执行。被包含的文件可以是一段 Java 代码、HTML 代码或者是另一个 JSP 页面。

例如：

```
<%@include file="validate.jsp" %>
```

上述代码将当前 JSP 文件中相同位置的 validate.jsp 文件包含进来。其中，file 属性用于指定被包含的文件，其值是当前 JSP 页面文件的相对 URL 路径。

下面举例演示 include 指令的应用。在当前 JSP 页面中包含 date.jsp 文件，而这个被包含的文件中定义了获取当前日期的 Java 代码，从而组成了当前页面显示日期的功能。这个实例主要用于演示 include 指令。

【例 5-2】 在当前页面中包含另一个 JSP 文件来显示当前日期。

（1）首先编辑 date.jsp 文件，程序代码如下：

```
<%@page pageEncoding="GB18030" %>
<%@page import="java.util.Date"%>
<%
    Date now = new Date();
    String dateStr;
    dateStr = String.format("%tY年%tm月%td日", now, now, now);
%>
<%=dateStr%>
```

（2）编辑 index.jsp 文件，它是本实例的首页文件，其中使用了 include 指令包含 date.jsp 文件到当前页面。被包含的 date.jsp 文件中的 Java 代码先以静态方式导入 index.jsp 文件，然后再被服务器编译执行。程序代码如下：

```
<%@ page language="java" import="java.util.*"
    contentType="text/html; charset=GB18030" pageEncoding="GB18030"%>
<!DOCTYPE HTML PUBLIC "-//W3C//DTD HTML 4.01 Transitional//EN">
<html>
    <head>
        <title>include指令演示</title>
    </head>
    <body>
        <!--HTML注释信息-->
        当前日期是：
        <%@include file="date.jsp"%>
        <br>
    </body>
</html>
```

程序运行结果如图 5-4 所示（可以将地址栏中的访问地址复制到 IE 或其他浏览器中访问）。

date.jsp 文件将被包含在 index.jsp 文件中，所以文件中的 page 指令代码可以省略，在被包含到 index.jsp 文件中后会直接使用 index.jsp 文件的设置，但是为了在 Eclipse 编辑器中避免编译错误提示，本文添加了相关代码。

图 5-4　程序运行结果

被 include 指令包含的 JSP 页面中不要使用<html>和<body>标签，它们是 HTML 的结构标签，被包含进其他 JSP 页面会破坏页面格式。另外还要注意源文件和被包含文件中的变量和方法的名称不要冲突，因为它们最终会生成一个文件，重名将导致错误发生。

5.3.3 taglib 指令

taglib 指令

该指令用于加载用户自定义标签，自定义标签将在后面章节进行讲解。使用该指令加载后的标签可以直接在 JSP 页面中使用。其语法格式如下：

```
<%@taglib prefix="fix" uri="tagUriorDir" %>
```

① prefix 属性：用于设置加载自定义标签的前缀。
② uri 属性：用于指定自定义标签的描述符文件位置。

例如：

```
<%@taglib prefix="view" uri="/WEB-INF/tags/view.tld" %>
```

5.4 嵌入 Java 代码

代码片段

在 JSP 页面中可以嵌入 Java 的代码片段来完成业务处理，如之前的实例在页面中输出当前日期，就是通过嵌入 Java 代码片段实现的。本节将介绍 JSP 嵌入 Java 代码的几种格式和用法。

5.4.1 代码片段

代码片段就是在 JSP 页面中嵌入的 Java 代码，也可称为脚本段或脚本代码。代码片段将在页面请求的处理期间被执行，可以通过 JSP 内置对象在页面输出内容、访问 session 会话、编写流程控制语句等。其语法格式如下：

```
<% 编写Java代码 %>
```

Java 代码片段被包含在 "<%" 和 "%>" 标记之间。可以编写单行或多行的 Java 代码，语句以 ";" 结尾，其编写格式与 Java 类代码格式相同。

例如：

```
<%
    Date now = new Date();
    String dateStr;
    dateStr = String.format("%tY年%tm月%td日", now, now, now);
%>
```

上述代码在代码片段中创建 Date 对象，并生成格式化的日期字符串。

【例 5-3】 在代码片段中编写循环输出九九乘法表。

```
<%@ page language="java" import="java.util.*" pageEncoding="GB18030"%>
<!DOCTYPE HTML PUBLIC "-//W3C//DTD HTML 4.01 Transitional//EN">
<html>
    <head>
        <title>JSP的代码片段</title>
    </head>
    <body>
        <%
            long startTime = System.nanoTime();  // 记录开始时间，单位纳秒
        %>
        输出九九乘法表
        <br>
        <%
```

```
            for (int i = 1; i <= 9; i++) {                      // 第一层循环
                for (int j = 1; j <= i; j++) {                  // 第二层循环
                    String str = j + "*" + i + "=" + j * i;
                    out.print(str + " ");                   // 使用空格格式化输出
                }
                out.println("<br>");                            // HTML换行
            }
            long time = System.nanoTime() − startTime;
%>
        生成九九乘法表用时
<%
            out.println(time / 1000);                           // 输出用时多少毫秒
%>
        毫秒。
    </body>
</html>
```

程序运行结果如图 5-5 所示。

```
输出九九乘法表
1*1=1
1*2=2 2*2=4
1*3=3 2*3=6 3*3=9
1*4=4 2*4=8 3*4=12 4*4=16
1*5=5 2*5=10 3*5=15 4*5=20 5*5=25
1*6=6 2*6=12 3*6=18 4*6=24 5*6=30 6*6=36
1*7=7 2*7=14 3*7=21 4*7=28 5*7=35 6*7=42 7*7=49
1*8=8 2*8=16 3*8=24 4*8=32 5*8=40 6*8=48 7*8=56 8*8=64
1*9=9 2*9=18 3*9=27 4*9=36 5*9=45 6*9=54 7*9=63 8*9=72 9*9=81
生成九九乘法表用时 109 毫秒。
```

图 5-5　JSP 页面输出乘法表

5.4.2　声明

声明脚本用于在 JSP 页面中定义全局的（即整个 JSP 页面都需要引用的）成员变量或方法，它们可以被整个 JSP 页面访问，服务器执行时会将 JSP 页面转换为 Servlet 类，在该类中会把使用 JSP 声明脚本定义的变量和方法定义为类的成员。

声明

（1）定义全局变量

例如：

```
<%! long startTime = System.nanoTime();%>
```

上述代码在 JSP 页面定义了全局变量 startTime，该全局变量可以在整个 JSP 页面中使用。

（2）定义全局方法

例如：

```
<%!
    int getMax(int a, int b) {
        int max = a > b ? a : b;
        return max;
    }
%>
```

5.4.3　JSP 表达式

JSP 表达式

JSP 表达式可以直接把 Java 的表达式结果输出到 JSP 页面中。表达式的最终运算结果将被转换为字符串类型，因为在网页中显示的文字都是字符串。JSP 表达式的语法格式如下：

```
<%= 表达式 %>
```

其中，表达式可以是任何 Java 语言的完整表达式。

例如，圆周率是：

```
<%=Math.PI %>
```

5.5 注释

由于 JSP 页面由 HTML、JSP、Java 脚本等组成，所以在其中可以使用多种注释格式，本节将对这些注释的语法进行讲解。

5.5.1 HTML 注释

HTML 语言的注释不会被显示在网页中，但是在浏览器中选择查看网页源代码时，还是能够看到注释信息的。

HTML 注释的语法格式如下：

```
<!-- 注释文本 -->
```

HTML 注释

例如：

```
<!-- 显示数据报表的表格 -->
<table>
......
</table>
```

上述代码为 HTML 的一个表格添加了注释信息，其他程序开发人员可以直接从注释中了解表格的用途，无须重新分析代码。在浏览器中查看网页代码时，上述代码将完整地被显示，包括注释信息。

5.5.2 JSP 注释

程序注释通常用于帮助程序开发人员理解代码的用途，使用 HTML 注释可以为页面代码添加说明性的注释，但是在浏览器中查看网页源代码时将暴露这些注释信息；而如果使用 JSP 注释就不用担心出现这种情况了，因为 JSP 注释是被服务器编译执行的，不会发送到客户端。

JSP 注释的语法格式如下：

```
<%-- 注释文本 --%>
```

JSP 注释

例如：

```
<%-- 显示数据报表的表格 --%>
<table>
......
</table>
```

上述代码的注释信息不会被发送到客户端，那么在浏览器中查看网页源码时也就看不到注释内容。

5.5.3 动态注释

由于 HTML 注释对 JSP 嵌入的代码不起作用，因此可以利用它们的组合构成动态的 HTML 注释文本。

例如：

```
<!-- <%=new Date()%> -->
```

动态注释

上述代码将当前日期和时间作为 HTML 注释文本。

5.5.4 代码注释

代码注释

JSP 页面支持嵌入的 Java 代码，这些 Java 代码的语法和注释方法都和 Java 类的代码相同，因此也就可以使用 Java 的代码注释格式。

例如：

```
<%
//单行注释
/*
多行注释
    */
%>
<%/**JavaDoc注释，用于成员注释*/%>
```

5.6 request 对象

request 对象是 javax.servlet.http.HttpServletRequest 类型的对象。该对象代表了客户端的请求信息，主要用于接收通过 HTTP 传送到服务器端的数据（包括头信息、系统信息、请求方式以及请求参数等）。request 对象的作用域为一次请求。

5.6.1 获取请求参数值

获取请求参数值

在一个请求中，可以通过使用"？"的方式来传递参数，然后通过 request 对象的 getParameter()方法来获取参数的值。例如：

```
String id = request.getParameter("id");
```

上面的代码使用 getParameter()方法从 request 对象中获取参数 id 的值，如果 request 对象中不存在此参数，那么该方法将返回 null。

【例 5-4】 使用 request 对象获取请求参数值。

首先在 Web 项目中创建 index.jsp 页面，在其中加入一个超链接按钮用来请求 show.jsp 页面，并在请求后增加一个参数 id。关键代码如下：

```
<body>
<a href="show.jsp?id=001">获取请求参数的值</a>
</body>
```

然后新建 show.jsp 页面，在其中通过 getParameter()方法来获取 id 参数与 name 参数的值，并将其输出到页面中。关键代码如下：

```
<body>
id参数的值为：<%=request.getParameter("id") %><br>
name参数的值为：<%=request.getParameter("name") %>
</body>
```

在上面的代码中，我们同时将 id 参数与 name 参数的值显示在页面中，但是在请求中只传递了 id 参数，并没有传递 name 参数，所以 id 参数的值被正常显示出来，而 name 参数的值则显示为 null，运行结果如图 5-6 所示。

```
id参数的值为：001
name参数的值为：null
```

图 5-6 程序运行结果

获取 Form 表单
的信息

5.6.2 获取 Form 表单的信息

除了获取请求参数中传递的值之外，我们还可以使用 request 对象获取从表单中提交过来的信息。在一个表单中会有不同的标签元素，对于文本元素、单选按钮、单选下拉列表框而言，都可以使用 getParameter()方法来获取其具体的值；但对于复选框以及多选列表框被选定的内容而言，就要使用 getParameterValues()方法来获取了，该方法会返回一个字符串数组，通过循环遍历这个数组就可以得到用户选定的所有内容。

【例 5-5】 获取 Form 表单信息。

创建 index.jsp 页面文件，在该页面中创建一个 form 表单，在表单中分别加入文本框、下拉列表框、单选按钮和复选框。关键代码如下：

```html
<form action="show.jsp" method="post">
    <ul style="list-style: none; line-height: 30px">
        <li>输入用户姓名：<input type="text" name="name" /><br /></li>
        <li>选择性别：
            <input name="sex" type="radio" value="男" />男
            <input name="sex" type="radio" value="女" />女
        </li>
        <li>
            选择密码提示问题：
            <select name="question">
                <option value="母亲生日">母亲生日</option>
                <option value="宠物名称">宠物名称</option>
                <option value="电脑配置">电脑配置</option>
            </select>
        </li>
        <li>请输入问题答案：<input type="text" name="key" /></li>
        <li>
            请选择个人爱好：
            <div style="width: 400px">
                <input name="like" type="checkbox" value="唱歌跳舞" />唱歌跳舞
                <input name="like" type="checkbox" value="上网冲浪" />上网冲浪
                <input name="like" type="checkbox" value="户外登山" />户外登山<br />
                <input name="like" type="checkbox" value="体育运动" />体育运动
                <input name="like" type="checkbox" value="读书看报" />读书看报
                <input name="like" type="checkbox" value="欣赏电影" />欣赏电影
            </div>
        </li>
        <li><input type="submit" value="提交" /></li>
    </ul>
</form>
```

页面运行结果如图 5-7 所示。

图 5-7 页面运行结果

接下来编写 show.jsp 页面文件，该页面是用来处理请求的，在其中分别使用 getParameter()方法与 getParameterValues()方法将用户提交的表单信息显示在页面中。关键代码如下：

```
<ul style="list-style:none; line-height:30px">
<li>输入用户姓名：
<%=new String(request.getParameter("name").getBytes("ISO8859_1"),"GBK") %></li>
<li>选择性别：
<%=new String(request.getParameter("sex").getBytes("ISO8859_1"),"GBK") %></li>
<li>选择密码提示问题：
<%=new String(request.getParameter("question").getBytes("ISO8859_1"),"GBK") %>
</li>
<li>请输入问题答案：
<%=new String(request.getParameter("key").getBytes("ISO8859_1"),"GBK") %></li>
<li>
        请选择个人爱好：
    <%
        String[] like =request.getParameterValues("like");
        for(int i =0;i<like.length;i++){
    %>
    <%= new String(like[i].getBytes("ISO8859_1"),"GBK")+"  " %>
    <%        }
    %>
    </li>
</ul>
```

show.jsp 页面运行结果如图 5-8 所示。

> 输入用户姓名：张三
>
> 选择性别：男
>
> 选择密码提示问题：母亲生日
>
> 请输入问题答案：1953-06-08
>
> 请选择个人爱好：　户外登山　体育运动

图 5-8　show.jsp 页面运行结果

 说明 如果想要获得所有的参数名称可以使用 getParameterNames()方法，则该方法返回一个 Enumeration 类型值。

5.6.3　获取请求客户端信息

获取请求客户端
信息

在 request 对象中通过相应的方法（如表 5-1 所示）还可以获取到客户端的相关信息，如 HTTP 报头信息、客户信息提交方式、客户端主机 IP 地址、端口号等。

表 5-1　request 获取客户端信息方法说明

方法	返回值	说明
getHeader(String name)	String	返回指定名称的 HTTP 报头信息
getMethod()	String	获取客户端向服务器发送请求的方法
getContextPath()	String	返回请求路径
getProtocol()	String	返回请求使用的协议

续表

方法	返回值	说明
getRemoteAddr()	String	返回客户端 IP 地址
getRemoteHost()	String	返回客户端主机名称
getRemotePort()	Int	返回客户端发出请求的端口号
getServletPath()	String	返回接收客户端提交信息的页面
getRequestURI()	String	返回部分客户端请求的地址，不包括请求的参数
getRequestURL()	StringBuffer	返回客户端请求地址

【例 5-6】 获取请求信息。

本实例通过上面介绍的方法演示如何使用 request 对象获取请求客户端信息。关键代码如下：

```
<ul style="line-height:24px">
    <li>客户使用的协议：<%=request.getProtocol() %>
    <li>客户端发送请求的方法：<%=request.getMethod() %>
    <li>客户端请求路径：<%=request.getContextPath() %>
    <li>客户机IP地址：<%=request.getRemoteAddr() %>
    <li>客户机名称：<%=request.getRemoteHost() %>
    <li>客户机请求端口号：<%=request.getRemotePort() %>
    <li>接收客户信息的页面：<%=request.getServletPath() %>
    <li>获取报头中User-Agent值：<%=request.getHeader("user-agent") %>
    <li>获取报头中accept值：<%=request.getHeader("accept") %>
    <li>获取报头中Host值：<%=request.getHeader("host") %>
    <li>获取报头中accept-encoding值：<%=request.getHeader("accept-encoding") %>
    <li>获取URI：<%=request.getRequestURI() %>
    <li>获取URL：<%=request.getRequestURL() %>
</ul>
```

上面的代码运行结果如图 5-9 所示，可以看到请求客户端的信息及报头中的部分信息都已经被显示在页面上了。

图 5-9　客户端信息

 默认的情况下，在 Windows 7 系统下，当使用 localhost 进行访问时，应用 request.getRemoteAddr() 获取的客户端 IP 地址将是 0:0:0:0:0:0:0:1，这是以 IPv6 的形式显示的 IP 地址，要显示为 127.0.0.1，需要在 C:\Windows\System32\drivers\etc\hosts 文件中，添加"127.0.0.1　localhost"，并保存该文件。

5.6.4 在作用域中管理属性

通过使用 setAttribute()方法可以在 request 对象的属性列表中添加一个属性，然后在 request 对象的作用域范围内通过使用 getAttribute()方法将其属性取出；此外，还可使用 removeAttribute()方法将一个属性删除掉。

在作用域中管理属性

【例 5-7】 管理 request 对象属性。

本实例首先将 date 属性加入 request 属性列表中，然后输出这个属性的值；接下来使用 removeAttribute()方法将 date 属性删除，最后再次输出 date 属性。关键代码如下：

```
<%
    request.setAttribute("date",new Date()); //添加一个属性
%>
<ul style="line-height: 24px;">
    <li>获取date属性：<%=request.getAttribute("date") %></li>
    <!-- 将属性删除 -->
    <%request.removeAttribute("date"); %>
    <li>删除后再获取date属性：<%=request.getAttribute("date") %></li>
</ul>
```

 request 对象的作用域为一次请求，超出作用域后属性列表中的属性即会失效。程序运行结果如图 5-10 所示，第一次正确输出了 date 的值；在将 date 属性删除以后，再次输出时 date 的值为 null。

图 5-10 管理属性

5.6.5 cookie 管理

cookie 是小段的文本信息，通过使用 cookie 可以标识用户身份、记录用户名及密码、跟踪重复用户。cookie 在服务器端生成并发送给浏览器，浏览器将 cookie 的 key/value 保存到某个指定的目录中，服务器的名称与值可以由服务器端定义。

cookie 管理

通过 cookie 的 getCookies()方法可以获取到所有的 cookie 对象集合，然后通过 cookie 对象的 getName()方法获取到指定名称的 cookie，再通过 getValue()方法即可获取到 cookie 对象的值。另外，将一个 cookie 对象发送到客户端使用了 response 对象的 addCookie()方法。

【例 5-8】 管理 cookie。

首先创建 index.jsp 页面文件，在其中创建 form 表单，用于让用户输入信息；并且从 request 对象中获取 cookie，判断是否含有此服务器发送过的 cookie。如果没有，则说明该用户第一次访问本站；如果有，则直接将值读取出来，并赋给对应的表单。关键代码如下：

```
<%
    String welcome = "第一次访问";
    String[] info = new String[]{"","",""};
    Cookie[] cook = request.getCookies();
    if(cook!=null){
```

```
        for(int i=0;i<cook.length;i++){
            if(cook[i].getName().equals("mrCookInfo")){
                info = cook[i].getValue().split("#");
                welcome = "，欢迎回来！";
            }
        }
    }
%>
<%=info[0]+welcome %>
    <form action="show.jsp" method="post">
    <ul style="line-height: 23">
        <li>姓    名：<input name="name" type="text" value="<%=info[0] %>">
        <li>出生日期：<input name="birthday" type="text" value="<%=info[1] %>">
        <li>邮箱地址：<input name="mail" type="text" value="<%=info[2] %>">
        <li><input type="submit" value="提交">
    </ul>
    </form>
```

接下来创建 show.jsp 页面文件，在该页面中通过 request 对象将用户输入的表单信息提取出来；创建一个 cookie 对象，并通过 response 对象的 addCookie()方法将其发送到客户端。关键代码如下：

```
<%
    String name = request.getParameter("name");
    String birthday = request.getParameter("birthday");
    String mail = request.getParameter("mail");
    Cookie myCook = new Cookie("mrCookInfo",name+"#"+birthday+"#"+mail);
    myCook.setMaxAge(60*60*24*365);          //设置cookie有效期
    response.addCookie(myCook);
%>
表单提交成功
<ul style="line-height: 24px">
    <li>姓名：<%= name %>
    <li>出生日期：<%= birthday %>
    <li>电子邮箱：<%= mail %>
    <li><a href="index.jsp">返回</a>
</ul>
```

程序运行结果如图 5-11 所示，第一次访问页面时用户表单中的信息是空的；当用户提交过一次表单之后，表单中的内容就会被记录到 cookie 对象中，再次访问的时候会从 cookie 中获取用户输入的表单信息并显示在表单中，如图 5-12 所示。

图 5-11　第一次访问

图 5-12　再次访问

5.7　response 对象

response 代表的是对客户端的响应，主要是将 JSP 容器处理过的对象传回到客户端。response 对象也具有作用域，它只在 JSP 页面内有效。response 对象的常用方法如表 5-2 所示。

表 5-2 response 对象的常用方法

方法	返回值	说明
addHeader(String name,String value)	void	添加 HTTP 文件头，如果同名的头存在，则覆盖
setHeader(String name,String value)	void	设定指定名称的文件并头的值，如果存在则覆盖
addCookie(Cookie cookie)	void	向客户端添加一个 cookie 对象
sendError(int sc,String msg)	void	向客户端发送错误信息。例如，404 网页找不到
sendRedirect(String location)	void	发送请求到另一个指定位置
getOutputStream()	ServletOutputStream	获取客户端输出流对象
setBufferSize(int size)	void	设置缓冲区大小

5.7.1 重定向网页

重定向网页

重定向是通过使用 sendRedirect()方法，将响应发送到另一个指定的位置进行处理。重定向可以将地址重新定向到不同的主机上，在客户端浏览器上将会得到跳转的地址，并重新发送请求链接。用户可以从浏览器的地址栏中看到跳转后的地址。进行重定向操作后，request 中的属性全部失效，并且进入一个新的 request 对象的作用域。

例如，使用该方法重定向到明日图书网：

response.sendRedirect("www.mingribook.com");

 在 JSP 页面中使用该方法的时候前面不要有 HTML 代码，并且在重定向操作之后紧跟一个 return，因为重定向之后下面的代码已经没有意义了，并且还可能产生错误。

5.7.2 处理 HTTP 文件头

处理 HTTP 文件头

setHeader()方法通过两个参数——头名称与参数值的方式来设置 HTTP 文件头。

例如，设置网页每 5 秒自动刷新一次：

response.setHeader("refresh","5");

例如，设置 2 秒后自动跳转至指定的页面：

response.setHeader("refresh","2;URL=welcome.jsp");

 refresh 参数并不是 HTTP 1.1 规范中的标准参数，但 IE 与 Netscape 浏览器都支持该参数。

例如，设置响应类型：

response.setContentType("text/html");

5.7.3 设置输出缓冲

通常情况下，服务器要输出到客户端的内容不会直接写到客户端，而是先写到一个输出缓冲区；只有在以下的 3 种情况下，才会把缓冲区的内容写到客户端。

① JSP 页面的输出信息已经全部写入到了缓冲区。

② 缓冲区已满。

③ 在 JSP 页面中调用了 flushbuffer() 方法或 out 对象的 flush() 方法。

使用 response 对象的 setBufferSize() 方法可以设置缓冲区的大小。例如，设置缓冲区大小为 0KB，即不缓冲：

```
response.setBufferSize(0);
```

还可以使用 isCommitted() 方法来检测服务器端是否已经把数据写入客户端。

5.8　session 对象

session 对象

session 对象是由服务器自动创建的与用户请求相关的对象。服务器为每个用户都生成一个 session 对象，用于保存该用户的信息，跟踪用户的操作状态。session 对象内部使用 Map 类来保存数据，因此保存数据的格式为"key/value"。session 对象的 value 可以是复杂的对象类型，而不仅仅局限于字符串类型。session 中的常用方法如表 5-3 所示。

表 5-3　session 对象常用方法

方法	返回值	说明
getAttribute(String name)	Object	获得指定名字的属性
getAttributeNames()	Enumeration	获得 session 中所有属性对象
getCreationTime()	long	获得 session 对象创建时间
getId()	String	获得 session 对象唯一编号

5.8.1　创建及获取 session 信息

session 是与请求有关的会话对象，是 java.servlet.http.HttpSession 对象，用于保存和存储页面的请求信息。session 对象的 setAttribute() 方法可实现将信息保存在 session 范围内，而通过 getAttribute() 方法可以获取保存在 session 范围内的信息。

setAttribute() 方法的语法格式如下：

```
setAttribute(String key,Object obj)
```

① key：保存在 session 范围内的关键字。

② obj：保存在 session 范围内的对象。

getAttribute() 方法的语法格式如下：

```
getAtttibute(String key)
```

key：指定保存在 session 范围内的关键字。

【例 5-9】创建和获取 session 信息。

（1）在 index.jsp 页面中，实现将文字信息保存在 session 范围内。

```
<body>
    <%
        String sessionMessage = "session练习";
        session.setAttribute("message",sessionMessage);
        out.print("保存在session范围内的对象为："+sessionMessage);
    %>
</body>
```

运行结果如图 5-13 所示。

（2）在 default.jsp 页面中，获取保存在 session 范围内的信息，并在页面中显示。

```
<body>
<%
    String message = (String)session.getAttribute("message");
    out.print("保存在session范围内的值为："+message);
%>
</body>
```

运行结果如图 5-14 所示。

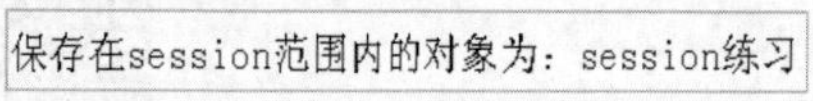

保存在session范围内的对象为：session练习

图 5-13　index.jsp 页面运行结果

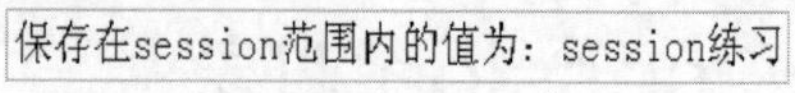

保存在session范围内的值为：session练习

图 5-14　default.jsp 页面运行结果

session 默认在服务器上的存储时间为 30 分钟，当客户端停止操作 30 分钟后，session 中存储的信息会自动失效。此时调用 getAttribute() 等方法将出现异常。

5.8.2　从会话中移除指定的绑定对象

对于存储在 session 会话中的对象，如果想将其从 session 会话中移除，可以使用 session 对象的 removeAttribute() 方法。

语法格式如下：

```
removeAttribute(String key)
```

key：保存在 session 范围内的关键字。

例如，将保存在 session 会话中的对象移除：

```
session.removeAttribute("message");
```

5.8.3　销毁 session

当调用 session 对象的 invalidate() 方法后，表示 session 对象被删除，即不可以再使用 session 对象。

语法格式如下：

```
session.invalidate();
```

如果调用了 session 对象的 invalidate() 方法，之后再调用 session 对象的任何其他方法时，都将报出 Session already invalidated 异常。

5.8.4　会话超时的管理

在应用 session 对象时应该注意 session 的生命周期。一般来说，session 的生命周期在 20~30 分钟之间。当用户首次访问时将产生一个新的会话，以后服务器端就可以记住这个会话状态，当会话生命周期超时时，或者服务器端强制使会话失效时，这个 session 就不能使用了。在开发程序时应该考虑到用户访问网站时可能发生的各种情况，如用户登录网站后在 session 的有效期外进行相应操作，用户会看到一张错误页面。这样的现象是不允许发生的。为了避免这种情况的发生，在开发系统时应该对 session 的有效性进行判断。

在 session 对象中提供了设置会话生命周期的方法，分别介绍如下。

① getLastAccessedTime()：返回客户端最后一次与会话相关联的请求时间。

② getMaxInactiveInterval()：以秒为单位返回一个会话内两个请求最大时间间隔。

③ setMaxInactiveInterval()：以秒为单位设置 session 的有效时间。

例如，通过 setMaxInactiveInterval()方法设置 session 的有效期为 10 000 秒，超出这个范围 session 将失效：

```
session.setMaxInactiveInterval(10000);
```

5.8.5　session 对象的应用

session 是较常用的内置对象之一，与 requeset 对象相比其作用范围更大。下面通过实例介绍 session 对象的应用。

> 【例 5-10】 在 index.jsp 页面中，提供用户输入用户名文本框；在 session.jsp 页面中，将用户输入的用户名保存在 session 对象中，用户在该页面中可以添加最喜欢去的地方；在 result.jsp 页面中，将用户输入的用户名与最想去的地方在页面中显示。

（1）index.jsp 页面的代码如下：

```html
<form id="form1" name="form1" method="post" action="session.jsp">
    <div align="center">
    <table width="23%" border="0">
      <tr>
        <td width="36%"><div align="center">您的名字是：</div></td>
        <td width="64%">
          <label>
          <div align="center">
            <input type="text" name="name" />
          </div>
          </label>
          </td>
      </tr>
      <tr>
        <td colspan="2">
          <label>
            <div align="center">
              <input type="submit" name="Submit" value="提交" />
            </div>
          </label>
            </td>
      </tr>
    </table>
  </div>
</form>
```

该页面运行结果如图 5-15 所示。

（2）在 session.jsp 页面中，将用户在 index.jsp 页面中输入的用户名保存在 session 对象中，并为用户提供用于添加最喜欢去的地方的文本框。代码如下：

您的名字是： 小红
提交

图 5-15　index.jsp 页面运行结果

```jsp
<%
    String name = request.getParameter("name");        //获取用户填写的用户名
    session.setAttribute("name",name);                 //将用户名保存在session对象中
%>
  <div align="center">
```

```
<form id="form1" name="form1" method="post" action="result.jsp">
  <table width="28%" border="0">
    <tr>
      <td>您的名字是：</td>
      <td><%=name%></td>
    </tr>
    <tr>
      <td>您最喜欢去的地方是：</td>
      <td><label>
        <input type="text" name="address" />
      </label></td>
    </tr>
    <tr>
      <td colspan="2"><label>
        <div align="center">
          <input type="submit" name="Submit" value="提交" />
          </div>
        </label></td>
    </tr>
  </table>
</form>
```

session.jsp 页面运行结果如图 5-16 所示。

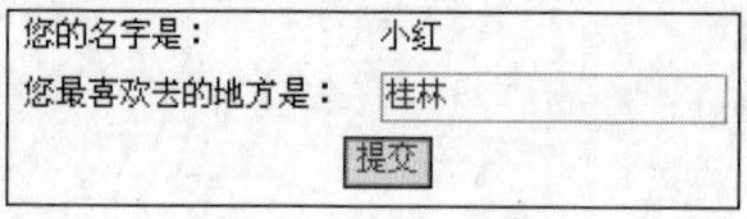

图 5-16　session.jsp 页面运行结果

（3）在 result.jsp 页面中，实现将用户输入的用户名、最喜欢去的地方在页面中显示。代码如下：

```
<%
    //获取保存在session范围内的对象
    String name = (String)session.getAttribute("name");
    String solution = request.getParameter("address");//获取用户输入的最喜欢去的地方
  %>
<form id="form1" name="form1" method="post" action="">
  <table width="28%" border="0">
    <tr>
      <td colspan="2"><div align="center"><strong>显示答案</strong></div></td>
    </tr>
    <tr>
      <td width="49%"><div align="left">您的名字是：</div></td>
      <td width="51%"><label>
        <div align="left"><%=name%></div>      <!-- 将用户输入的用户名在页面中显示 -->
      </label></td>
    </tr>
    <tr>
      <td><label>
        <div align="left">您最喜欢去的地方是：</div>
      </label></td>
      <!-- 将用户输入的最喜欢去的地方在页面中显示 -->
      <td><div align="left"><%=solution%></div></td>
```

```
    </tr>
  </table>
</form>
```

result.jsp 页面的运行结果如图 5-17 所示。

显示答案

| 您的名字是： | 小红 |
| 您最喜欢去的地方是： | 桂林 |

图 5-17　result.jsp 页面的运行结果

5.9　application 对象

application 对象

application 对象可将信息保存在服务器中，直到服务器关闭，否则 application 对象中保存的信息会在整个应用中都有效。与 session 对象相比，application 对象的生命周期更长，类似于系统的"全局变量"。application 对象的常用方法如表 5-4 所示。

表 5-4　application 对象的常用方法

方法	返回值	说明
getAttribute(String name)	Object	通过关键字返回保存在 application 对象中的信息
getAttributeNames()	Enumeration	获取所有 application 对象使用的属性名
setAttribute(String key , Object obj)	void	通过指定的名称将一个对象保存在 application 对象中
getMajorVersion()	int	获取服务器支持的 Servlet 版本号
getServerInfo()	String	返回 JSP 引擎的相关信息
removeAttribute(String name)	void	删除 application 对象中指定名称的属性
getRealPath()	String	返回虚拟路径的真实路径
getInitParameter(String name)	String	获取指定 name 的 application 对象属性的初始值

5.9.1　访问应用程序初始化参数

application 提供了对应用程序环境属性访问的方法。例如，通过初始化信息为程序提供连接数据库的 URL、用户名、密码，每个 Servlet 程序客户和 JSP 页面都可以使用它获取连接数据库的信息。为了实现该目的，Tomcat 使用了 web.xml 文件。

application 对象访问应用程序初始化参数的方法分别介绍如下。

① getInitParameter(String name)：返回一个已命名的参数值。

② getAttributeNames()：返回所有已定义的应用程序初始化名称的枚举。

【例 5-11】　访问应用程序初始化参数。

（1）在 web.xml 文件中通过配置<context-param>元素初始化参数。程序代码如下：

```
<context-param>                <!-- 定义连接数据库URL -->
    <param-name>url</param-name>
    <param-value>jdbc:mysql://localhost:3306/db_database15</param-value>
</context-param>
<context-param>                <!-- 定义连接数据库用户名 -->
    <param-name>name</param-name>
```

```
            <param-value>root</param-value>
    </context-param>
    <context-param>                     <!-- 定义连接数据库密码 -->
        <param-name>password</param-name>
        <param-value>111</param-value>
    </context-param>
```

（2）在 index.jsp 页面中，访问 web.xml 文件获取初始化参数。代码如下：

```
<%
    String url = application.getInitParameter("url");       //获取初始化参数，与web.xml文件中的内容相对应
    String name = application.getInitParameter("name");
    String password = application.getInitParameter("password");
    out.println("URL: "+url+"<br>");                        //将信息在页面中显示
    out.println("name: "+name+"<br>");
    out.println("password: "+password+"<br>");
%>
```

index.jsp 页面运行结果如图 5-18 所示。

```
URL: jdbc:mysql://localhost:3306/db_database15
name: root
password: 111
```

图 5-18　index.jsp 页面运行结果

5.9.2　管理应用程序环境属性

与 session 对象相同，也可以在 application 对象中设置属性。与 session 对象不同的是，session 只是在当前客户的会话范围内有效，当超过保存时间，session 对象就被收回；而 application 对象在整个应用区域中都有效。application 对象管理应用程序环境属性的方法分别介绍如下。

① getAttributeNames()：获得所有 application 对象使用的属性名。

② getAttribute(String name)：从 application 对象中获取指定对象名。

③ setAttribute(String key,Object obj)：使用指定名称和指定对象在 application 对象中进行关联。

④ removeAttribute(String name)：从 application 对象中去掉指定名称的属性。

5.10　开发第一个 JSP 程序

现在开发 JSP 程序的环境已经搭建好了，本节将介绍一个简单的 JSP 程序的开发过程（该 JSP 程序将在浏览器中输出"你好，这是我的第一个 JSP 程序，以及当前时间"），让读者对 JSP 程序开发流程有一个基本的认识。

5.10.1　编写 JSP 程序

【例 5-12】　使用向导创建一个简单的 JSP 程序。

（1）启动 Eclipse，并选择一个工作空间，进入到 Eclipse 的工作台界面。

（2）在工具栏上选择"File→New→Dynamic Web Project"菜单项，将打开新建动态 Web 项目对话框，在该对话框的"Project name"文本框中输入项目名称，这里为 Shop，在 Dynamic web module version 下拉列表中选择 3.0；在"Target runtime"下拉列表中选择已经配置好的 Tomcat 服务器（这里为 Tomcat 7.0），其他采用默认设置，如图 5-19 所示。

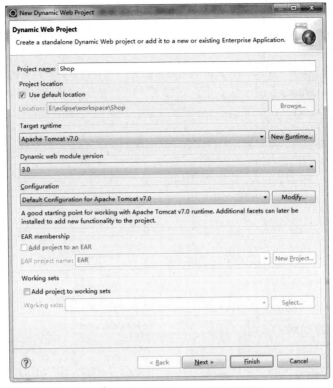

图 5-19　新建动态 Web 项目对话框

（3）单击"Next"按钮，将打开配置 Java 应用的对话框（这里采用默认设置），再单击"Next"按钮，将打开图 5-20 所示的配置 Web 模块设置对话框，勾选"Generate web.xml deployment descriptor"选项，表示创建 web.xml 文件。

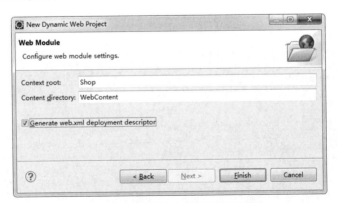

图 5-20　配置 Web 模块设置对话框

说明

在图 5-20 中，如果采用默认设置，新创建的项目将不自动创建 web.xml 文件，如果需要自动创建该文件，那么可以选中"Generate web.xml deployment descriptor"复选框。本实例中不选中这个复选框。

（4）单击"Finish"按钮，完成项目 Shop 的创建。这时，在 Eclipse 的"Page Explorer"中，将显示新创建的项目。

（5）在 Eclipse 的 "Page Explorer" 中，选中项目下的 WebContent 节点，并单击鼠标右键，在弹出的快捷菜单中选择 new Other，打开 New 对话框，在该对话框的 "Wizards" 文本框中输入 jsp，选择 "JSP File"，如图 5-21 所示。

（6）单击 "Finish" 按钮，完成 JSP 文件的创建。此时，在项目资源管理器的 WebContent 节点下，将自动添加一个名称为 index.jsp 的节点（见图 5-22），同时，Eclipse 会自动以默认与 JSP 文件关联的编辑器将文件在右侧的编辑窗口中打开。

图 5-21　New 对话框

图 5-22　New JSP File 对话框

（7）将 index.jsp 文件中的默认代码修改为以下代码，并保存该文件：

```
<%@ page language="java" contentType="text/html; charset=UTF-8"
    pageEncoding="UTF-8"%>
<!DOCTYPE html PUBLIC "-//W3C//DTD HTML 4.01 Transitional//EN" "http://www.w3.org/TR/html4/loose.dtd">
<html>
<head>
<meta http-equiv="Content-Type" content="text/html; charset=UTF-8">
<META HTTP-EQUIV="Refresh" CONTENT="0;URL=time.jsp">
</head>
<body>
<center>
    <p>页面加载中……</p>
</center>
</body>
</html>
```

在这段代码中，JSP 自动执行刷新之后，直接跳转到 time.jsp 页面。

（8）按照上述步骤，再创建 time.jsp，代码如下：

```
<%@ page language="java" contentType="text/html; charset=UTF-8"
    pageEncoding="UTF-8" import="java.util.Date"%>
<!DOCTYPE HTML>
<html>
<head>
```

```
<meta charset="utf-8">
<title>开发第一个JSP网站</title>
</head>
<body>
    你好，这是我的第一个JSP程序<br>
    现在时间是: <%=new Date().toLocaleString() %>
</body>
</html>
```

在这段代码中，我们设置页面的编码为 UTF-8，并且添加了当前时间作为网页的动态内容，以演示它与 HTML 静态页面的不同。

5.10.2 运行 JSP 程序

完成第一个 JSP 程序的编写后，还需要在浏览器中查看程序运行结果。运行一个 JSP 程序（也就是一个 JSP 项目），需要有服务器的支持。之前的章节中已经介绍了如何配置服务器，下面将介绍如何应用已经配置的 Tomcat 服务器运行该 JSP 程序。

（1）在"Package Explorer"中选择项目名称节点，在工具栏上单击" ▶ ▼ "按钮中的黑三角，在弹出的快捷菜单中选择"Run As→Run On Server"菜单项，将打开"Run on Server"对话框，在该对话框中，选中"Always use this server when running this project"复选框，其他采用默认设置，如图 5-23 所示。

图 5-23 "Run on Server"对话框

（2）单击"完成"按钮，即可通过 Tomcat 运行该项目。运行结果如图 5-24 所示。

图 5-24 在 IE 浏览器中的运行结果

小 结

本章带领读者了解了 JSP 的基本构成，并详细介绍了构成 JSP 页面的各个部分——指令标签、HTML 代码、嵌入 Java 代码、注释和 JSP 动作标签（其中 HTML 代码不在本书讲解范围内，没有介绍）。

通过本章的学习，读者应该对 JSP 页面的内容结构有所了解，配合本章节介绍的 JSP 内置对象，可以开发完整的 JSP 应用。

上机指导

用 JSP 实现用户登录验证的功能。如果用户输入正确的账号密码，则提示问候语句；如果用户输入错误的账号密码，则提示账号密码有误。

开发步骤如下。

（1）在 Eclipse 中创建 Java web 项目，命名为"UserLoginTest"。

（2）在项目的 WebContent 文件夹下创建 index.jsp 文件，文件代码如下：

```jsp
<%@ page language="java" contentType="text/html; charset=UTF-8"
    pageEncoding="UTF-8"%>
<%
    String str = request.getParameter("username");
    String pwd = request.getParameter("pwd");
    if(null!=str){
        if(str.equals("tom")&&pwd.equals("123")){
            out.println("您好，tom！");
        }else{
            out.println("您输入的账号密码有误，请重新输入！");
        }
    }
%>
<html>
<head>
<meta http-equiv="Content-Type" content="text/html; charset=UTF-8">
<title>Insert title here</title>
</head>
<body>
    <form action="index.jsp" method="post">
        账号：<input type="text" name="username" /> <br/>
        密码：<input type="password" name="pwd" /> <br/>
        <input type="submit" value="登录" />
    </form>
</body>
</html>
```

（3）在 Tomcat 中部署此项目，在浏览器中查看运行结果。效果如图 5-25 和图 5-26 所示。

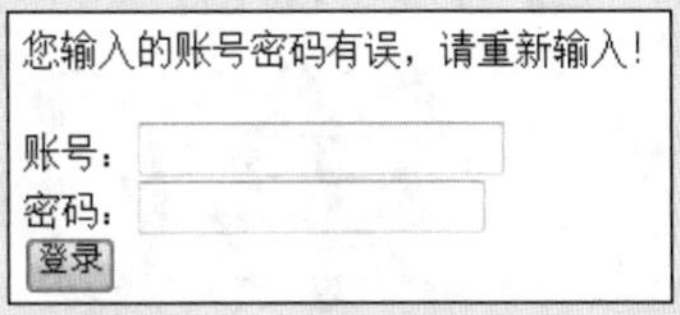

图 5-25　输入错误账号密码弹出的提示 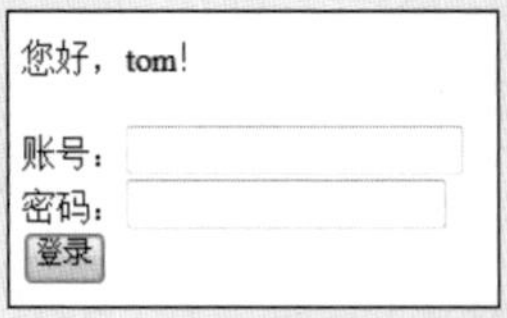　　　图 5-26　输入正确账号密码弹出的提示

习　题

1. 什么是 JSP？

2. JSP 有哪些指令标签？

3. 如何在 JSP 中运行 Java 程序？

4. 什么是 request 对象？什么是 response 对象？什么是 session 对象？什么是 application 对象？这些对象有哪些共同点和不同点？

第6章

Servlet技术

本章要点：

理解 Servlet 技术原理 ■

了解 Servlet 在 Servlet 容器中的
生命周期 ■

掌握 Servlet 的创建与配置方法 ■

掌握 Servlet API 的主要接口与类 ■

理解 Servlet 过滤器的实现原理 ■

掌握 Filter API 的常用接口 ■

掌握 Servlet 过滤器的创建与配置 ■

掌握 Servlet 过滤器的典型应用 ■

■ Servlet是Java语言应用到Web服务器端的扩展技术，它的产生为Java Web 开发奠定了基础。随着Web 开发技术的不断发展，Servlet也在不断发展与完善，并凭借其安全性、跨平台等诸多优点，深受广大Java 编程人员的青睐。在本章中，将以理论与实践相结合的方式系统讲解 Servlet 技术。

6.1 Servlet 基础

Servlet 是使用 Java Servlet 接口（API）运行在 Web 应用服务器上的 Java 程序。与普通 Java 程序不同，它是位于 Web 服务器内部的服务器端的 Java 应用程序，可以对 Web 浏览器或其他 HTTP 客户端程序发送的请求进行处理。

Servlet 与 Servlet
容器

6.1.1 Servlet 与 Servlet 容器

Servlet 对象与普通的 Java 对象不同，它可以处理 Web 浏览器或其他 HTTP 客户端程序发送的 HTTP 请求，但前提条件是把 Servlet 对象布置到 Servlet 容器之中，也就是说，其运行需要 Servlet 容器的支持。

通常情况下，Servlet 容器也就是指 Web 容器，如 Tomcat、JBoss、Resin、WebLogic 等，它们对 Servlet 进行控制。当一个客户端发送 HTTP 请求时，由容器加载 Servlet 对其进行处理并做出响应。

Servlet 与 Web 容器的关系是非常密切的，在 Web 容器中，Servlet 主要经历了 4 个阶段，如图 6-1 所示。这 4 个阶段实质是 Servlet 的生命周期，由容器进行管理。

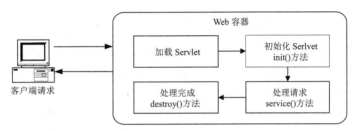

图 6-1　Servlet 与容器

（1）在 Web 容器启动或客户机第一次请求服务时，容器将加载 Servlet 类并将其放入到 Servlet 实例池。

（2）当 Servlet 实例化后，容器将调用 Servlet 对象的 init()方法完成 Servlet 的初始化操作，主要是为了让 Servlet 在处理请求之前做一些初始化工作。

（3）容器通过 Servlet 的 service()方法处理客户端请求。在 service()方法中，Servlet 实例根据不同的 HTTP 请求类型做出不同处理，并在处理之后做出相应的响应。

（4）在 Web 容器关闭时，容器调用 Servlet 对象的 destroy()方法对资源进行释放。在调用此方法后，Servlet 对象将被垃圾回收器回收。

6.1.2 Servlet 技术特点

Servlet 采用 Java 语言编写，继承了 Java 语言中的诸多优点，同时还对 Java 的 Web 应用进行了扩展。Servlet 具有以下特点。

Servlet 技术特点

1. 方便、实用的 API 方法

Servlet 对象对 Web 应用进行了封装，针对 HTTP 请求提供了丰富的 API 方法，它可以处理表单提交数据、会话跟踪、读取和设置 HTTP 头信息等，对 HTTP 请求数据的处理非常方便，只需要调用相应的 API 方法即可。

2. 高效的处理方式

Servlet 的一个实例对象可以处理多个线程的请求。当多个客户端请求一个 Servlet 对象时，Servlet

为每一个请求分配一个线程，而提供服务的 Servlet 对象只有一个，因此我们说 Servlet 的多线程处理方式是非常高效的。

3．跨平台

Servlet 采用 Java 语言编写，因此它继承了 Java 的跨平台性，对于已编写好的 Servlet 对象，可运行在多种平台之中。

4．更加灵活、扩展

Servlet 与 Java 平台的关系密切，它可以访问 Java 平台丰富的类库；同时由于它采用 Java 语言编写，支持封装、继承等面向对象的优点，使其更具应用的灵活性；此外，在编写过程中，它还对 API 接口进行了适当扩展。

5．安全性

Servlet 采用了 Java 的安全框架，同时 Servlet 容器还为 Servlet 提供了额外的功能，其安全性是非常高的。

6.1.3　Servlet 技术功能

Servlet 是位于 Web 服务器内部的服务器端的 Java 应用程序，它对 Java Web 的应用进行了扩展，可以对 HTTP 请求进行处理及响应，功能十分强大。

① Servlet 与普通 Java 应用程序不同，它可以处理 HTTP 请求以获取 HTTP 头信息，通过 HttpServletRequest 接口与 HttpServletResponse 接口对请求进行处理及回应。

② Servlet 可以在处理业务逻辑之后，将动态的内容通过返回输出到 HTML 页面中，与用户请求进行交互。

③ Servlet 提供了强大的过滤器功能，可针对请求类型进行过滤设置，为 Web 开发提供灵活性与扩展性。

④ Servlet 可与其他服务器资源进行通信。

6.1.4　Servlet 与 JSP 的区别

Servlet 是一种运行在服务器端的 Java 应用程序，先于 JSP 的产生。在 Servlet 的早期版本中，业务逻辑代码与网页代码写在一起，给 Web 程序的开发带来了很多不便。如网页设计的美工人员，需要学习 Servlet 技术进行页面设计；而在程序设计中，其代码又过于复杂，Servlet 所产生的动态网页需要在代码中编写大量输出 HTML 标签的语句。针对早期版本 Servlet 的不足，Sun 公司提出了 JSP 技术。

Servlet 与 JSP
的区别

JSP 是一种在 Servlet 规范之上的动态网页技术，通过 JSP 页面中嵌入的 Java 代码，可以产生动态网页。也可以将其理解为是 Servlet 技术的扩展，在 JSP 文件被第一次请求时，它会被编译成 Servlet 文件，再通过容器调用 Servlet 进行处理。由此可以看出，JSP 与 Servlet 技术的关系是十分紧密的。

JSP 虽是在 Servlet 的基础上产生的，但与 Servlet 也存在一定的区别。

① Servlet 承担客户请求与业务处理的中间角色，需要调用固定的方法，将动态内容混合到静态之中产生 HTML；而在 JSP 页面中，可直接使用 HTML 标签进行输出，要比 Servlet 更具显示层的意义。

② Servlet 中需要调用 Servlet API 接口处理 HTTP 请求，而在 JSP 页面中，则直接提供了内置对象进行处理。

③ Servlet 的使用需要进行一定的配置，而 JSP 文件通过".jsp"扩展名部署在容器之中，容器对其自动识别，直接编译成 Servlet 进行处理。

6.1.5 Servlet 代码结构

Servlet 代码结构

在 Java 中，通常所说的 Servlet 是指 HttpServlet 对象，在声明一个对象为 Servlet 时，需要继承 HttpServlet 类。HttpServlet 类是 Servlet 接口的一个实现类，继承此类后，可以重写 HttpServlet 类中的方法对 HTTP 请求进行处理。其代码结构如下：

```
import java.io.IOException;
import javax.servlet.ServletException;
import javax.servlet.http.HttpServlet;
import javax.servlet.http.HttpServletRequest;
import javax.servlet.http.HttpServletResponse;
public class TestServlet extends HttpServlet {
    //初始化方法
    public void init() throws ServletException {
    }
    //处理HTTP Get请求
    public void doGet(HttpServletRequest request, HttpServletResponse response)
            throws ServletException, IOException {
    }
    //处理HTTP Post请求
    public void doPost(HttpServletRequest request, HttpServletResponse response)
            throws ServletException, IOException {
    }
    //处理HTTP Put请求
    public void doPut(HttpServletRequest request, HttpServletResponse response)
            throws ServletException, IOException {
    }
    //处理HTTP Delete请求
    public void doDelete(HttpServletRequest request,
            HttpServletResponse response) throws ServletException, IOException {
    }
    //销毁方法
    public void destroy() {
        super.destroy();
    }
}
```

上述代码显示了一个 Servlet 对象的代码结构，TestServlet 类通过继承 HttpServlet 类被声明为一个 Servlet 对象。此类中包含 6 个方法，其中 init()方法与 destroy()方法为 Servlet 初始化与生命周期结束所调用的方法，其余 4 个方法为 Servlet 针对处理不同的 HTTP 请求类型所提供的方法，其作用如注释中所示。

在一个 Servlet 对象中，最常用的方法是 doGet()与 doPost()方法，这两个方法分别用于处理 HTTP 的 Get 与 Post 请求。例如，<form>表单对象所声明的 method 属性为"post"，提交到 Servlet 对象处理时，Servlet 将调用 doPost()方法进行处理。

6.1.6 简单的 Servlet 程序

在编写 Servlet 时，不必重写 Servlet 对象中的所有方法，只需重写请求所使用方法即可。例如，处理 Get 请求需要重写 doGet()方法，在此方法中编写业务逻辑代码。

【例 6-1】 简单的 Servlet 程序。

```
public class SimpleServlet extends HttpServlet {
    public void doGet(HttpServletRequest request, HttpServletResponse response)
            throws ServletException, IOException {
        response.setContentType("text/html");
        PrintWriter out = response.getWriter();
        out.println("This is a Servlet.");
    }
}
```

SimpleServlet 类是一个 Servlet 对象，它继承了 HttpServlet 类。在此类的 doGet()方法中，通过 PrintWriter 对象向页面中打印了一句话，通过浏览器可查看此 Servlet 运行效果，如图 6-2 所示。

图 6-2　一个简单的 Servlet 程序

6.2　Servlet 开发

在 Java 的 Web 开发中，Servlet 具有重要的地位，程序中的业务逻辑可以由 Servlet 进行处理；它也可以通过 HttpServletResponse 对象对请求做出响应，功能十分强大。本节将对 Servlet 的创建及配置进行详细讲解。

Servlet 开发

6.2.1　Servlet 的创建

Servlet 的创建十分简单，主要有两种创建方法。第一种方法为创建一个普通的 Java 类，使这个类继承 HttpServlet 类，再通过手动配置 web.xml 文件注册 Servlet 对象。此方法操作比较烦琐，在快速开发中通常不被采纳，而是使用第二种方法——直接通过 IDE 集成开发工具进行创建。

使用 IDE 集成开发工具创建 Servlet 比较简单，适合于初学者。本节以 Eclipse 开发工具为例，创建 Servlet 的方法如下。

（1）创建一个动态 Web 项目，然后在包资源管理器中，新建项目名称节点上，单击鼠标右键，在弹出的快捷菜单中，选择"新建/Servlet"菜单项，将打开 Create Servlet 对话框，在该对话框的 Java package 文本框中输入包 com.mingrisoft，在 Class Name 文本框中输入类名 FirstServlet，其他的采用默认设置，如图 6-3 所示。

（2）单击"下一步"按钮，进入图 6-4 所示的指定配置 Servlet 部署描述信息页面，在该页面中采用默认设置。

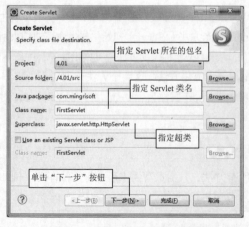

图 6-3　Create Servlet 对话框

图 6-4　配置 Servlet 部署描述的信息

在 Servlet 开发中，如果需要配置 Servlet 的相关信息，可以在图 6-4 所示的窗口中进行配置，如描述信息、初始化参数、URL 映射。其中"描述信息"指对 Servlet 的一段描述文字；"初始化参数"指在 Servlet 初始化过程中用到的参数，这些参数可以在 Servlet 的 init()方法中进行调用；"URL 映射"指通过哪一个 URL 来访问 Servlet。

（3）单击"下一步"按钮，将进入图 6-5 所示的用于选择修饰符、实现接口和要生成的方法的对话框。在该对话框中，修饰符和接口保持默认，在"Inherited abstract methods（继承的抽象方法）"复选框中选中 doGet 和 doPost 复选框，单击"完成"按钮，完成 Servlet 的创建。

图 6-5　选择修饰符、实现接口和要生成的方法的对话框

选择 doPost 与 doGet 复选框的作用是让 Eclipse 自动生成 doGet()与 doPost()方法，实际应用中可以选择多个方法。

Servlet 创建完成后，Eclipse 将自动打开该文件。创建的 Servlet 类的代码如下：

```
package com.mingrisoft;
import java.io.IOException;
import javax.servlet.ServletException;
import javax.servlet.annotation.WebServlet;
import javax.servlet.http.HttpServlet;
import javax.servlet.http.HttpServletRequest;
import javax.servlet.http.HttpServletResponse;
/**
 * Servlet实现类FirstServlet
 */
@WebServlet("/FirstServlet")
public class FirstServlet extends HttpServlet {
    private static final long serialVersionUID = 1L;
    /**
     * @see HttpServlet#HttpServlet()
```

```
     * 构造方法
     */
      public FirstServlet() {
        super();
      }
      protected void doGet(HttpServletRequest request, HttpServletResponse response) throws Servlet
Exception, IOException {
            // 业务处理
      }
      protected void doPost(HttpServletRequest request, HttpServletResponse response) throws Servlet
Exception, IOException {
            // 业务处理
      }
    }
```

上面代码中加粗的代码为 Servlet 3 新增的通过注解来配置 Servlet 的代码。通过该句代码
进行配置以后，就不需要在 web.xml 文件中进行配置了。

使用开发工具创建 Servlet 非常简单，本实例中使用的是 Eclipse IDE for Java EE 工具。
其他开发工具操作步骤大同小异，按提示操作即可。

6.2.2　Servlet 配置

若要使 Servlet 对象正常地运行，则需要进行适当的配置，以告知 Web 容器哪一个请求调用哪一个
Servlet 对象处理，对 Servlet 起到一个注册的作用。Servlet 的配置包含在 web.xml 文件中，主要通过
以下两步进行设置。

1. 声明 Servlet 对象

在 web.xml 文件中，通过<servlet>标签声明一个 Servlet 对象。在此标签下包含两个主要子元素，
分别为<servlet-name>与<servlet-class>。其中，<servlet-name>元素用于指定 Servlet 的名称，此名
称可以为自定义的名称；<servlet-class>元素用于指定 Servlet 对象的完整位置，包含 Servlet 对象的包
名与类名。其声明语句如下：

```
<servlet>
    <servlet-name>SimpleServlet</servlet-name>
    <servlet-class>com.lyq.SimpleServlet</servlet-class>
</servlet>
```

2. 映射 Servlet

在 web.xml 文件中声明了 Servlet 对象后，需要映射访问 Servlet 的 URL。此操作使用<servlet-
mapping>标签进行配置。<servlet-mapping>标签包含两个子元素，分别为 <servlet-name>与
<url-pattern>。其中，<servlet-name>元素与<servlet>标签中的<servlet-name>元素相对应，不可以
随意命名；<url-pattern>元素用于映射访问 URL。其配置方法如下：

```
<servlet-mapping>
    <servlet-name>SimpleServlet</servlet-name>
    <url-pattern>/SimpleServlet</url-pattern>
</servlet-mapping>
```

【例 6-2】　Servlet 的创建及配置。

（1）创建名为 MyServlet 的 Servlet 对象，它继承了 HttpServlet 类。在此类中重写 doGet()方法，

用于处理 HTTP 的 Get 请求，通过 PrintWriter 对象进行简单输出。其关键代码如下：

```
public class MyServlet extends HttpServlet {
    public void doGet(HttpServletRequest request, HttpServletResponse response)
            throws ServletException, IOException {
        response.setContentType("text/html");
        response.setCharacterEncoding("GBK");
        PrintWriter out = response.getWriter();
        out.println("<HTML>");
        out.println("  <HEAD><TITLE>Servlet实例</TITLE></HEAD>");
        out.println("  <BODY>");
        out.print("      Servlet实例：  ");
        out.print(this.getClass());
        out.println("  </BODY>");
        out.println("</HTML>");
        out.flush();
        out.close();
    }
}
```

（2）在 web.xml 文件中对 MyServlet 进行配置，其中访问 URL 的相对路径为 "/servlet/MyServlet"。其关键代码如下：

```
<servlet>
    <servlet-name>MyServlet</servlet-name>
    <servlet-class>com.lyq.MyServlet</servlet-class>
</servlet>
<servlet-mapping>
    <servlet-name>MyServlet</servlet-name>
    <url-pattern>/servlet/MyServlet</url-pattern>
</servlet-mapping>
```

本实例使用 MyServlet 对象对请求进行处理，其处理过程非常简单，通过 PrintWriter 对象向页面中打印信息，其运行结果如图 6-6 所示。

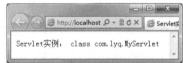

图 6-6　实例运行结果

6.3　Servlet API 编程常用的接口和类

Servlet 是运行在服务器端的 Java 应用程序，由 Servlet 容器对其进行管理，当用户对容器发送 HTTP 请求时，容器将通知相应的 Servlet 对象进行处理，完成用户与程序之间的交互。在 Servlet 编程中，Servlet API 提供了标准的接口与类，这些对象对 Servlet 的操作非常重要，它们为 HTTP 请求与程序回应提供了丰富的方法。

6.3.1　Servlet 接口

Servlet 的运行需要 Servlet 容器的支持，Servlet 容器通过调用 Servlet 对象提供了标准的 API 接口，对请求进行处理。在 Servlet 开发中，任何一个 Servlet 对象都要直接或间接地实现 javax.servlet.Servlet 接口。在此接口中包含 5 种方法，其功能及作用如表 6-1 所示。

Servlet 接口

表 6-1　Servlet 接口中的方法及说明

方法	说明
public void init(ServletConfig config)	Servlet 实例化后，Servlet 容器调用此方法来完成初始化工作
public void service(ServletRequest request, ServletResponse response)	此方法用于处理客户端的请求
public void destroy()	当 Servlet 对象应该从 Servlet 容器中移除时，容器调用此方法，以便释放资源
public ServletConfig getServlet Config()	此方法用于获取 Servlet 对象的配置信息，返回 ServletConfig 对象
public String getServletInfo()	此方法返回有关 Servlet 的信息，它是纯文本格式的字符串，如作者、版本等

6.3.2　ServletConfig 接口

ServletConfig
接口

　　ServletConfig 接口位于 javax.servlet 包中，它封装了 Servlet 的配置信息，在 Servlet 初始化期间被传递。每一个 Servlet 都有且只有一个 ServletConfig 对象。此对象定义了 4 个方法，如表 6-2 所示。

表 6-2　ServletConfig 接口中的方法及说明

方法	说明
public String getInitParameter(String name)	此方法返回 String 类型名称为 name 的初始化参数值
public Enumeration getInitParameterNames()	获取所有初始化参数名的枚举集合
public ServletContext getServletContext()	用于获取 Servlet 上下文对象
public String getServletName()	返回 Servlet 对象的实例名

6.3.3　HttpServletRequest 接口

HttpServlet-
Request 接口

　　HttpServletRequest 接口位于 javax.servlet.http 包中，继承了 javax.servlet. ServletRequest 接口，是 Servlet 中的重要对象，在开发过程中较为常用，其常用方法及说明如表 6-3 所示。

表 6-3　HttpServletRequest 接口的常用方法及说明

方法	说明
public String getContextPath()	返回请求的上下文路径，此路径以"/"开头
public Cookie[] getCookies()	返回请求中发送的所有 cookie 对象，返回值为 cookie 数组
public String getMethod()	返回请求所使用的 HTTP 类型，如 get、post 等
public String getQueryString()	返回请求中参数的字符串形式，如请求 MyServlet?username=mr，则返回 username=mr
public String getRequestURI()	返回主机名到请求参数之间部分的字符串形式
public StringBuffer getRequest URL()	返回请求的 URL，此 URL 中不包含请求的参数。注意此方法返回的数据类型为 StringBuffer
public String getServletPath()	返回请求 URI 中的 Servlet 路径的字符串，不包含请求中的参数信息
public HttpSession getSession()	返回与请求关联的 HttpSession 对象

【例 6-3】 HttpServletRequest 接口的使用。

（1）创建名为 MyServlet 的类（它是一个 Servlet），在此类中通过 PrintWriter 对象向页面中输出调用 HttpServletRequest 接口中的方法所获取的值。其关键代码如下：

```
public class MyServlet extends HttpServlet {
    public void doGet(HttpServletRequest request, HttpServletResponse response)
            throws ServletException, IOException {
        response.setContentType("text/html");
        response.setCharacterEncoding("GBK");
        PrintWriter out = response.getWriter();
        out.print("<p>上下文路径：" + request.getServletPath() + "</p>");
        out.print("<p>HTTP请求类型：" + request.getMethod() + "</p>");
        out.print("<p>请求参数：" + request.getQueryString() + "</p>");
        out.print("<p>请求URI：" + request.getRequestURI() + "</p>");
        out.print("<p>请求URL：" + request.getRequestURL().toString() + "</p>");
        out.print("<p>请求Servlet路径：" + request.getServletPath() + "</p>");
        out.flush();
        out.close();
    }
}
```

（2）在 web.xml 文件中，对 MyServlet 类进行配置。其关键代码如下：

```
<servlet>
    <servlet-name>MyServlet</servlet-name>
    <servlet-class>com.lyq.MyServlet</servlet-class>
</servlet>
<servlet-mapping>
    <servlet-name>MyServlet</servlet-name>
    <url-pattern>/servlet/MyServlet</url-pattern>
</servlet-mapping>
```

在浏览器地址栏中输入"http://localhost:8080/5.03/servlet/MyServlet?action=test"，运行结果如图 6-7 所示。

图 6-7　实例运行结果

6.3.4　HttpServletResponse 接口

HttpServletResponse 接口位于 javax.servlet.http 包中，它继承了 javax.servlet. ServletResponse 接口，同样是一个非常重要的对象，其常用方法与说明如表 6-4 所示。

HttpServlet-
Response 接口

表 6-4　HttpServletResponse 接口的常用方法及说明

方法	说明
public void addCookie(Cookie cookie)	向客户端写入 cookie 信息
public void sendError(int sc)	发送一个错误状态码为 sc 的错误响应到客户端
public void sendError(int sc, String msg)	发送一个包含错误状态码及错误信息的响应到客户端，参数 sc 为错误状态码，参数 msg 为错误信息
public void sendRedirect(String location)	使用客户端重定向到新的 URL，参数 location 为新的地址

【例 6-4】　在程序开发过程中，经常会遇到异常的产生，本实例使用 HttpServletResponse 向客户端发送错误信息。

创建一个名称为 MyServlet 的 Servlet 对象，在 doGet()方法中模拟一个开发过程中的异常，并将其通过 throw 关键字抛出。其关键代码如下：

```
public class MyServlet extends HttpServlet {
    public void doGet(HttpServletRequest request, HttpServletResponse response)
            throws ServletException, IOException {
        try {
            //创建一个异常
            throw new Exception("数据库连接失败");
        } catch (Exception e) {
            response.sendError(500, e.getMessage());
        }
    }
}
```

程序中的异常通过 catch 进行捕获，使用 HttpServletResponse 对象的 sendError()方法向客户端发送错误信息，运行结果如图 6-8 所示。

图 6-8　实例运行结果

6.3.5　GenericServlet 类

在编写一个 Servlet 对象时，必须实现 javax.servlet.Servlet 接口，但在 Servlet 接口中包含 5 种方法，也就是说创建一个 Servlet 对象要实现这 5 种方法，这样操作非常不方便。javax.servlet.GenericServlet 类简化了此操作，实现了 Servlet 接口：

GenericServlet 类

```
public abstract class GenericServlet
        extends Object
        implements Servlet, ServletConfig, Serializable
```

GenericServlet 类是一个抽象类，分别实现了 Servlet 接口与 ServletConfig 接口。此类实现了除 service()之外的其他方法，在创建 Servlet 对象时，可以继承 GenericServlet 类来简化程序中的代码，但需要实现 service()方法。

6.3.6 HttpServlet 类

HttpServlet 类

GenericServlet 类实现了 javax.servlet.Servlet 接口,为程序的开发提供了方便;但在实际开发过程中,大多数的应用都是使用 Servlet 处理 HTTP 的请求,并对请求做出响应,所以通过继承 GenericServlet 类仍然不是很方便。javax.servlet.http.HttpServlet 类对 GenericServlet 类进行了扩展,为 HTTP 请求的处理提供了灵活的方法:

```
public abstract class HttpServlet
          extends GenericServlet implements Serializable
```

HttpServlet 类仍然是一个抽象类,实现了 service()方法,并针对 HTTP 1.1 中定义的 7 种请求类型提供了相应的方法——doGet()方法、doPost()方法、doPut()方法、doDelete()方法、doHead()方法、doTrace()方法、doOptions()方法。在这 7 种方法中,除了对 doTrace()方法与 doOptions()方法进行简单实现外,HttpServlet 类并没有对其他方法进行实现,需要开发人员在使用过程中根据实际需要对其进行重写。

HttpServlet 类继承了 GenericServlet 类,通过其对 Generic-Servlet 类的扩展,可以很方便地对 HTTP 请求进行处理及响应。该类与 GenericServlet 类、Servlet 接口的关系如图 6-9 所示。

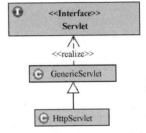

图 6-9 HttpServlet 类与 Generic-

6.4 Servlet 过滤器

过滤器是 Web 程序中的可重用组件,在 Servlet 2.3 规范中被引入,应用十分广泛,给 Java Web 程序的开发带来了更加强大的功能。本节将介绍 Servlet 过滤器的结构体系及其在 Web 项目中的应用。

6.4.1 过滤器概述

Servlet 过滤器是客户端与目标资源间的中间层组件,用于拦截客户端的请求与响应信息,如图 6-10 所示。当 Web 容器接收到一个客户端请求时,将判断此请求是否与过滤器对象相关联,如果相关联,则将这一请求交给过滤器进行处理。在处理过程中,过滤器可以对请求进行操作,如更改请求中的信息数据。在过滤器处理完成之后,再将这一请求交给其他业务进行处理。当所有业务处理完成,需要对客户端进行响应时,容器又将响应交给过滤器进行处理,过滤器完成处理后将响应发送到客户端。

过滤器概述

在 Web 程序开发过程中,可以放置多个过滤器,如字符编码过滤器、身份验证过滤器等,Web 容器对多个过滤器的处理方式如图 6-11 所示。

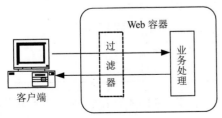

图 6-10 过滤器的应用

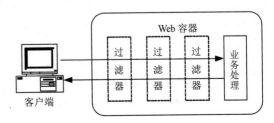

图 6-11 多个过滤器的应用

在多个过滤器的处理方式中，容器首先将客户端请求交给第一个过滤器处理，处理完成之后交给下一个过滤器处理，以此类推，直到最后一个过滤器。当需要对客户端回应时，将按照相反的方向对回应进行处理，直到交给第一个过滤器，最后发送到客户端回应。

6.4.2　Filter API

过滤器与 Servlet 非常相似，它的使用主要是通过3个核心接口分别为 Filter 接口、FilterChain 接口与 FilterConfig 接口进行操作。

Filter API

1. Filter 接口

Filter 接口位于 javax.servlet 包中，与 Servlet 接口相似，当定义一个过滤器对象时需要实现此接口。在 Filter 接口中包含3个方法，其方法声明及作用如表6-5所示。

表6-5　Filter 接口中的方法及说明

方法	说明
public void init(FilterConfig filterConfig)	过滤器的初始化方法，容器调用此方法完成过滤的初始化。对于每一个 Filter 实例，此方法只被调用一次
public void doFilter(ServletRequest request, ServletResponse response, FilterChain chain)	此方法与 Servlet 的 service()方法相类似，当请求及响应交给过滤器时，过滤器调用此方法进行过滤处理
public void destroy()	在过滤器生命周期结束时调用此方法，用于释放过滤器所占用的资源

2. FilterChain 接口

FilterChain 接口位于 javax.servlet 包中，此接口由容器进行实现，在 FilterChain 接口只包含一个方法，其方法声明如下：

```
void doFilter(ServletRequest request,
            ServletResponse response)
        throws IOException,
            ServletException
```

此方法主要用于将过滤器处理的请求或响应传递给下一个过滤器对象。在多个过滤器的 Web 应用中，可以通过此方法进行传递。

3. FilterConfig 接口

FilterConfig 接口位于 javax.servlet 包中。此接口由容器进行实现，用于获取过滤器初始化期间的参数信息，其方法声明及说明如表6-6所示。

表6-6　FilterConfig 接口中的方法及说明

方法	说明
public String getFilterName()	返回过滤器的名称
public String getInitParameter(String name)	返回初始化名称为 name 的参数值
public Enumeration getInitParameterNames()	返回所有初始化参数名的枚举集合
public ServletContext getServletContext()	返回 Servlet 的上下文对象

了解了过滤器的这3个核心接口，就可以通过实现 Filter 接口来创建一个过滤器对象。其代码结构如下：

```
public class MyFilter implements Filter {
    //初始化方法
    public void init(FilterConfig arg0) throws ServletException {
    }
    //过滤处理方法
    public void doFilter(ServletRequest request, ServletResponse response,
            FilterChain chain) throws IOException, ServletException {
        //传递给下一个过滤器
        chain .doFilter(request, response);
    }
    //销毁方法
    public void destroy() {
    }
}
```

6.4.3 过滤器的配置

在创建一个过滤器对象之后，需要对其进行配置才可以使用。过滤器的配置方法与 Servlet 的配置方法相类似，都是通过 web.xml 文件进行配置，具体步骤如下。

过滤器的配置

（1）声明过滤器对象

在 web.xml 文件中，通过<filter>标签声明一个过滤器对象。在此标签下包含 3 个常用子元素，分别为<filter-name>、<filter-class>和<init-param>。其中，<filter-name>元素用于指定过滤器的名称，此名称可以为自定义的名称；<filter-class>元素用于指定过滤器对象的完整位置，包含过滤器对象的包名与类名；<init-param>元素用于设置过滤器的初始化参数。其配置方法如下：

```
<filter>
        <filter-name>CharacterEncodingFilter</filter-name>
        <filter-class>com.lyq.util.CharacterEncodingFilter</filter-class>
        <init-param>
            <param-name>encoding</param-name>
            <param-value>GBK</param-value>
        </init-param>
</filter>
```

<init-param>元素包含两个常用的子元素，分别为<param-name>与<param-value>。其中，<param-name>元素用于声明初始化参数的名称，<param-value>元素用于指定初始化参数的值。

（2）映射过滤器

在 web.xml 文件中声明了过滤器对象后，需要映射访问过滤器过滤的对象。此操作使用<filter-mapping>标签进行配置。在<filter-mapping>标签中，主要需要配置过滤器的名称、过滤器关联的 URL 样式、过滤器对应的请求方式等。其配置方法如下：

```
<filter-mapping>
        <filter-name>CharacterEncodingFilter</filter-name>
        <url-pattern>/*</url-pattern>
        <dispatcher>REQUEST</dispatcher>
        <dispatcher>FORWARD</dispatcher>
</filter-mapping>
```

<filter-name>元素用于指定过滤器的名称，此名称与<filter>标签中的<filter-name>相对应。

<url-pattern>元素用于指定过滤器关联的 URL 样式，设置为"/*"表示关联所有 URL。

<dispatcher>元素用于指定过滤器对应的请求方式，其可选值及使用说明如表 6-7 所示。

表 6-7　<dispatcher>的可选值及说明

可选值	说明
REQUEST	当客户端直接请求时，通过过滤器进行处理
INCLUDE	当客户端通过 RequestDispatcher 对象的 include()方法请求时，通过过滤器进行处理
FORWARD	当客户端通过 RequestDispatcher 对象的 forward()方法请求时，通过过滤器进行处理
ERROR	当声明式异常产生时，通过过滤器进行处理

6.4.4　过滤器典型应用

过滤器典型应用

在 Java Web 项目的开发中，过滤器的应用十分广泛，其中比较典型的应用就是字符编码过滤器。由于 Java 程序可以在多种平台下运行，其内部使用 Unicode 字符集来表示字符，所以处理中文数据会产生乱码的情况，需要对其进行编码转换才可以正常显示。

【例 6-5】 字符编码过滤器。

（1）创建字符编码过滤器类 CharacterEncodingFilter，此类实现了 Filter 接口，并对其 3 种方法进行了实现。关键代码如下：

```java
public class CharacterEncodingFilter implements Filter{
    //字符编码(初始化参数)
    protected String encoding = null;
    //FilterConfig对象
    protected FilterConfig filterConfig = null;
    //初始化方法
    public void init(FilterConfig filterConfig) throws ServletException {
        //对filterConfig赋值
        this.filterConfig = filterConfig;
        //对初始化参数赋值
        this.encoding = filterConfig.getInitParameter("encoding");
    }
    //过滤器处理方法
    public void doFilter(ServletRequest request, ServletResponse response, FilterChain chain) throws
IOException, ServletException {
        //判断字符编码是否有效
        if (encoding != null) {
        //设置request字符编码
        request.setCharacterEncoding(encoding);
            //设置response字符编码
            response.setContentType("text/html; charset="+encoding);
        }
        //传递给下一过滤器
        chain.doFilter(request, response);
    }
    //销毁方法
    public void destroy() {
        //释放资源
        this.encoding = null;
        this.filterConfig = null;
    }
}
```

　　CharacterEncodingFilter 类的 init()方法用于读取过滤器的初始化参数，这个参数（encoding）为本例中所用到的字符编码；在 doFilter()方法中，分别将 request 对象及 response 对象中的编码格式设置为读取到的编码格式；最后在 destroy()方法中将其属性设置为 null，将被 Java 垃圾回收器回收。

　　（2）在 web.xml 文件中，对过滤器进行配置。其关键代码如下：

```xml
<!-- 声明字符编码过滤器 -->
<filter>
    <filter-name>CharacterEncodingFilter</filter-name>
    <filter-class>com.lyq.util.CharacterEncodingFilter</filter-class>
    <!-- 设置初始化参数 -->
    <init-param>
        <param-name>encoding</param-name>
        <param-value>GBK</param-value>
    </init-param>
</filter>
<!-- 映射字符编码过滤器 -->
<filter-mapping>
    <filter-name>CharacterEncodingFilter</filter-name>
    <!-- 与所有请求关联 -->
    <url-pattern>/*</url-pattern>
    <!-- 设置过滤器对应的请求方式 -->
    <dispatcher>REQUEST</dispatcher>
    <dispatcher>FORWARD</dispatcher>
</filter-mapping>
```

　　在 web.xml 配置文件中，需要对过滤器进行声明及映射，其中声明过程通过<init-param>指定了初始化参数的字符编码为 GBK。

　　（3）通过请求对过滤器进行验证。本例中使用表单向 Servlet 发送中文信息进行测试，其中表单信息放置在 index.jsp 页面中。其关键代码如下：

```html
<form action="MyServlet" method="post">
    <p>
            请输入你的中文名字：
            <input type="text" name="name">
            <input type="submit" value="提 交">
    </p>
</form>
```

　　这一请求由 Servlet 对象 MyServlet 类进行处理，此类使用 doPost()方法接收表单的请求，并将表单中的 name 属性输出到页面中。其关键代码如下：

```java
public void doPost(HttpServletRequest request, HttpServletResponse response)
        throws ServletException, IOException {
    PrintWriter out = response.getWriter();
    //获取表单参数
    String name = request.getParameter("name");
    if(name != null && !name.isEmpty()){
        out.print(" 你好 " + name);
        out.print(", <br>欢迎来到我的主页。");
    }else{
        out.print("请输入你的中文名字! ");
    }
```

```
    out.print("<br><a href=index.jsp>返回</a>");
    out.flush();
    out.close();
}
```

实例运行结果如图 6-12 所示，输入中文"明日科技"进行测试，其经过过滤器处理的效果如图 6-13 所示，没有经过过滤器处理的效果如图 6-14 所示。

图 6-12　实例运行结果

图 6-13　过滤后的效果

图 6-14　未经过滤的效果

小 结

本章主要向读者介绍了 Servlet 与 Servlet 过滤器的应用。这两项技术十分重要，都是 J2EE 开发必须要掌握的知识。学习 Servlet 的使用，需要掌握 Servlet API 中的主要接口及实现类、Servlet 的生命周期及 doXXX()方法对 HTTP 请求的处理。对于 Servlet 过滤器的应用，要理解实现过滤的原理，以保证在实际应用过程中合理使用。

上机指导

统计网站的访问量。在浏览网站时，有些网站会有统计网站访问量的功能，也就是浏览者每访问一次网站，访问量计数器就累加一次。这可以通过在 Servlet 中获取 ServletContext 接口的对象来实现。获取 ServletContext 对象以后，整个 Web 应用的组件都可以共享 ServletContext 对象中存放的共享数据。

（1）创建 JavaWeb 项目，命名为 WebCount。

（2）修改 web.xml 文件，代码如下：

```
<?xml version="1.0" encoding="UTF-8"?>
<web-app xmlns:xsi="http://www.w3.org/2001/XMLSchema-instance"
xmlns="http://java.sun.com/xml/ns/javaee"
xsi:schemaLocation="http://java.sun.com/xml/ns/javaee
http://java.sun.com/xml/ns/javaee/web-app_2_5.xsd" version="2.5">
    <servlet>
        <servlet-name>CounterServlet</servlet-name>
        <servlet-class>com.lh.servlet.CounterServlet</servlet-class>
    </servlet>
    <servlet-mapping>
        <servlet-name>CounterServlet</servlet-name>
        <url-pattern>/counter</url-pattern>
    </servlet-mapping>
    <welcome-file-list>
```

```
        <welcome-file>counter</welcome-file>
    </welcome-file-list>
</web-app>
```

（3）新建名称为 CounterServlet 的 Servlet 类，在该类的 doPost()方法中实现统计用户的访问次数，代码如下：

```java
package com.lh.servlet;
import java.io.IOException;
import java.io.PrintWriter;
import javax.servlet.ServletContext;
import javax.servlet.ServletException;
import javax.servlet.http.HttpServlet;
import javax.servlet.http.HttpServletRequest;
import javax.servlet.http.HttpServletResponse;
public class CounterServlet extends HttpServlet {
    public CounterServlet() {
        super();
    }
    public void destroy() {
        super.destroy();
    }
    public void doGet(HttpServletRequest request, HttpServletResponse response)
            throws ServletException, IOException {
        // 复用doPost()方法
        this.doPost(request, response);
    }
    public void doPost(HttpServletRequest request, HttpServletResponse response)
            throws ServletException, IOException {
        // 获得ServletContext对象
        ServletContext context = getServletContext();
        // 从ServletContext中获得计数器对象
        Integer count = (Integer) context.getAttribute("counter");
        if (count == null) {// 如果为空，则在ServletContext中设置一个计数器的属性
            count = 1;
            context.setAttribute("counter", count);
        } else { // 如果不为空，则设置该计数器的属性值加1
            context.setAttribute("counter", count + 1);
        }
        response.setContentType("text/html"); // 响应正文的MIME类型
        response.setCharacterEncoding("UTF-8"); // 响应的编码格式
        PrintWriter out = response.getWriter();
        out.println("<!DOCTYPE HTML PUBLIC \"-//W3C//DTD HTML 4.01 Transitional//EN\">");
        out.println("<HTML>");
        out.println("  <HEAD><TITLE>统计网站访问次数</TITLE></HEAD>");
        out.println("  <BODY>");
        out.print("    <h2><font color='gray'> ");
        out.print("您是第   " + context.getAttribute("counter") + " 位访客！ ");
        out.println("</font></h2>");
        out.println("  </BODY>");
        out.println("</HTML>");
        out.flush();
```

```
            out.close();
        }
        public void init() throws ServletException {      }
    }
```

（4）将项目部署到服务器，启动服务器，访问地址 http://localhost:8080/WebCount/。
结果如图 6-15 所示。

图 6-15　统计网站访问次数网页效果图

习 题

1. web.xml 文件是做什么用的？
2. Servlet 有哪些接口？这些接口都有什么作用？
3. 如何指定项目默认页面？
4. 如何使用过滤器？过滤器中有哪些方法？它们运行的顺序是什么？

第7章

数据库技术

本章要点：

了解 JDBC 技术的概念 ■
掌握如何添加数据库驱动 ■
掌握 Connection 接口的使用 ■
掌握 Statement 接口的使用 ■
掌握 Result 接口的使用 ■
掌握 PreparedStatement 接口的使用 ■
掌握如何使用 JDBC 对数据库进行增删改查的操作 ■

■ 数据库系统是由数据库、数据库管理系统和应用系统、数据库管理员构成的。数据库管理系统（DBMS）是数据库系统的关键组成部分，包括数据库定义、数据查询、数据维护等。JDBC 技术是连接数据库与应用程序的纽带。学习 Java 语言，必须学习 JDBC 技术，因为 JDBC 技术是在 Java 语言中被广泛使用的一种操作数据库的技术。每个应用程序的开发都是使用数据库保存数据，而使用 JDBC 技术访问数据库可达到查找满足条件的记录，或者向数据库添加、修改、删除数据的目的。

7.1 MySQL 数据库

MySQL 是目前最为流行的开放源码的数据库，是完全网络化的跨平台的关系型数据库系统，它是由瑞典 MySQL AB 公司开发的，目前属于 Oracle 公司。任何人都能从 Internet 下载 MySQL 软件，而无须支付任何费用，并且"开放源码"意味着任何人都可以使用和修改该软件，如果愿意，用户也可以研究源码并进行恰当修改，以满足自己的需求，不过需要注意的是，这种"自由"是有范围的。

7.1.1 下载 MySQL

（1）登录 MySQL 官网，依次展开"Downloads→Community→MySQL on Windows→MySQL Installer"，如图 7-1 所示。

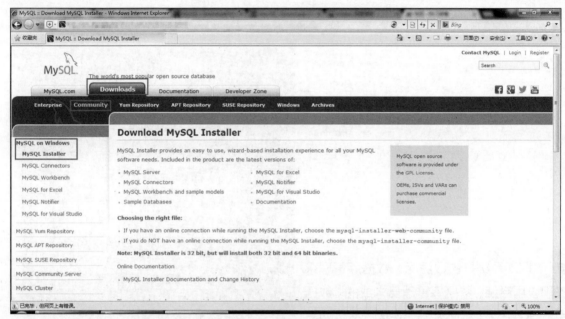

图 7-1　MySQL 官网

（2）拉到网页下方，下载 MySQL Installer，下拉框选择"Microsoft Windows"版本，然后单击第二个"Download"按钮，如图 7-2 所示。

（3）在弹出的页面下方，单击"No thanks, just start my download."超链接，开始下载安装包，如图 7-3 所示。

7.1.2 安装 MySQL

MySQL5.6 与以往版本相比有了很大的改变，功能更加丰富。针对我们的课程，仅介绍一下如何安装数据库服务，如果对其他功能感兴趣，可以查阅 MySQL 官网。

（1）运行下载完成的 mysql-installer-community-5.6.24.0.msi 安装包，在许可协议界面，勾选"I accept the license terms"，单击"Next"按钮，如图 7-4 所示。

（2）在选择安装类型的界面，选择"Custom"选项，单击"Next"按钮，如图 7-5 所示。

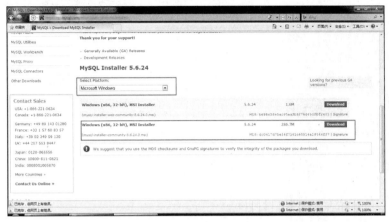

图 7-2　MySQL 下载页面

图 7-3　MySQL 下载链接

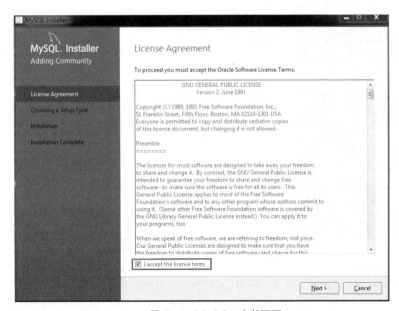

图 7-4　MySQL 安装页面

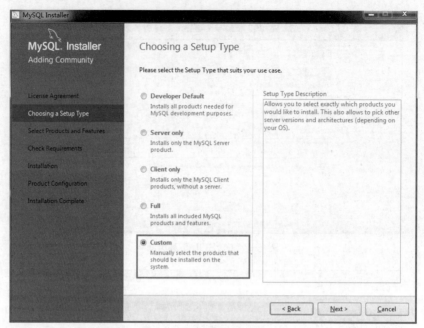

图 7-5　选择安装类型

（3）在选择产品特征的窗口，依次展开左侧窗口中的"MySQL Servers→MySQL Server→MySQL Server 5.6→MySQL Server 5.6.24–X86"，然后单击中间的"➡"按钮，将要安装的产品列在右侧列表中，然后单击"Next"按钮，如图 7-6 所示。

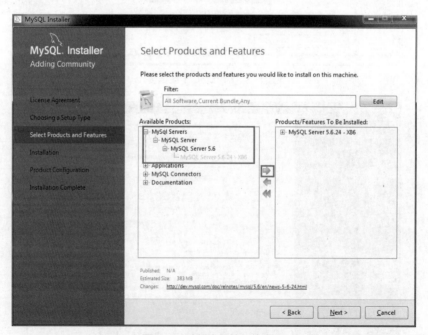

图 7-6　选择产品特征的窗口

（4）MySQL Server 准备好安装了，单击"Execute"开始安装，如图 7-7 所示。待安装完毕之后，单击"Next"按钮。

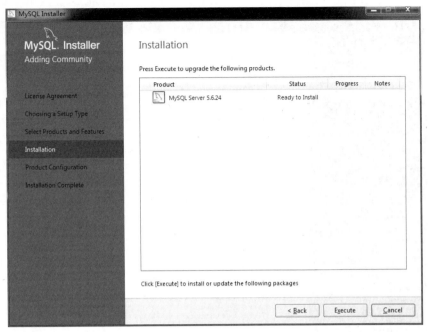

图 7-7　MySQL 安装页面

（5）安装好 MySQL Server，就开始进行产品配置，单击"Next"按钮开始配置数据库，如图 7-8 所示。

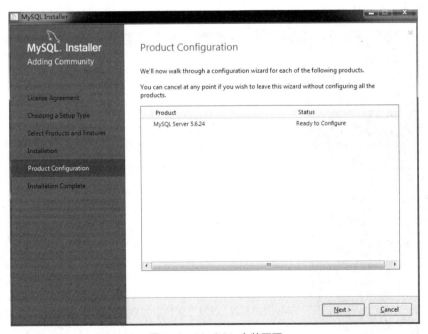

图 7-8　MySQL 安装页面

（6）在网络设置界面，使用默认的 3306 端口，直接单击"Next"按钮，如图 7-9 所示。

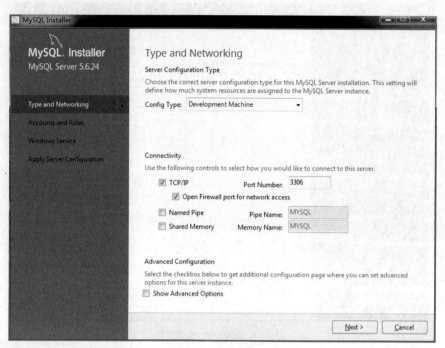

图7-9　网络设置界面

（7）在账号配置界面中，给 MySQL 管理员账号设置初始密码，例子中输入的密码为"123456"。配置完毕之后，单击"Next"按钮，如图 7-10 所示。

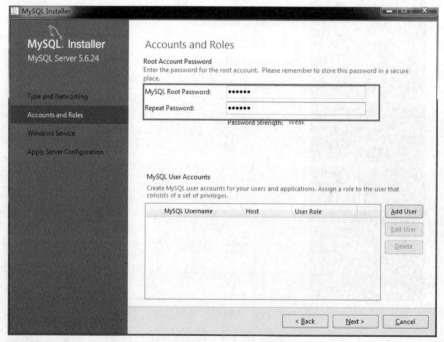

图7-10　账号配置界面

（8）在系统服务界面，使用默认的服务配置，直接单击"Next"按钮，如图 7-11 所示。

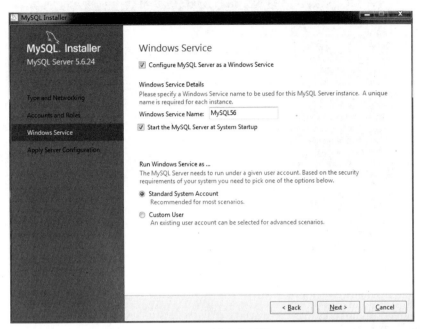

图 7-11　系统服务界面

（9）完成所有配置之后，在启用配置界面单击"Execute"按钮，如图 7-12 所示，完成后单击"Finish"按钮。

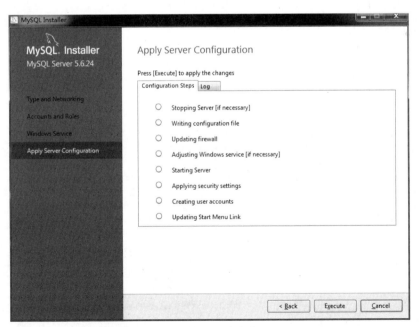

图 7-12　完成安装

（10）最后确认完成所有的安装操作，单击图 7-13 所示的界面上的"Next"按钮之后，单击"Finish"按钮，就完成了 MySQL 数据库的安装。

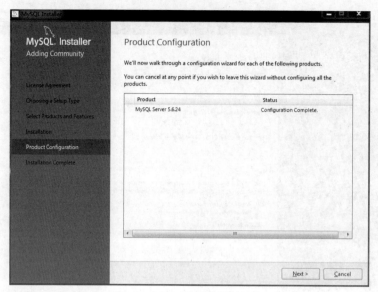

图 7-13　完成 MySQL 安装

7.1.3　环境变量的配置

为了能让 Windows 命令行操作 MySQL 数据库，需要配置一下系统的环境变量。

"计算机右键→属性→高级系统设置→高级→环境变量"，在打开的窗口中选择"系统变量"下的"新建"按钮创建环境变量。

（1）创建 MYSQL_HOME 环境变量（见图 7-14）

变量名：MYSQL_HOME

变量值：C:\Program Files\MySQL\MySQL Server 5.6

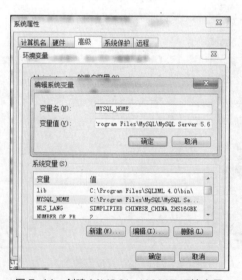

图 7-14　创建 MYSQL_HOME 环境变量

　此处的变量值是 MySQL 的真实目录，请根据实际情况自行更改。

（2）配置 Path 环境变量（见图 7-15）

在系统变量中，选择"Path"并单击编辑"按钮"，在变量值末尾中添加新值。

添加内容：%MYSQL_HOME%\bin\;

（3）使用 Windows 控制台登录 MySQL（见图 7-16）

单击"开始"菜单，输入"cmd"，打开"cmd.exe"（即 Windows 命令行），输入命令"mysql-uroot-p123456"后按回车键。登录成功之后，就可以对 MySQL 数据库进行操作了。

图 7-15　配置 Path 环境变量

图 7-16　Windows 命令行登录 MySQL 数据库

7.2　JDBC 概述

JDBC 是用于执行 SQL 语句的 API 类包，由一组用 Java 语言编写的类和接口组成。JDBC 提供了一种标准的应用程序设计接口，通过它可以访问各类关系型数据库。下面将对 JDBC 技术进行详细介绍。

7.2.1　JDBC 技术介绍

JDBC（Java DataBase Connectivity）是一套面向对象的应用程序接口（API），制定了统一的访问各类关系数据库的标准接口，为各个数据库厂商提供了标准接口的实现。通过 JDBC 技术，开发人员可以用纯 Java 语言和标准的 SQL 语句编写完整的数据库应用程序，并且真正地实现了软件的跨平台性。在 JDBC 技术问世之前，各家数据库厂商执行各自的一套 API，使得开发人员访问数据库非常困难；特别是在更换数据库时，需要修改大量代码，十分不方便。JDBC 的发布获得了巨大的成功，很快就成为了 Java 访问数据库的标准，并且获得了几乎所有数据库厂商的支持。

JDBC 是一种底层 API，在访问数据库时需要在业务逻辑中直接嵌入 SQL 语句。由于 SQL 语句是面向关系的，依赖于关系模型，所以 JDBC 传承了简单直接的优点，特别是对于小型应用程序开发十分方便。需要注意的是，JDBC 不能直接访问数据库，必须依赖于数据库厂商提供的 JDBC 驱动程序，通常情况下使用 JDBC 完成以下操作：

（1）同数据库建立连接；

（2）向数据库发送 SQL 语句；

（3）处理从数据库返回的结果。

JDBC 具有下列优点：

（1）JDBC 与 ODBC 十分相似，便于软件开发人员理解；

（2）JDBC 使软件开发人员从复杂的驱动程序编写工作中解脱出来，可以完全专注于业务逻辑的开发；

（3）JDBC 支持多种关系型数据库，大大增加了软件的可移植性；

（4）JDBC API 是面向对象的，软件开发人员可以将常用的方法进行二次封装，从而提高代码的重用性。

与此同时，JDBC 也具有下列缺点：

（1）通过 JDBC 访问数据库时速度将受到一定影响；

（2）虽然 JDBC API 是面向对象的，但通过 JDBC 访问数据库依然是面向关系的；

（3）JDBC 提供了对不同厂家的产品的支持，这将对数据源带来影响。

7.2.2　JDBC 驱动程序

JDBC 驱动程序用于解决应用程序与数据库通信的问题，它可以分为 JDBC-ODBC Bridge、JDBC-Native API Bridge、JDBC-middleware 和 Pure JDBC Driver 4 种。下面分别进行介绍。

1. JDBC-ODBC Bridge

JDBC-ODBC Bridge 驱动是通过本地的 ODBC Driver 连接到 RDBMS 上。这种连接方式必须将ODBC 二进制代码（许多情况下还包括数据库客户机代码）加载到使用该驱动程序的每个客户机上，因此，这种类型的驱动程序最适合用于企业网，或者是利用 Java 编写的 3 层结构的应用程序服务器代码。

2. JDBC-Native API Bridge

JDBC-Native API Bridge 驱动是通过调用本地的 native 程序实现数据库连接，这种类型的驱动程序把客户机 API 上的 JDBC 调用转换为 Oracle、Sybase、Informix、DB2 或其他 DBMS 的调用。需要注意的是，和 JDBC-ODBC Bridge 驱动程序一样，这种类型的驱动程序要求将某些二进制代码加载到每台客户机上。

3. JDBC-middleware

JDBC-middleware 驱动是一种完全利用 Java 编写的 JDBC 驱动，这种驱动程序将 JDBC 转换为与DBMS 无关的网络协议，然后将这种协议通过网络服务器转换为 DBMS 协议。这种网络服务器中间件能够将纯 Java 客户机连接到多种不同的数据库上，使用的具体协议取决于提供者。通常情况下，这是最为灵活的 JDBC 驱动程序，有可能所有这种解决方案的提供者都提供适合于 Intranet 用的产品。为了使这些产品也支持 Internet 访问，它们必须处理 Web 所提出的安全性、通过防火墙的访问等方面的额外要求。几家提供者正将 JDBC 驱动程序加到他们现有的数据库中间件产品中。

4. Pure JDBC Driver

Pure JDBC Driver 驱动是一种完全利用 Java 编写的 JDBC 驱动，这种类型的驱动程序将 JDBC 调用直接转换为 DBMS 所使用的网络协议。这将允许从客户机机器上直接调用 DBMS 服务器，是 Intranet访问的一个很实用的解决方法。由于许多这样的协议都是专用的，因此数据库提供者自己将是主要来源，有几家提供者已在着手做这件事了。

7.3　JDBC 中的常用接口

JDBC 提供了许多接口和类，通过这些接口和类，可以实现与数据库的通信。本节将详细介绍一些常用的 JDBC 接口和类。

7.3.1　驱动程序接口 Driver

每种数据库的驱动程序都应该提供一个实现 java.sql.Driver 接口的类，简称Driver 类。程序在加载 Driver 类时，应该创建自己的实例并向 java.sql.Driver

驱动程序接口
Driver

Manager 类注册该实例。

通常情况下，程序通过 java.lang.Class 类的静态方法 forName(String className)加载要连接数据库的 Driver 类。该方法的入口参数为要加载 Driver 类的完整包名。成功加载后，会将 Driver 类的实例注册到 DriverManager 类中；如果加载失败，将抛出 ClassNotFoundException 异常，即未找到指定 Driver 类的异常。

7.3.2 驱动程序管理器 DriverManager

驱动程序管理器
DriverManager

java.sql.DriverManager 类负责管理 JDBC 驱动程序的基本服务，是 JDBC 的管理层，作用于用户和驱动程序之间，负责跟踪可用的驱动程序，并在数据库和驱动程序之间建立连接。另外，DriverManager 类也处理诸如驱动程序登录时间限制及登录和跟踪消息的显示等工作。成功加载 Driver 类并在 DriverManager 类中注册后，DriverManager 类即可用来建立数据库连接。

当调用 DriverManager 类的 getConnection()方法请求建立数据库连接时，DriverManager 类将试图定位一个适当的 Driver 类，并检查定位到的 Driver 类是否可以建立连接。如果可以，则建立连接并返回，如果不可以，则抛出 SQLException 异常。DriverManager 类提供的常用方法如表 7-1 所示。

表 7-1　DriverManager 类提供的常用方法

方法名称	功能描述
getConnection(String url, String user, String password)	为静态方法，用来获得数据库连接，有 3 个入口参数，依次为要连接数据库的 URL、用户名和密码，返回值类型为 java.sql.Connection
setLoginTimeout(int seconds)	为静态方法，用来设置每次等待建立数据库连接的最长时间
setLogWriter(java.io.PrintWriter out)	为静态方法，用来设置日志的输出对象
println(String message)	为静态方法，用来输出指定消息到当前的 JDBC 日志流

7.3.3 数据库连接接口 Connection

数据库连接接口
Connection

java.sql.Connection 接口负责与特定数据库的连接，在连接的上下文中可以执行 SQL 语句并返回结果，还可以通过 getMetaData()方法获得由数据库提供的相关信息，例如，数据表、存储过程和连接功能等信息。Connection 接口提供的常用方法如表 7-2 所示。

表 7-2　Connection 接口提供的常用方法

方法名称	功能描述
createStatement()	创建并返回一个 Statement 实例，通常在执行无参数的 SQL 语句时创建该实例
prepareStatement()	创建并返回一个 PreparedStatement 实例，通常在执行包含参数的 SQL 语句时创建该实例，并对 SQL 语句进行预编译处理
prepareCall()	创建并返回一个 CallableStatement 实例，通常在调用数据库存储过程时创建该实例
setAutoCommit()	设置当前 Connection 实例的自动提交模式，默认为 true，即自动将更改同步到数据库中，如果设为 false，需要通过执行 commit()或 rollback()方法手动将更改同步到数据库中

续表

方法名称	功能描述
getAutoCommit()	查看当前的 Connection 实例是否处于自动提交模式，如果是则返回 true，否则返回 false
setSavepoint()	在当前事务中创建并返回一个 Savepoint 实例，前提条件是当前的 Connection 实例不能处于自动提交模式，否则将抛出异常
releaseSavepoint()	从当前事务中移除指定的 Savepoint 实例
setReadOnly()	设置当前 Connection 实例的读取模式，默认为非只读模式，不能在事务当中执行该操作，否则将抛出异常，有一个布尔型的入口参数，设为 true 则表示开启只读模式，设为 false 则表示关闭只读模式
isReadOnly()	查看当前的 Connection 实例是否为只读模式，如果是则返回 true，否则返回 false
isClosed()	查看当前的 Connection 实例是否被关闭，如果被关闭则返回 true，否则返回 false
commit()	将从上一次提交或回滚以来进行的所有更改同步到数据库，并释放 Connection 实例当前拥有的所有数据库锁定
rollback()	取消当前事务中的所有更改，并释放当前 Connection 实例拥有的所有数据库锁定；该方法只能在非自动提交模式下使用，如果在自动提交模式下执行该方法，将抛出异常；有一个入口参数为 Savepoint 实例的重载方法，用来取消 Savepoint 实例之后的所有更改，并释放对应的数据库锁定
close()	立即释放 Connection 实例占用的数据库和 JDBC 资源，即关闭数据库连接

7.3.4 执行 SQL 语句接口 Statement

执行 SQL 语句
接口 Statement

java.sql.Statement 接口用来执行静态的 SQL 语句，并返回执行结果。例如，对于 INSERT、UPDATE 和 DELETE 语句，调用 executeUpdate(String sql)方法，而 SELECT 语句则调用 executeQuery(String sql)方法，并返回一个永远不能为 null 的 ResultSet 实例。Statement 接口提供的常用方法如表 7-3 所示。

表 7-3　Statement 接口提供的常用方法

方法名称	功能描述
executeQuery(String sql)	执行指定的静态 SELECT 语句，并返回一个永远不能为 null 的 ResultSet 实例
executeUpdate(String sql)	执行指定的静态 INSERT、UPDATE 或 DELETE 语句，并返回一个 int 型数值，为同步更新记录的条数
clearBatch()	清除位于 Batch 中的所有 SQL 语句，如果驱动程序不支持批量处理将抛出异常
addBatch(String sql)	将指定的 SQL 命令添加到 Batch 中，String 型入口参数通常为静态的 INSERT 或 UPDATE 语句，如果驱动程序不支持批量处理将抛出异常
executeBatch()	执行 Batch 中的所有 SQL 语句，如果全部执行成功，则返回由更新计数组成的数组，数组元素的排序与 SQL 语句的添加顺序对应。数组元素有以下几种情况：▫ 大于或等于 0 的数，说明 SQL 语句执行成功，为影响数据库中行数的更新计数；▫ -2，说明 SQL 语句执行成功，但未得到受影响的行数；▫ -3，说明 SQL 语句执行失败，仅当执行失败

续表

方法名称	功能描述
executeBatch()	后继续执行后面的 SQL 语句时出现。如果驱动程序不支持批量，或者未能成功执行 Batch 中的 SQL 语句之一，将抛出异常
close()	立即释放 Statement 实例占用的数据库和 JDBC 资源，即关闭 Statement 实例

7.3.5 执行动态 SQL 语句接口 PreparedStatement

java.sql.PreparedStatement 接口继承于 Statement 接口，是 Statement 接口的扩展，用来执行动态的 SQL 语句，即包含参数的 SQL 语句。通过 PreparedStatement 实例执行的动态 SQL 语句，将被预编译并保存到 PreparedStatement 实例中，从而可以反复并且高效地执行该 SQL 语句。

执行动态 SQL 语句接口 Prepared-Statement

需要注意的是，在通过 set×××()方法为 SQL 语句中的参数赋值时，必须通过与输入参数的已定义 SQL 类型兼容的方法，也可以通过 setObject()方法设置各种类型的输入参数。PreparedStatement 的使用方法如下：

```
PreparedStatement ps = connection
    .prepareStatement("select * from table_name where id>? and (name=? or name=?)");
ps.setInt(1, 1);
ps.setString(2, "wgh");
ps.setObject(3, "sk");
ResultSet rs = ps.executeQuery();
```

PreparedStatement 接口提供的常用方法如表 7-4 所示。

表 7-4　PreparedStatement 接口提供的常用方法

方法名称	功能描述
executeQuery()	执行前面包含参数的动态 SELECT 语句，并返回一个永远不能为 null 的 ResultSet 实例
executeUpdate()	执行前面包含参数的动态 INSERT、UPDATE 或 DELETE 语句，并返回一个 int 型数值，为同步更新记录的条数
clearParameters()	清除当前所有参数的值
close()	立即释放 Statement 实例占用的数据库和 JDBC 资源，即关闭 Statement 实例

7.3.6 执行存储过程接口 CallableStatement

java.sql.CallableStatement 接口继承于 PreparedStatement 接口，是 PreparedStatement 接口的扩展，用来执行 SQL 的存储过程。

JDBC API 定义了一套存储过程 SQL 转义语法，该语法允许对所有 RDBMS 通过标准方式调用存储过程。该语法定义了两种形式，分别是包含结果参数和不包含结果参数。如果使用结果参数，则必须将其注册为 OUT 型参数，参数是根据定义位置按顺序引用的，第一个参数的索引为 1。

为参数赋值的方法使用从 PreparedStatement 中继承来的 set×××()方法。在执行存储过程之前，必须注册所有 OUT 参数的类型；它们的值是在执行后通过 get×××()方法检索的。

CallableStatement 可以返回一个或多个 ResultSet 实例。处理多个 ResultSet 对象的方法是从

Statement 中继承来的。

7.3.7　访问结果集接口 ResultSet

java.sql.ResultSet 接口类似于一个数据表。通过该接口的实例可以获得检索结果集，以及对应数据表的相关信息，例如，列名和类型等。ResultSet 实例通过执行查询数据库的语句生成。

访问结果集接口
ResultSet

ResultSet 实例具有指向当前数据行的指针。最初，指针指向第一行记录的前方，通过 next()方法可以将指针移动到下一行。因为该方法在没有下一行时将返回 false，所以可以通过 while 循环来迭代 ResultSet 结果集。在默认情况下，ResultSet 对象不可以更新，只有一个可以向前移动的指针，因此，只能迭代一次，并且只能按从第一行到最后一行的顺序进行。如果需要，可以生成可滚动和可更新的 ResultSet 对象。

ResultSet 接口提供了从当前行检索不同类型列值的 get×××()方法，均有两个重载方法，可以通过列的索引编号或列的名称检索，通过列的索引编号较为高效,列的索引编号从1开始。对于不同的 get×××()方法，JDBC 驱动程序尝试将基础数据转换为与 get×××()方法相应的 Java 类型，并返回适当的 Java 类型的值。

在 JDBC 2.0 API（JDK 1.2）之后，为该接口添加了一组更新方法 update×××()，均有两个重载方法，可以通过列的索引编号或列的名称指定列，用来更新当前行的指定列，或者初始化要插入行的指定列，但是该方法并未将操作同步到数据库，需要执行 updateRow()或 insertRow()方法完成同步操作。

ResultSet 接口提供的常用方法如表 7-5 所示。

表 7-5　ResultSet 接口提供的常用方法

方法名称	功能描述
first()	移动指针到第一行；如果结果集为空则返回 false，否则返回 true；如果结果集类型为 TYPE_FORWARD_ONLY，将抛出异常
last()	移动指针到最后一行；如果结果集为空则返回 false，否则返回 true；如果结果集类型为 TYPE_FORWARD_ONLY，将抛出异常
previous()	移动指针到上一行；如果存在上一行则返回 true，否则返回 false；如果结果集类型为 TYPE_FORWARD_ONLY，将抛出异常
next()	移动指针到下一行；指针最初位于第一行之前，第一次调用该方法将移动到第一行；如果存在下一行则返回 true，否则返回 false
close()	立即释放 ResultSet 实例占用的数据库和 JDBC 资源，当关闭所属的 Statement 实例时也将执行此操作

7.4　连接数据库

在对数据库进行操作时，首先需要连接数据库，在 JSP 中连接数据库大致可以分为加载 JDBC 驱动程序、创建 Connection 对象的实例、执行 SQL 语句、获得查询结果和关闭连接 5 个步骤，下面进行详细介绍。

7.4.1　加载 JDBC 驱动程序

在连接数据库之前，首先要加载要连接数据库的驱动到 JVM（Java 虚拟机），

连接数据库

通过 java.lang.Class 类的静态方法 forName(String className)实现，例如，加载 MySQL 驱动程序的代码如下：

```
try {
    Class.forName("com.mysql.jdbc.Driver");
} catch (ClassNotFoundException e) {
    System.out.println("加载数据库驱动时抛出异常，内容如下：");
    e.printStackTrace();
}
```

成功加载后，会将加载的驱动类注册给 DriverManager 类，如果加载失败，将抛出 ClassNot-FoundException 异常，即未找到指定的驱动类，所以需要在加载数据库驱动类时捕捉可能抛出的异常。

通常将负责加载驱动的代码放在 static 块中，这样做的好处是只有 static 块所在的类第一次被加载时才加载数据库驱动，避免重复加载驱动程序，浪费计算机资源。

7.4.2　创建数据库连接

java.sql.DriverManager（驱动程序管理器）类是 JDBC 的管理层，负责建立和管理数据库连接。通过 DriverManager 类的静态方法 getConnection(String url, String user, String password)可以建立数据库连接，3 个入口参数依次为要连接数据库的路径、用户名和密码，该方法的返回值类型为 java.sql. Connection，典型代码如下：

```
Connection conn = DriverManager.getConnection(
    "jdbc:mysql://127.0.0.1:3306/db_database24", "root", "123456");
```

在上面的代码中，连接的是本地的 MySQL 数据库，数据库名称为 db_database24，登录用户为 root，密码为 123456。

7.4.3　执行 SQL 语句

建立数据库连接（Connection）的目的是与数据库进行通信，实现方式为执行 SQL 语句，但是通过 Connection 实例并不能执行 SQL 语句，还需要通过 Connection 实例创建 Statement 实例。Statement 实例又分为以下 3 种类型。

（1）Statement 实例：该类型的实例只能用来执行静态的 SQL 语句。

（2）PreparedStatement 实例：该类型的实例增加了执行动态 SQL 语句的功能。

（3）CallableStatement 对象：该类型的实例增加了执行数据库存储过程的功能。

其中 Statement 是最基础的，PreparedStatement 继承了 Statement，并做了相应的扩展，而 CallableStatement 继承了 PreparedStatement，又做了相应的扩展，从而保证在基本功能的基础上，各自又增加了一些独特的功能。

7.4.4　获得查询结果

通过 Statement 接口的 executeUpdate()或 executeQuery()方法，可以执行 SQL 语句，同时将返回执行结果。如果执行的是 executeUpdate()方法，将返回一个 int 型数值，代表影响数据库记录的条数，即插入、修改或删除记录的条数；如果执行的是 executeQuery()方法，将返回一个 ResultSet 型的结果集，其中不仅包含所有满足查询条件的记录，还包含相应数据表的相关信息，例如，列的名称、类型和列的数量等。

7.4.5　关闭连接

在建立 Connection，Statement 和 ResultSet 实例时，均需占用一定的数据库和 JDBC 资源，所以每次访问数据库结束后，应该及时销毁这些实例，释放它们占用的所有资源，方法是通过各个实例的 close()方法，并且在关闭时建议按照以下的顺序：

```
resultSet.close();
statement.close();
connection.close();
```

采用上面的顺序关闭的原因在于 Connection 是一个接口，close()方法的实现方式可能多种多样。如果是通过 DriverManager 类的 getConnection()方法得到的 Connection 实例，在调用 close()方法关闭 Connection 实例时会同时关闭 Statement 实例和 ResultSet 实例。但是通常情况下需要采用数据库连接池，在调用通过连接池得到的 Connection 实例的 close()方法时，Connection 实例可能并没有被释放，而是被放回到了连接池中，又被其他连接调用，在这种情况下如果不手动关闭 Statement 实例和 ResultSet 实例，它们在 Connection 中可能会越来越多，虽然 JVM 的垃圾回收机制会定时清理缓存，但是如果清理不及时，当数据库连接达到一定数量时，将严重影响数据库和计算机的运行速度，甚至导致软件或系统瘫痪。

7.5　数据库操作技术

在开发 Web 应用程序时，经常需要对数据库进行操作，最常用的数据库操作技术包括数据库查询、添加、修改或删除数据库中的数据。这些操作即可以通过静态的 SQL 语句实现，也可以通过动态的 SQL 语句实现，还可以通过存储过程实现。具体采用何种实现方式要根据实际情况而定。

7.5.1　查询操作

JDBC 中提供了两种实现数据查询的方法：一种是通过 Statement 对象执行静态的 SQL 语句实现；另一种是通过 PreparedStatement 对象执行动态的 SQL 语句实现。由于 PreparedStatement 类是 Statement 类的扩展，一个 PreparedStatement 对象包含一个预编译的 SQL 语句，该 SQL 语句可能包含一个或多个参数，这样应用程序可以动态地为其赋值，所以 PreparedStatement 对象执行的速度比 Statement 对象快。因此在执行较多的 SQL 语句时，建议使用 PreparedStatement 对象。

查询操作

下面将通过两个实例分别应用这两种方法实现数据查询。

【例 7-1】　使用 Statement 查询天下淘商城用户账户信息。

应用 Statement 对象从数据表 tb_user 中查询 name 字段值为 wgh 的数据，代码如下：

```jsp
<%@ page language="java" import="java.sql.*" pageEncoding="UTF-8"%>
<%
    try {
        Class.forName("com.mysql.jdbc.Driver");
    } catch (ClassNotFoundException e) {
        System.out.println("加载数据库驱动时抛出异常，内容如下：");
        e.printStackTrace();
    }
    Connection conn = DriverManager
        .getConnection(
    "jdbc:mysql://localhost/db_database24?useUnicode=true&characterEncoding=utf8",
                "root", "123456");
    Statement stmt = conn.createStatement();
    ResultSet rs = stmt
```

```
        .executeQuery("select * from tb_user where username='admin'");
    while (rs.next()) {
        out.println("用户名：" + rs.getString(2) + "    密码：" + rs.getString(3));
    }
    rs.close();
    stmt.close();
    conn.close();
%>
```

【例 7-2】 使用 PrepareStatement 查询天下淘商城用户账户信息。

应用 PrepareStatement 对象从数据表 tb_user 中查询 name 字段值为 wgh 的数据，代码如下：

```
<%@ page language="java" import="java.sql.*" pageEncoding="UTF-8"%>
<%
    try {
        Class.forName("com.mysql.jdbc.Driver");
    } catch (ClassNotFoundException e) {
        System.out.println("加载数据库驱动时抛出异常，内容如下：");
        e.printStackTrace();
    }
    Connection conn = DriverManager
            .getConnection(
    "jdbc:mysql://localhost/db_database24?useUnicode=true&characterEncoding=utf8",
                    "root", "123456");
    PreparedStatement pStmt = conn
            .prepareStatement("select * from tb_user where username=?");
    pStmt.setString(1, "admin");
    ResultSet rs = pStmt.executeQuery();
    while (rs.next()) {
        out.println("用户名：" + rs.getString(2) + "    密码：" + rs.getString(3));
    }
    rs.close();
    pStmt.close();
    conn.close();
%>
```

【例 7-1】和【例 7-2】的运行结果如图 7-17 所示。

如果要实现模糊查询，可以使用 SQL 语句中的 like 关键字实现。例如，要查询 name 字段中包括 "w" 的数据可以使用 SQL 语句 "select * from tb_user where name like '%w%' " 或 "select * from tb_user where name like ?" 实现。其中，使用后一种方法时，需要将参数值设置为 "%w%"。

图 7-17　【例 7-1】和【例 7-2】的
运行结果

7.5.2　添加操作

与查询操作相同，JDBC 中也提供了两种实现数据添加操作的方法：一种是通过 Statement 对象执行静态的 SQL 语句实现；另一种是通过 PreparedStatement 对象执行动态的 SQL 语句实现。

通过 Statement 对象和 PreparedStatement 对象实现数据添加操作的方法同实现查询操作的方法基本相同，所不同的就是执行的 SQL 语句及执行方法不同，

添加操作

实现数据添加操作时采用的是 executeUpdate()方法，而实现数据查询时使用的是 executeQuery()方法。实现数据添加操作使用的 SQL 语句为 Insert 语句，其语法格式如下：

```
Insert [INTO] table_name[(column_list)] values(data_values)
```

语法中各参数说明如表 7-6 所示。

表 7-6　Insert 语句的参数说明

参数	描述
[INTO]	可选项，无特殊含义，可以将它用在 Insert 和目标表之前
table_name	要添加记录的数据表名称
column_list	是表中的字段列表，表示向表中哪些字段插入数据；如果是多个字段，字段之间用逗号分隔；不指定 column_list，默认向数据表中所有字段插入数据
data_values	要添加的数据列表，各个数据之间使用逗号分隔；数据列表中的个数、数据类型必须和字段列表中的字段个数、数据类型相一致
values	引入要插入的数据值的列表；对于 column_list（如果已指定）中或者表中的每个列，都必须有一个数据值；必须用圆括号将值列表括起来；如果 values 列表中的值与表中的值和表中列的顺序不相同，或者未包含表中所有列的值，那么必须使用 column_list 明确地指定存储每个传入值的列

【例 7-3】　使用 Statement 添加天下淘新用户账户信息。

应用 Statement 对象向数据表 tb_user 中添加数据的关键代码如下：

```
Statement stmt=conn.createStatement();
int rtn= stmt.executeUpdate("insert into tb_user (username, password) values('hope','111')");
```

【例 7-4】　使用 PreparedStatement 添加天下淘新用户账户信息。

利用 PreparedStatement 对象向数据表 tb_user 中添加数据的关键代码如下：

```
PreparedStatement pStmt = conn.prepareStatement("insert into tb_user (username, password) values(?,?)");
pStmt.setString(1,"dream");
pStmt.setString(2,"111");
int rtn= pStmt.executeUpdate();
```

7.5.3　修改操作

与添加操作相同，JDBC 中也提供了两种实现数据修改操作的方法：一种是通过 Statement 对象执行静态的 SQL 语句实现；另一种是通过 PreparedStatement 对象执行动态的 SQL 语句实现。

通过 Statement 对象和 PreparedStatement 对象实现数据修改操作的方法同实现添加操作的方法基本相同，所不同的就是执行的 SQL 语句不同，实现数据修改操作使用的 SQL 语句为 UPDATE 语句，其语法格式如下：

修改操作

```
UPDATE table_name
SET <column_name>=<expression>
    [....,<last column_name>=<last expression>]
[WHERE<search_condition>]
```

语法中各参数说明如表 7-7 所示。

表 7-7　UPDATE 语句的参数说明

参数	描述
table_name	需要更新的数据表名
SET	指定要更新的列或变量名称的列表
column_name	含有要更改数据的列的名称；column_name 必须驻留于 UPDATE 子句中所指定的表或视图中；标识列不能进行更新；如果指定了限定的列名称，限定符必须同 UPDATE 子句中的表或视图的名称相匹配
expression	变量、字面值、表达式或加上括号返回单个值的 subSELECT 语句；expression 返回的值将替换 column_name 中的现有值
WHERE	指定条件来限定所更新的行
<search_condition>	为要更新行指定需满足的条件，搜索条件也可以是连接所基于的条件，对搜索条件中可以包含的谓词数量没有限制

【例 7-5 】 使用 Statement 修改天下淘用户账户信息。

应用 Statement 对象修改数据表 tb_user 中 username 字段值为 hope 的记录，关键代码如下：

```
Statement stmt=conn.createStatement();
int rtn= stmt.executeUpdate("update tb_user set username='hope', password='222' where username='dream'");
```

【例 7-6 】 使用 PreparedStatement 修改天下淘用户账户信息。

利用 PreparedStatement 对象修改数据表 tb_user 中 name 字段值为 hope 的记录，关键代码如下：

```
PreparedStatement pStmt = conn.prepareStatement("update tb_user set username =?, password =? where username =?");
pStmt.setString(1,"dream");
pStmt.setString(2,"111");
pStmt.setString(3,"hope");
int rtn= pStmt.executeUpdate();
```

 说明

在实际应用中，经常是先将要修改的数据查询出来并显示到相应的表单中，然后将表单提交到相应处理页，在处理页中获取要修改的数据，并执行修改操作，完成数据修改。

7.5.4　删除操作

实现数据删除操作也可以通过两种方法实现：一种是通过 Statement 对象执行静态的 SQL 语句实现；另一种是通过 PreparedStatement 对象执行动态的 SQL 语句实现。

通过 Statement 对象和 PreparedStatement 对象实现数据删除操作的方法同实现添加操作的方法基本相同，所不同的就是执行的 SQL 语句不同，实现数据删除操作使用的 SQL 语句为 DELETE 语句，其语法格式如下：

删除操作

```
DELETE FROM <table_name >[WHERE<search condition>]
```

在上面的语法中，table_name 用于指定要删除数据的表的名称；search_condition 用于指定删除数据的限定条件。在搜索条件中对包含的谓词数量没有限制。

【例 7-7 】 使用 Statement 删除天下淘用户账户信息。

应用 Statement 对象从数据表 tb_user 中删除 name 字段值为 hope 的数据，关键代码如下：

```
Statement stmt=conn.createStatement();
int rtn= stmt.executeUpdate("delete tb_user where username ='hope'");
```

【例 7-8】 使用 PreparedStatement 删除天下淘用户账户信息。

利用 PreparedStatement 对象从数据表 tb_user 中删除 name 字段值为 dream 的数据，关键代码如下：

```
PreparedStatement pStmt = conn.prepareStatement("delete from tb_user where username =?");
pStmt.setString(1,"dream");
int rtn= pStmt.executeUpdate();
```

小 结

　　本章首先介绍了 JDBC 技术及 JDBC 中常用接口的应用，然后介绍了连接及访问数据库的方法，以及各种常用数据库的连接方法；接着介绍对数据的查询、添加、修改和删除技术。这些技术都是应用 JSP 开发动态网站时必不可少的技术，读者应该重点掌握，并灵活应用。通过对本章的学习，读者完全可以编写出基于数据库的 Web 应用程序

上机指导

　　编写数据库连接工具类。

　　开发步骤如下。

　　（1）在本地安装 MySQL 数据库，将 root 密码设置为 123456。

　　（2）在 Eclipse 中创建 Java 项目，命名为"JDBCUtilProject"。

　　（3）创建 JDBCUtil 类，代码如下：

```
import java.sql.Connection;
import java.sql.DriverManager;
import java.sql.ResultSet;
import java.sql.Statement;
public class JDBCUtil {
    /*使用静态代码块完成驱动的加载*/
    static {
        try {
            String driverName = "com.mysql.jdbc.Driver";
            Class.forName(driverName);
        } catch (Exception e) {
            e.printStackTrace();
        }
    }
    /*提供连接的方法*/
    public static Connection getConnection() {
        Connection con = null;
        try {
            //连接指定的MySQL数据库，3个参数分别是：数据库地址、账号、密码
            con = DriverManager.getConnection("jdbc:mysql://127.0.0.1/test?useUnicode=true&
characterEncoding=utf8", "root", "123456");
        } catch (Exception e) {
```

```
                    e.printStackTrace();
                }
                return con;
            }
            /*关闭连接的方法*/
            public static void close(ResultSet rs, Statement stmt, Connection con) {
                try {
                    if (rs != null)
                        rs.close();
                } catch (Exception ex) {
                    ex.printStackTrace();
                }
                try {
                    if (stmt != null)
                        stmt.close();
                } catch (Exception ex) {
                    ex.printStackTrace();
                }
                try {
                    if (con != null)
                        con.close();
                } catch (Exception ex) {
                    ex.printStackTrace();
                }
            }
        }
```

（4）创建连接测试类 DaoTest，代码如下：

```
import java.sql.Connection;
import java.sql.ResultSet;
import java.sql.SQLException;
import java.sql.Statement;
public class DaoTest {
    Connection con;
    Statement stmt;
    ResultSet rs;
    public Connection getCon() {
        return con;
    }
    public Statement getStmt() {
        return stmt;
    }
    public ResultSet getRs() {
        return rs;
    }
    public DaoTest(Connection con) {
        this.con = con;
        try {
            stmt = con.createStatement();
        } catch (SQLException e) {
            e.printStackTrace();
        }
```

```
        }
        public void createTable() throws SQLException {
            stmt.executeUpdate("DROP TABLE IF EXISTS `jdbc_test` ");//删除相同名称的表
            String sql = "create table jdbc_test(id int,name varchar(100)) ";
            stmt.executeUpdate(sql);//执行SQL
            System.out.println("jdbc_test表创建完毕");
        }
        public void insert() throws SQLException {
            String sql1 = "insert into jdbc_test values(1,'tom') ";
            String sql2 = "insert into jdbc_test values(2,'张三') ";
            String sql3 = "insert into jdbc_test values(3,'999') ";
            stmt.addBatch(sql1);
            stmt.addBatch(sql2);
            stmt.addBatch(sql3);
            int[] results = stmt.executeBatch();//批量运行sql
            for (int i = 0; i < results.length; i++) {
                System.out.println("第" + (i + 1) + "次插入返回" + results[0] + "条结果");
            }
        }
        public void select() throws SQLException {
            String sql = "select id,name from jdbc_test ";
            rs = stmt.executeQuery(sql);
            System.out.println("---数据库查询的结果----");
            System.out.println("id\tname");
            System.out.println("--------------------");
            while (rs.next()) {
                String id = rs.getString("id");
                String name = rs.getString("name");
                System.out.print(id + "\t" + name+"\n");
            }
        }
        public static void main(String[] args) {
            Connection con = JDBCUtil.getConnection();
            DaoTest dao = new DaoTest(con);
            try {
                dao.createTable();
                dao.insert();
                dao.select();
            } catch (SQLException e) {
                e.printStackTrace();
            } finally {
                JDBCUtil.close(dao.getRs(), dao.getStmt(), dao.getCon());
            }
        }
    }
```

（5）执行 DaoTest 类中的主方法，查看运行结果，如图 7-18 所示。

图 7-18　DaoTest 类的运行结果

习 题

1. 简述 JDBC 连接数据库的基本步骤。

2. 执行动态 SQL 语句的接口是什么？

3. JDBC 中提供的两种实现数据查询的方法分别是什么？

4. Statement 类中的两个方法：executeQuery ()和 executeUpdate()，两者的区别是什么？

第8章

程序日志组件

本章要点：

了解日志组件 ■
了解日志组件的用途 ■
掌握Log4j日志组件的使用方法 ■

■ 在程序开发时，为调试方便，经常使用 System.out.println 语句输出调试信息。程序日志就是由这些嵌入在程序中以输出调试信息的语句所组成的。使用 log4j 不仅可以完成简单的程序日志功能，还可以对程序日志记录分级管理，使日志信息具有多种输出格式和多个输出级别。日志记录可以通过配置脚本在运行时得以控制，它可以避免使用成千上万的 System.out.println 语句维护程序日志。本章将介绍 Log4j 组件的配置与使用。

8.1 日志组件简介

Log4j 是 Apache 的开源项目，通过使用 Log4j，可以控制每一条日志的输出格式、级别，能够更加细致地控制日志的生成过程。通过 Log4j 可以控制日志信息输送的目的地是控制台、文件、GUI 组件，甚至是套接口服务器、NT 的事件记录器、UNIX Syslog 守护进程等。通过一个配置文件就可以配置程序日志，而不需要修改应用的代码。

日志组件简介

另外，通过 Log4j 其他语言接口，还可以在 C、C++、.Net、PL/SQL 程序中使用 Log4j，其使用方法和在 Java 程序中一样，这使得多语言分布式系统得到一个统一的日志组件模块。而且，通过使用各种第三方扩展，可以很方便地将 Log4j 集成到 JavaEE、JINI 甚至是 SNMP 应用中。

Log4j 主要由 Logger、Appender 和 Layout 三大组件构成。

① Log4j 允许开发人员定义多个 Logger，每个 Logger 拥有自己的名字，Logger 之间通过名字来表明隶属关系。有一个 Logger 称为 Root，它永远存在，且不能通过名字检索或引用，可以通过 Logger.get RootLogger()方法获得，其他 Logger 通过 Logger.getLogger(String name)方法获得。

② Appender 则是用来指明将所有的 Log 信息存放到什么地方，Log4j 中支持多种 Appender，如控制台、文件、GUI 组件，甚至是套接口服务器、NT 的事件记录器等，一个 Logger 可以拥有多个 Appender，也就是说，用户既可以将 Log 信息输出到屏幕，同时也可以存储到一个文件中。

③ Layout 的作用是控制 Log 信息的输出方式，也就是格式化输出的信息。

在介绍这 3 个组件之前，为方便讲解本章内容，先来创建一个 Log4j 的配置文件 log4j.properties。程序代码如下：

```
#Logger
log4j.rootLogger=WARN,console
log4j.logger.onelogger=debug,file
log4j.logger.onelogger.newlogger=,file
#Appender
log4j.appender.console=org.apache.log4j.ConsoleAppender
log4j.appender.file=org.apache.log4j.RollingFileAppender
log4j.appender.file.File=c:\log.htm
log4j.appender.file.MaxFileSize=10KB
log4j.appender.file.MaxBackupIndex=3
#Layout
log4j.appender.console.layout=org.apache.log4j.PatternLayout
log4j.appender.console.layout.ConversionPattern=%t %p – %m%n
log4j.appender.file.layout=org.apache.log4j.HTMLLayout
```

8.2 Logger 组件

Logger 是 Log4j 的日志记录器，它是 Log4j 的核心组件。Log4j 将输出的日志信息定义了 5 种级别，依次为 DEBUG、INFO、WARN、ERROR 和 FATAL，它们的日志级别如表 8-1 所示。当输出日志信息时，只有高过配置中定义级别的日志信息才会被输出，这样就很方便地在不更改代码的情况下来配置不同情况下要输出的内容。

表 8-1　5 种级别的日志信息

日志级别	消息类型	描述
DEBUG	Object	输出调试级别的日志信息，它是所有日志级别中最低的
INFO	Object	输出消息日志，它高于 DEBUG 级别日志
WARN	Object	输出警告级别的日志信息，它高于 INFO 日志级别
ERROR	Object	输出错误级别的日志信息，它高于 WARN 日志级别
FATAL	Object	输出致命错误级别的日志信息，它是最高的日志级别

8.2.1　日志输出

日志输出

在程序中可以使用 Logger 类的不同方法来输出各种级别的日志信息，Log4j 会根据配置的当前日志级别决定输出哪些日志。对应各种级别日志的输出方法如下。

DEBUE 日志可以使用 Logger 类的 debug()方法输出日志消息。

语法：

```
logger.debug(Object message)
```

message：输出的日志消息，例如，logger. debug ("调试日志")；

INFO 日志可以使用 Logger 类的 info()方法输出日志消息。

语法：

```
logger.info(Object message)
```

message：输出的日志消息，例如，logger. info ("消息日志")；

WARN 日志可以使用 Logger 类的 warn()方法输出日志消息。

语法：

```
logger.warn(Object message)
```

message：输出的日志消息，例如，logger. warn ("警告日志")；

ERROR 日志可以使用 Logger 类的 error()方法输出日志消息。

语法：

```
logger.error(Object message)
```

message：输出的日志消息，例如，logger.error("数据库连接失败")；

FATAL 日志可以使用 Logger 类的 fatal()方法输出日志消息。

语法：

```
logger.fatal(Object message)
```

message：输出的日志消息，例如，logger.fatal("内存不足")。

8.2.2　配置日志

配置日志

在配置文件中配置 Logger 日志时，可以定义日志的级别、输出目标等。

语法：

```
log4j.[loggerName]=[loggerLevel],appenderName,......
```

① loggerName：日志的名称，例如，testLogger。

② loggerLevel：日志级别，只有等于和低于这个级别的日志才会被输出。

③ appenderName：日志的输出目标，例如，控制台、文件或者以流的方式将日志信息输出到任何输出地点。可以为一个日志指定多个输出目标，提供多种查看日志的方式。

例如，本章的配置文件中定义的 onelogger 日志，它定义了日志级别为 DEBUG，这将显示所有日志

级别的日志消息，因为它是最低的日志级别，输出目标指定输出到文件中。配置文件中定义的 onelogger
日志关键代码如下：

```
log4j.logger.onelogger=debug,file
```

8.2.3 日志的继承

日志的继承

Logger 日志的最顶层是 rootLogger 日志，它类似于 Java 的 Object 类，所有日
志都继承了 rootLogger 日志的定义，在本章的配置文件中，onelogger 日志只定义
的输出目标是文件，但是它同时也会在控制台输出日志信息，因为 rootLogger 日志
配置了输出目标为控制台，onelogger 日志继承了这个设置。rootLogger 日志的配置代码如下：

```
log4j.rootLogger=WARN,console
```

除了配置 rootLogger 日志定义所有日志都会继承的配置外，在配置日志时还可以指定的继承某个已
存在的日志。例如，继承已存在的 onelogger 日志去定义一个新的 newlogger 日志，因此可以这样定义：

```
log4j.logger.onelogger.newlogger=,file
```

在原有的 onelogger 日志后面定义新的日志，将会继承 onelogger 日志的所有配置信息，当然
rootLogger 日志的配置信息也会默认被继承。newlogger 日志没有定义日志级别，只定义了输出目的地
为文件，但是它继承了 onelogger 日志的定义，因此，它的日志级别是 DEBUG，而
不是 rootLogger 日志的 WARN 日志级别。

8.3 Appender 组件

Appender 组件

在配置文件中定义 Logger 日志时，需要指定日志的输出目标即实现 Appender
接口的对象。Appender 接口有多种实现类，它们可以将日志输出到不同的地方，例如，灵活的文件输出、
控制台输出或者通过流输出到任何需要日志的地方。Appender 接口的实现类如表 8-2 所示。

表 8-2 Appender 接口的实现类

Appender 接口的实现类	描述
org.apache.log4j.ConsoleAppender	输出日志到控制台
org.apache.log4j.FileAppender	输出日志到文件
org.apache.log4j.DailyRollingFileAppender	每天只生成一个对应的日志文件
org.apache.log4j.RollingFileAppender	当文件大小超出限制时，重新生成新的日志文件，可以设置日志文件的备份数量
org.apache.log4j.WriterAppender	以流的形式输出日志信息到任意目的地
org.apache.log4j.net.SMTPAppender	当特定的日志事件发生时，一般是指发生错误或者重大错误时，发送邮件
org.apache.log4j.net.SocketAppender	给远程日志服务器的网络套接字节点发送日志事件 LoggingEvent 对象
org.apache.log4j.net.SocketHubAppender	给远程日志服务器群组网络套接字节点发送日志事件 LoggingEvent 对象
org.apache.log4j.net.SyslogAppender	给远程异步日志记录的后台程序（daemon）发送消息
org.apache.log4j.net.TelnetAppender	一个专用于向只读网络套接字发送消息的 log4j appender

以 ConsoleAppender 为例，在配置日志输出到控制台时，定义如下：

```
log4j.appender.console=org.apache.log4j.ConsoleAppender
```

Appender 名称定义为 console，在配置 Logger 日志时可以应用 console 作为输出目标。例如：

```
log4j.rootLogger=WARN,console
```

这样就定义了所有的 Logger 日志默认使用 console 作为日志输出目标。

如果以文件形式备份日志信息，可以使用 FileAppender、DailyRollingFileAppender 和 RollingFile Appender。但是要配置相应的属性，例如，文件名称。以 RollingFileAppender 为例，配置日志输出文件为 log.htm、文件大小限制到 10KB、设置文件的备份数量为 3，关键配置代码如下：

```
log4j.appender.file=org.apache.log4j.RollingFileAppender
log4j.appender.file.File=c:\log.htm
log4j.appender.file.MaxFileSize=10KB
log4j.appender.file.MaxBackupIndex=3
```

这样的配置可以将日志信息输出到指定的文件，并且在文件超出限制大小时，可以生成最多 3 个备份文件，超出备份数量将被新的日志备份替换。

8.4 Layout 组件

Layout 组件

Appender 必须使用一个与之相关联的 Layout 附加在 Appender 上，它可以根据用户的个人习惯格式化日志的输出格式，例如，文本文件、HTML 文件、邮件、网络套接字等。log4j 使用的 Layout 如表 8-3 所示。

表 8-3　Layout 子类

Layout 的子类	描述
org.apache.log4j.HTMLLayout	将日志以 HTML 格式布局输出
org.apache.log4j.PatternLayout	日志将根据指定的转换模式格式化并输出日志，如果没有指定任何转换模式，将采用默认的转换模式
org.apache.log4j.SimpleLayout	将日志以一种非常简单的方式格式化日志输出，它先输出日志级别，然后跟着一个 "——"，最后才是日志消息
org.apache.log4j.TTCCLayout	这种布局格式包含日志的线程、级别、日志名称跟着一个 "-"，然后才是日志消息

本章配置文件中为控制台和文件输出目标分别定义了 Layout，关键代码如下：

```
log4j.appender.console.layout=org.apache.log4j.PatternLayout
log4j.appender.console.layout.ConversionPattern=%t %p - %m%n
log4j.appender.file.layout=org.apache.log4j.HTMLLayout
```

对文件设置了 HTMLLayout 布局，使它产生 HTML 格式的日志信息。控制台采用了 PatternLayout 布局，并且设置其 ConversionPattern 转换模式属性，定义了灵活的输出格式。定义转换模式的转换符如表 8-4 所示。

表 8-4　转换字符

转换字符	描述
%c	日志名称
%C	日志操作所在的类的名称（不包含扩展名称）
%d	产生日志的时间和日期
%F	日志操作所在的类的源文件名称（既 .java 文件）

续表

转换字符	描述
%l	日志操作代码所在的类的名称以"."字符连接所在的方法，其后的"（ ）"中包含日志操作代码所在的源文件名称以"："连接所在行号。例如，Test.main(Test.java:19)
%L	只包含日志操作代码所在源代码的行号
%m	除了输出日志信息之外，不包含任何信息
%M	只输出日志操作代码所在源文件中的方法名。例如，main
%n	日志信息中的换行符
%p	以大写格式输出日志的级别
%r	产生日志所耗费的时间（以毫秒为单位）
%t	输出日志信息的线程名称
%%	输出%符号

8.5 应用日志调试程序

【例 8-1】现在来完成本章的实例，在显示用户注册信息的页面时，会分别输出日志信息到控制台和日志文件中。其中日志文件以 HTML 格式存储在 C 盘 log.htm 文件中，在日志文件大小超过 10KB 时将备份日志，然后创建新的日志文件，最多只能备份 3 个日志文件。程序运行页面效果如图 8-1 所示。

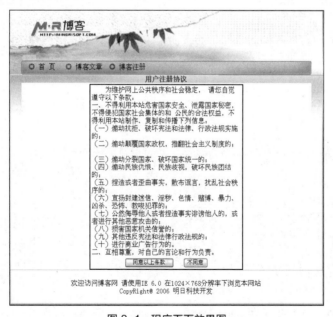

应用日志调试程序

图 8-1 程序页面效果图

程序实现步骤如下。

（1）创建 Log4j 的日志配置文件 log4j.properties，配置如下：

```
#Logger
log4j.rootLogger=WARN,console
log4j.logger.onelogger=debug,file
log4j.logger.onelogger.newlogger=,file
```

```
#Appender
log4j.appender.console=org.apache.log4j.ConsoleAppender
log4j.appender.file=org.apache.log4j.RollingFileAppender
log4j.appender.file.File=c:/log.htm
log4j.appender.file.MaxFileSize=10KB
log4j.appender.file.MaxBackupIndex=3
#Layout
log4j.appender.console.layout=org.apache.log4j.PatternLayout
log4j.appender.console.layout.ConversionPattern=%t %p - %m%n
log4j.appender.file.layout=org.apache.log4j.HTMLLayout
```

（2）创建 log.jsp 页面，在页面中调用 Logger 类的各种日志方法输出不同级别的日志信息，这些日志会分别输出到控制台和日志文件中。程序代码如下：

```jsp
<%@page pageEncoding="gbk" contentType="text/html; charset=GBK"%>
<%@page import="org.apache.log4j.*"%>
<jsp:directive.page import="java.util.Date" />
<HTML><HEAD><TITLE>注册协议</TITLE>
<META http-equiv=Content-Type content="text/html; charset=gb2312">
<STYLE type=text/css>
body {
    FONT-SIZE: 9pt; FONT-FAMILY: 宋体
}
</style>
</HEAD>
<BODY>
<%
Logger onelogger = Logger.getLogger("onelogger");
Logger newlogger = Logger.getLogger("onelogger.newLogger");
String path = getServletContext().getRealPath("log4j.properties");
PropertyConfigurator.configure(path);
onelogger.debug("调试：\t当前日期是" + new Date().toLocaleString()
        + "Log4J初始化完毕");
%>
<TABLE style="WIDTH: 755px" cellSpacing=0 cellPadding=0 width=757>
  <TR>
    <TD colSpan=3>
      <TABLE
      style="BACKGROUND-IMAGE: url(images/head.jpg); WIDTH: 755px; HEIGHT: 150px"
      cellSpacing=0 cellPadding=0>
        <TR><TD
          style="VERTICAL-ALIGN: text-top; WIDTH: 80px; HEIGHT: 115px; TEXT-ALIGN: right"
colSpan=5></TD></TR>
          <TR>
            <TD>      ◎ 首 页
              ◎ 博客文章  ◎ 博客注册</TD>
          </TR>
          </TABLE>
    </TD>
  </TR>
  <TR>
    <TD
```

```
        style="BACKGROUND-IMAGE: url(images/bg.jpg); VERTICAL-ALIGN: middle; HEIGHT: 450px;
TEXT-ALIGN: center"    vAlign=center colSpan=3>
        <TABLE style="WIDTH: 224px" height=304 cellSpacing=0 cellPadding=0>
          <TBODY>
          <TR>
            <TD style="WIDTH: 368px; HEIGHT: 21px; TEXT-ALIGN: center"
              height=29><STRONG><SPAN
            style="COLOR: #993300">用户注册协议</SPAN></STRONG></TD></TR>
          <TR>
            <TD style="WIDTH: 368px; HEIGHT: 302px" rowSpan=2>
            <%onelogger.debug("开始读取注册协议信息"); %>
              <TABLE
            style="BORDER-RIGHT: black thin solid; BORDER-TOP: black thin solid;
             BORDER-LEFT: black thin solid; WIDTH: 369px;
             BORDER-BOTTOM: black thin solid" align=center>
              <TR>
                    <TD width="354" colSpan=4
                    rowSpan=4 style="HEIGHT: 15px; TEXT-ALIGN: left">    
为维护网上公共秩序和社会稳定，请您自觉遵守以下条款： <BR>
                    为了更好地管理和维护网站，请您自觉遵守以下条款：
                    <p>（一）不得利用本网站进行商业广告宣传； <br>
                    （二）不得利用本网站发送非法文章；<br>
                    （三）不得利用本网站进行上传非法图片； <br>
                    （四）互相尊重，对自己的言论和行为负责； <br>
                    （五）普通用户欲删除文章、评论、图片等信息，请与管理员联系；<br>
                    （六）本网站版权归明日科技公司，不得对本网站进行转载或作为私用。</p>
                    <p><br>
                        <br>
                    </p></TD>
                </TR>
              <TR></TR>
              <TR></TR>
              <TR></TR>
              <TR>
                <TD style="HEIGHT: 8px; TEXT-ALIGN: center" colSpan=4>
                <INPUT id=Button1   type=submit value=同意以上条款>
                      <INPUT id=Button2 type=submit value=不同意></TD>
                </TR>
                <%onelogger.debug("注册协议信息读取完毕"); %>
                </TABLE>
            </TD></TR><TR></TR></TBODY></TABLE></TD></TR>
    <TR>
      <TD align=middle background=images/footer.jpg colSpan=3     height=82>
      <%onelogger.info("读取版权消息"); %>
        欢迎访问博客网  请使用IE 6.0在1024×768分辨率下浏览本网站<BR>
            CopyRight@ 2006明日科技开发
        <%onelogger.info("版权消息读取完毕"); %></TD>
    </TR></TBODY></TABLE>
<%onelogger.error("数据库关闭失败");
onelogger.fatal("系统内存不足，无法继续完成注册。");%>
</BODY>
</HTML>
```

运行程序后，在控制台输出的日志如图 8-2 所示。

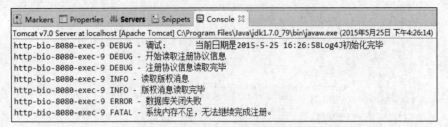

图 8-2　日志输出到控制台的结果

程序运行后在 C 盘生成的 log.htm 日志文件结果如图 8-3 所示。

Log session start time Mon May 25 16:26:58 CST 2015

Time	Thread	Level	Category	Message
29247	http-bio-8080-exec-9	DEBUG	onelogger	调试：　当前日期是2015-5-25 16:26:58Log4J初始化完毕
29247	http-bio-8080-exec-9	DEBUG	onelogger	开始读取注册协议信息
29247	http-bio-8080-exec-9	DEBUG	onelogger	注册协议信息读取完毕
29247	http-bio-8080-exec-9	INFO	onelogger	读取版权消息
29247	http-bio-8080-exec-9	INFO	onelogger	版权消息读取完毕
29247	http-bio-8080-exec-9	ERROR	onelogger	数据库关闭失败
29247	http-bio-8080-exec-9	FATAL	onelogger	系统内存不足，无法继续完成注册。

图 8-3　生成的日志文件结果

小　结

这一章我们学习了 Java 中最常用的 Log4j 日志组件，这个组件可以将后台的日志按照我们指定的格式展示或者保存。

上机指导

使用 Log4j 将控制台异常日志保存到文件中。

开发步骤如下。

（1）创建名为 Log4jTest 的 Java 项目。

（2）在 src 目录下创建 log4j.properties 配置文件，文件代码如下：

```
log4j.rootLogger=DEBUG, R
log4j.appender.R=org.apache.log4j.FileAppender
log4j.appender.R.file=console.log
log4j.appender.R.Append=true
log4j.appender.R.layout.ConversionPattern=%n%d:%m%n
log4j.appender.R.layout=org.apache.log4j.PatternLayout
```

（3）创建 LogTest 类，关键代码如下：

```
import org.apache.log4j.Logger;
import org.apache.log4j.PropertyConfigurator;
public class LogTest {
    public static void main(String[] args) {
```

```
        Logger logger = Logger.getLogger("myLogTest");// 创建logger实例
        PropertyConfigurator.configure("src/log4j.properties");// 加载配置文件
        String a = null;
        try {
            System.out.println("Log4j测试");// 控制台输出文字，此内容不会写入日志
            a.equals("抛出空指针异常");// 模拟空指针异常
        } catch (Exception e) {
            e.printStackTrace();
            logger.error("出现异常", e);// 将异常日志保存到文件中
        }
    }
}
```

（4）运行 LogTest 类的主方法，在项目根目录下生成 console.log 日志文件，查看日志内容是否与控制台输出的异常相同。

习 题

1. 如何让 log4j 在控制台输出日志内容？
2. 如何让 log4j 在指定的文件目录生成日志文件？

第9章

Spring MVC框架

本章要点：

了解Spring MVC ■
掌握处理器映射器和适配器 ■
掌握前端控制器和视图解析器 ■
掌握请求映射和参数绑定 ■
掌握拦截器 ■
掌握Spring MVC其他操作 ■

■ Spring MVC 是一款基于 MVC 架构模式的轻量级 Web 框架，其目的是将 Web 开发模块化，对整体架构进行解耦，简化 Web 开发流程。Spring MVC 基于请求驱动，即使用请求/响应模型。由于 Spring MVC 遵循 MVC 架构规范，因此分为开发数据模型层（Model）、响应视图层（View）和控制层（Controller），可以让开发者设计出结构规整的Web层。

9.1　MVC 设计模式

MVC 设计模式

MVC（Model-View-Controller，模型-视图-控制器）是一个存在于服务器表达层的模型。在 MVC 经典架构中，强制性地把应用程序的输入、处理和输出分开，将程序分成 3 个核心模块——模型、视图和控制器。

1. 模型

模型代表了 Web 应用中的核心功能，包括业务逻辑层和数据库访问层。在 Java Web 应用中，业务逻辑层一般由 Java Bean 或 EJB 构建。数据访问层（数据持久层）则通常应用 JDBC 或 Hibernate 来构建，主要负责与数据库打交道，例如从数据库中取数据、向数据库中保存数据等。

2. 视图

视图主要是指用户看到并与之交互的界面，即 Java Web 应用程序的外观。视图部分一般由 JSP 和 HTML 构建。视图可以接收用户的输入，但并不包含任何实际的业务处理，只是将数据转交给控制器。在模型改变时，通过模型和视图之间的协议，视图得知这种改变并修改自己的显示。对于用户的输入，视图将其转交给控制器进行处理。

3. 控制器

控制器负责交互和将用户输入的数据导入模型。在 Java Web 应用中，当用户提交 HTML 表单时，控制器接收请求并调用相应的模型组件去处理请求，之后调用相应的视图来显示模型返回的数据。

模型-视图-控制器之间的关系如图 9-1 所示。

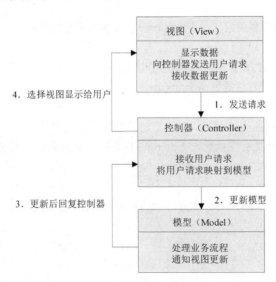

图 9-1　视图-模型-控制器之间的关系

9.2　Spring MVC 框架概述

Spring MVC
框架概述

9.2.1　Spring MVC 与 Struts 的区别

Spring MVC 与 Struts 的区别主要体现在以下 6 个方面。

1. 框架机制

（1）Struts2 采用 Filter（StrutsPrepareAndExecuteFilter）实现。

（2）Spring MVC 则采用 Servlet（DispatcherServlet）实现。

2. 拦截机制

（1）Struts2

① Struts2 框架是类级别的拦截，每次请求就会创建一个 Action，和 Spring 整合时，Struts2 的 ActionBean 注入的作用域是原型模式（Prototype）（否则会出现线程并发问题），然后通过 setter 和 getter 把 request 数据注入到属性。

② Struts2 中，一个 Action 对应一个 request 和 response 上下文，在接受参数时，可以通过属性接受，这说明属性参数是多个方法共享的。

③ Struts2 中 Action 的一个方法可以对应一个 url，而其类属性却被所有方法共享，这也就无法用注解或其他方式标识其属性方法了。

（2）Spring MVC

① Spring MVC 是方法级别的拦截，一个方法对应一个 request 上下文，所以方法基本上是独立的，独享 request 和 response 数据。而每个方法同时又和一个 url 对应，参数的传递是直接注入到方法中，是方法所独有的。处理结果通过 ModelMap 返回给框架。

② 在 Spring 整合时，Spring MVC 的 Controller Bean 默认是单例模式（Singleton），所以默认对所有的请求，只会创建一个 Controller，又因为没有共享的属性，所以线程是安全的，如果要改变默认的作用域，需要添加@Scope 注解修改。

3. 性能方面

（1）Spring MVC 实现了零配置，由于 Spring MVC 是基于方法的拦截，有加载一次单例模式 bean 注入。

（2）Struts2 是类级别的拦截，每次请求对应实例是一个新的 Action，需要加载所有的属性值注入，所以 Spring MVC 的开发效率和性能要高于 Struts2。

4. 配置方面

Spring MVC 和 Spring 是无缝的，从而项目的管理和安全上也比 Struts2 高（当然 Struts2 也可以通过不同的目录结果和相关配置做到与 Spring MVC 一样的效果，但是需要在 xml 文件里配置很多东西）。

5. 设计思想

Struts2 更加符合 OOP 的编程思想，Spring MVC 就比较谨慎，是在 Servlet 上进行扩展的。

6. 集成方面

（1）Spring MVC 继承了 Ajax，使用非常方便，只需一个注解@ResponseBody 就可以实现，然后直接返回相应文本即可。

（2）Struts2 拦截器继承了 Ajax，在 Aciton 中处理时一般必须安装插件或者自己写代码继承进去，使用起来相对不方便。

9.2.2　Spring MVC 的体系结构

Spring MVC 框架的体系结构如图 9-2 所示，原理解释如下。

1. HTTP 请求

客户端发出一个 HTTP 请求，Web 应用服务器接收到这个请求，如果请求匹配 DispatcherServlet 的请求映射路径，就将之转发给 DispatcherServlet 处理。

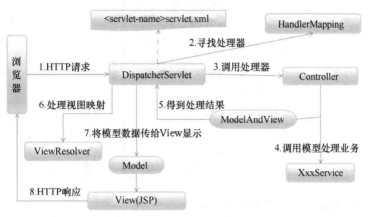

图 9-2　Spring MVC 的体系结构

2. 寻找处理器

DispatcherServlet 接受到请求后，将根据请求的信息（包括 URL、HTTP 方法、请求报文头、请求参数及 cookie 等）及 HandlerMapping 的配置找到处理请求的处理器（Controller）。

3. 调用处理器

DispatcherServlet 把请求交给处理器。

4. 调用模型处理业务

处理器调用服务层方法处理业务逻辑。

5. 得到处理结果

处理器的返回结果为 ModelAndView。

6. 处理视图映射

DispatcherServlet 查询一个或多个 ViewResoler 视图解析器，找到 ModelAndView 指定的视图。

7. 将模型数据传给 View 显示

8. HTTP 响应

将结果显示到客户端。

9.3　Spring MVC 环境搭建

下面来搭建 Spring MVC 的基本环境。首先在 Eclipse 中创建一个名为
"SpringMVCTest" 的 Web 项目。然后在 src 文件夹下创建 "com.mr.controller"
和 "com.mr.entity" 两个文件夹用于存放控制器类和 Java 实体类。因为 Spring
MVC 需要有自己的配置文件，所以在 "WebContent/WEB-INF/" 下一个名为
"SpringMVC.xml" 的配置文件作为 Spring MVC 的配置文件。接着在 "Web
Content/WEB-INF/" 下创建一个名为 "jsp" 的文件夹，用来放置 JSP 页面的。
放在 WEB-INF 下的好处是该目录是数据 WebProject 的私有文件夹，通过路径
是无法直接访问的，保证了视图的安全性。

创建好的 Spring MVC 环境测试目录结构如图 9-3 所示。

Spring MVC
环境搭建

图 9-3　Spring MVC 环境测试目录结构

9.3.1　添加 Spring MVC 依赖 jar 包

下面准备为 Spring MVC 工程添加所需要的 jar 包，本书基于 Spring MVC 5.0.9，其中核心的 jar 包为 "spring-webmvc-5.0.9.RELEASE.jar"。是 Spring MVC 实现 MVC 结构的重要依赖。其余 jar 包与 Spring 的 IOC、AOP、Bean 的管理，数据库连接，以及上下文管理有着窃密的联系。把所需要添加的 jar 包放在 "WebContent/WEB-INF/lib" 下，需要添加的 jar 包如图 9-4 所示。

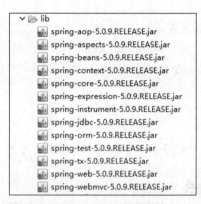

图 9-4　Spring MVC 所需要的 jar 包

由于使用了 Spring MVC，请求就要由 Spring MVC 来管理。在一般的 Servlet 开发模式中，请求会被映射到 web.xml 中，然后通过 servlet-mapping 匹配到对应的 Servlet 配置上，进而调用相应的 Servlet 类来处理请求并反馈结果。那么当使用 Spring MVC 框架来开发时，就需要将所有符合条件的请求拦截到 Spring MVC 的专有 Servlet 上，让 Spring MVC 框架进行下一步的处理。这里需要在测试工程下的 web.xml 文件中添加 Spring MVC 的 "前端控制器"，用于拦截符合配置的 url 请求。具体配置如下：

```xml
<?xml version="1.0" encoding="UTF-8"?>
<web-app version="2.5"
        xmlns="http://java.sun.com/xml/ns/javaee"
        xmlns:xsi="http://www.w3.org/2001/XMLSchema-instance"
        xsi:schemaLocation="http://java.sun.com/xml/ns/javaee
        http://java.sun.com/xml/ns/javaee/web-app_2_5.xsd">

        <welcome-file-list>
                <welcome-file>index.jsp</welcome-file>
        </welcome-file-list>
```

```
        <!—Spring MVC前端控制器 -->
        <servlet>
            <servlet-name>SpringMVC</servlet-name>
        <servlet-class>org.springframework.web.servlet.DispatcherServlet</servlet-class>

            <init-param>
                <param-name>contextConfigLocation</param-name>
                <param-value>/WEB-INF/SpringMVC.xml</param-value>
            </init-param>
        </servlet>

        <servlet-mapping>
            <servlet-name>SpringMVC</servlet-name>
            <url-pattern>/</url-pattern>
        </servlet-mapping>
    </web-app>
```

关于上面的配置，首先来看<servlet-mapping>标签，其中定义了 url 是/*，也就是说所有的 url 请求都将被拦截，然后映射到一个名字为 "SpringMVC" 的 Servlet 配置。那么在上面的 Servlet 配置中，定义了一个名为 "SpringMVC" 的 Servlet 配置，其中实现类为 DispatcherServlet，即 Spring MVC 的前端控制器类。然后在下面的<init-param>标签中放置了 DispatcherServlet 需要的初始化参数，配置的是上下文参数变量 contextConfigLocation，其加载文件为编译目录下的 "SpringMVC.xml"。

> <servlet-class> 标 签 下 写 的 内 容 是 固 定 写 法 ， 因 为 它 是 Spring-webmvc-5.0.9.RELEASE. jar 包下的，是 Spring MVC 为我们封装好的一个类。

9.3.2 编写核心配置文件 SpringMVC.xml

在 web.xml 中添加完 Spring MVC 的前端控制器后，接下来编写其依赖的核心配置文件 Spring-MVC.xml。首先在 SpringMVC.xml 中添加 xml 版本声明和一个包含 spring 标签声明规则的<beans>标签。接下来所有的数据将被配置在该标签中。

```
<?xml version="1.0" encoding="UTF-8"?>
<beans       xmlns="http://www.springframework.org/schema/beans"
            xmlns:xsi="http://www.w3.org/2001/XMLSchema-instance"
            xmlns:context="http://www.springframework.org/schema/context"
            xmlns:mvc="http://www.springframework.org/schema/mvc"
            xsi:schemaLocation="http://www.springframework.org/schema/beans
            http://www.springframework.org/schema/beans/spring-beans-4.0.xsd
            http://www.springframework.org/schema/context
            http://www.springframework.org/schema/context/spring-context-4.0.xsd
            http://www.springframework.org/schema/mvc
            http://www.springframework.org/schema/mvc/spring-mvc-4.0.xsd">
</beans>
```

通过前面的 Spring MVC 请求处理流程图可以知道，当请求到达前端控制器（DispatcherServlet）的时候，DispatcherServlet 会请求处理器映射器（Handler Mapping）寻找相关的 Handler 对象。打开 Spring MVC 源码，在有关 Handler 的包下，可以发现许多种处理器映射器，如图 9-5 所示。

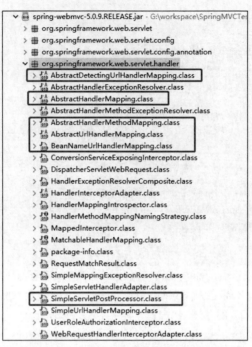

图 9-5　Spring MVC 常用的处理器映射器

现在在 SpringMVC.xml 配置文件中添加处理器映射器：

```
<bean class="org.springframework.web.servlet.handler.BeanNameUrlHandlerMapping"/>
```

Spring MVC 的多种处理器映射器都实现了处理器映射器接口。上面配置的处理器映射器为 BeanNameUrlHandlerMapping 类，其映射规则是，将 bean 的 name 作为 url 进行查找，需要配置 Handler 时指定 beanname（就是 url）。

根据 Spring MVC 的请求流程，当处理器映射器为前端控制器返回了 Handler 的执行链之后，前端控制器接下来会请求处理器适配器（HandlerAdapter）去执行相关的 Handler 控制器。其原理是前端控制器根据处理器映射器传来的 Handler 与配置的处理器适配器进行匹配，找到可以处理此 Handler 类型的处理器适配器，该处理器适配器将会调用自己的 handler 方法，用 Java 的反射机制去执行具体的 Controller 方法获得 ModelAndView 视图对象。

接下来要在 SpringMVC.xml 中配置一个处理器适配器。在 Spring MVC 中，常用的处理器适配器有 HttpRequestHandlerAdapter、SimpleControllerHandlerAdapter 以及 AnnotationMethodHandlerAdapter。这里配置的处理器适配器是 SimpleControllerHandlerAdapter。

主要配置如下：

```
<bean class="org.springframework.web.servlet.mvc.SimpleControllerHandlerAdapter"/>
```

SimpleControllerHandlerAdapter 支持所有实现了 Controller 接口的 Handler 控制器，开发者如果编写了实现 Controller 接口的控制器，那么 SimpleControllerHandlerAdapter 会执行 Controller 的具体方法。

这里要说明的是，无论哪一种适配器，都实现了处理器适配器（HandlerAdapter）接口。

根据 Spring MVC 请求流程，接下来就该具体的 Handler 控制器出场了，由于主要开发都集中在 Handler 上，所以在后面的章节中会详细的对他们进行讲解。

当处理器适配器处理了相关的 Handler 的具体方法后，Handler 会返回一个视图对象（ModelAndView），该视图对象中包含了需要跳转的视图信息和需要在视图上显示的数据，此时前端控制器会请求视图解析器（ViewResolver）来帮助其解析视图对象，并返回相关的绑定有相应数据的视图（View）。所以接下来要配置视图解析器。常用的视图解析器有 XMLCiewResolver（从 XML 配置文件解析视图），ResourceBundleViewResolver（从 properties 资源集解析视图），以及 InternalResourceViewResolver（根据模板名称和位置解析视图），这里使用默认的 InternalResourceViewResolver。主要配置如下：

```
<bean class="org.springframework.web.servlet.view.InternalResourceViewResolver">
</bean>
```

配置了视图解析器后，会根据 Handler 方法执行之后返回的视图对象中的视图的具体位置，来加载相应的页面并绑定反馈数据。

说明 在 bean 中还可以配置视图类型，视图前后缀等信息，后面章节会有这方面的讲解。

9.3.3 编写 Handler 处理器和视图

基本配置完成后，就是处理请求逻辑的 Handler 处理器层。由于使用的处理器适配器是 Simaple-ControllerHandlerAdapter，所以 Handler 只要实现 Controller 接口即可。

在 com.mr.controller 包下创建一个控制器类，用于加载一个"吃了么外卖"系统的用户列表信息。新建一个名为"FruitsController"的类，让其实现 Controller 接口，然后实现 handleRequest 方法，并编写具体逻辑代码如下：

```java
package com.mr.controller;

import java.util.ArrayList;
import java.util.List;

import javax.servlet.http.HttpServletRequest;
import javax.servlet.http.HttpServletResponse;

import org.springframework.web.servlet.ModelAndView;
import org.springframework.web.servlet.mvc.Controller;

import com.mr.entity.Users;

public class UsersController implements Controller {
    @Override
    public ModelAndView handleRequest(HttpServletRequest arg0, HttpServletResponse arg1) throws
Exception {
        // TODO Auto-generated method stub
        List<Users> listU = UsersService();
        ModelAndView mav = new ModelAndView();
        mav.addObject("listU", listU);
        mav.setViewName("/WEB-INF/jsp/usersList.jsp");
        return mav;
    }

    //模拟Service的内部类
    public List<Users> UsersService(){
        List<Users> list = new ArrayList<>();
        Users u = new Users();
```

```
                u.setName("Steven");
                u.setAge(30);
                u.setTel("138********");
                Users u1 = new Users();
                u1.setName("MR");
                u1.setAge(10);
                u1.setTel("12345678");
                list.add(u);
                list.add(u1);
                return list;
        }
}
```

在该类中模拟了一个 Service 类下的方法，该方法可以获取一个用户列表。然后在 handleRequest 方法中引入，获取用户列表信息，之后创建一个 ModelAndView，将需要绑定到页面的数据通过 addObject 方法添加到 ModelAndView 对象中，在通过 setViewName 方法指定需要跳转的页面。

用户实体类在 com.mr.entity 包下创建代码如下：

```
package com.mr.entity;

public class Users {

        private String name;
        private int age;
        private String tel;
        public String getName() {
                return name;
        }
        public void setName(String name) {
                this.name = name;
        }
        public int getAge() {
                return age;
        }
        public void setAge(int age) {
                this.age = age;
        }
        public String getTel() {
                return tel;
        }
        public void setTel(String tel) {
                this.tel = tel;
        }
}
```

由于指定了返回的 JSP 视图路径，所以在工程/WEB-INF/jsp 路径下创建名为 "usersList.jsp" 的 jsp 文件，具体内容如下：

```
<%@ page language="java" contentType="text/html; charset=UTF-8"
    pageEncoding="UTF-8"%>
<%@ taglib prefix="c" uri="http://java.sun.com/jsp/jstl/core"%>
<!DOCTYPE html>
<html>
<head>
```

```
<meta charset="UTF-8">
<title>Insert title here</title>
</head>
<body>
    <table>
        <Tr>
            <td>姓名</td><td>年龄</td><td>电话</td>
        </Tr>
        <c:forEach items="${listU }" var="list">
            <tr>
                <td>${list.name }</td><td>${list.age }</td><td>${list.tel }</td>
            </tr>
        </c:forEach>
    </table>
</body>
</html>
```

这里使用了 JSTL 的 c 标签，来遍历服务端绑定到前端页面的数据"listU"，并将不同的属性设置在 table 的不同位置。

由于需要使用 JSTL 库，所以还需要在 lib 文件夹下加上两个 jar 包分别是 jstl-1.2.jar 和 commons-logging-1.2.jar。

Controller 类以及相关的视图都已经编写完成了。由于配置的处理器映射器为 BeanNameUrl-HandlerMapping，在接收到用户请求时，它会将 bean 的 name 作为 url 进行查找，所以接下来还需要在 SpringMVC.xml 配置文件中配置一个可以被 url 映射的 Handler 的 bean，供处理器映射器查找，代码如下：

```
<bean name="/getAllUser" class="com.mr.controller.UsersController"/>
```

至此，Spring MVC 的开发环境及测试案例全部完毕，接下来将工程部署到 Tomcat 9 中。打开浏览器访问一下路径：

http://localhost:8080/SpringMVCTest/getAllUser

如果看到图 9-6 所示的请求结果页面，那证明 Spring MVC 开发环境配置成功。

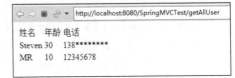

图 9-6　Spring MVC 开发环境测试结果

这里的 Controller 的开发模式仅作为本节教程演示，并不是 Spring MVC 框架主流的开发模式，在以后的章节中会为大家介绍常用的 Controller 开发模式。

9.4　处理器、映射器和适配器

在 Spring3.1 之前，Spring MVC 默认加载的注解的处理器映射器和适配器分别为 DefaultAnnotationHandlerMapping 和 AnnotationMethodHandlerAdapter，它们位于 Spring MVC 的核心包的 org.springframework.web.servlet.mvc.annotation 包下。

处理器、映射器
和适配器

在 Spring3.1 之后，DefaultAnnotationHandlerMapping 和 AnnotationMethodHandlerAdapter 已经被列为过期的映射器和适配器，Spring MVC 增加了新的基于注解的处理器映射器和适配器，分别为 RequestmappingHandlerMapping 和 RequestMappingHandlerAdapter，他们位于 Spring MVC 核心包的 org.springframework.web.servlet.mvc.method.annotation 包下，如图 9-7 所示。

图 9-7　Spring3.1 之后默认的适配器和映射器

在下面核心配置文件 SpringMVC.xml 中配置注解的处理器适配器和映射器，有两种配置方式。第一种配置方式如下：

```xml
<!-- 注解映射器 -->
<bean class="org.springframework.web.serv.et.mvc.method.annotation.RequestMappingHandlerMapping"/>
    <!-- 注解适配器 -->
<bean class="org.springframework.web.servlet.mvc.method.annotation.RequestMappingHandlerAdapter"/>
```

第二种配置方式，使用"<mvc:annotation-driven/>"标签来配置。annotation-driven 标签是一种简写模式，使用默认配置代替了一般的手动配置。annotation-driven 标签会自动注册处理映射器和适配器(Spring3.1 ~ Spring5 都使用 RequestmappingHandlerMapping 及 RequestMappingHandlerAdapter，而在 Spring3.1 之前使用 DefaultAnnotationHandlerMapping 和 AnnotationMathodHandlerAdapter)。除此之外还提供了数据绑定支持。例如@NumberFormatannotation 支持。@DataTimeFormat 支持、@Valid 支持、读写 XML 的支持（JAXB）和读写 JSON 的支持。在实际开发中，为了提高开发效率，使用最多的就是基于 annotation-driven 标签来配置，annotation-driven 标签的配置十分简单，代码如下：

```xml
<mvc:annotation-driven></mvc:annotation-driven>
```

接下来继续开发 Handler 处理器层。由于使用了注解的处理器映射器和适配器，所以不需要在 XML 文件中配置任何信息，也不需要实现任何接口，只需要在作为 Handler 处理器的 Java 类中添加相应的注解即可。使用注解的方式再来实现一下用户列表的呈现，代码如下：

```java
package com.mr.controller;

import java.util.ArrayList;
import java.util.List;
```

```java
import javax.servlet.http.HttpServletRequest;
import javax.servlet.http.HttpServletResponse;

import org.springframework.stereotype.Controller;
import org.springframework.web.bind.annotation.RequestMapping;
import org.springframework.web.servlet.ModelAndView;

import com.mr.entity.Users;

@Controller
public class UsersController {

    @RequestMapping("/getAllUser")
    public ModelAndView getAllUser() throws Exception {
        // TODO Auto-generated method stub
        List<Users> listU = UsersService();
        ModelAndView mav = new ModelAndView();
        mav.addObject("listU", listU);
        mav.setViewName("/WEB-INF/jsp/usersList.jsp");
        return mav;
    }

    //模拟Service的内部类
    public List<Users> UsersService(){
        List<Users> list = new ArrayList<>();
        Users u = new Users();
        u.setName("Steven");
        u.setAge(30);
        u.setTel("138********");
        Users u1 = new Users();
        u1.setName("MR");
        u1.setAge(10);
        u1.setTel("12345678");
        list.add(u);
        list.add(u1);
        return list;
    }

}
```

可以看到，在 UsersController 类上方声明@Controller 注解，这表示该类是一个 Handler 控制器类，可以被注解的处理器适配器找到。而 UsersController 类中的 getAllUser() 方法上有一个@Request-Mapping()注解，该注解中指定一个 URL 与该方法绑定，即使相关的 URL 请求会触发该方法的调用，也可以被注解的处理器映射器找到。

为了让注解的处理器映射器和适配器找到注解的 Handler，可以在 SpringMVC.xml 中做如下配置：

```xml
<bean class="com.mr.controller.UsersController"/>
```

配置完成后重新部署工程，启动 Tomcat 服务器，访问如下地址：

http://localhost:8080/9-4/getAllUser

成功以后会在浏览器中可以看到图 9-8 所示的结果。

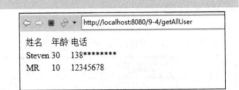

图 9-8　使用直接的适配器和映射器测试结果

如果不使用 annotation-driven 标签配置注解的处理器适配器和映射器，而采用手动配置，那么必须保证基于注解的处理器适配器和映射器要成对配置，不然会出错误。

9.5 前端控制和视图解析器

通过前面的学习，我们知道在整个 Spring MVC 的请求过程中，最核心的处理器就是前端控制器，它会根据 web.xml 的配置拦截用户的请求，并加载 Spring-MVC.xml 配置文件，然后调用一系列模块处理用户的请求。在得到 Handler 控制器处理的结果后，视图解析器 ViewResolver 会对返回的封装有视图和绑定参数的对象进行解析，获取即将要展示结果的视图实体，最终将返回数据显示在实体视图上。

前端控制和视图
解析器

也就是说，前端控制器与视图解析器在 Spring MVC 中一个居前，一个居后。前端控制器负责在最前面分发用户的请求，处理一系列核心逻辑。视图解析器负责在最后面呈现含有反馈数据的页面信息。

9.5.1 前端控制器

在 Spring MVC 的请求过程中，一开始的请求处理类就是前端控制器。那么，请求为什么会被发送到前端控制器中呢？让我们再回头看看 web.xml 中这样一段配置：

```
<servlet-mapping>
    <servlet-name>SpringMVC</servlet-name>
    <url-pattern>/</url-pattern>
</servlet-mapping>
```

该配置的含义是，所有请求都会去寻找名为 Spring MVC 的 Servlet 配置，这里就依照 servlet-name 配置了相关的 Servlet，并且指定处理请求的 Servlet 对象是 Spring MVC 的内部 Servlet，即前端控制器，并且指定初始化参数，即一个上下文配置对象 contextConfigLocation，其值为 Spring MVC 的核心配置文件 SpringMVC.xml，Servlet 配置如下：

```
<servlet>
    <servlet-name>SpringMVC</servlet-name>
<servlet-class>org.springframework.web.servlet.DispatcherServlet</servlet-class>
    <init-param>
      <param-name>contextConfigLocation</param-name>
      <param-value>/WEB-INF/SpringMVC.xml</param-value>
    </init-param>
</servlet>
```

通过上面的配置，就可以将所有的请求拦截到名为 SpringMVC 的 Servlet 配置中，并且初始化 SpringMVC.xml 配置文件，从而调用前端控制器。

那么在 Spring MVC 的前端控制器中，都做了一些什么呢，DispatcherServlet 类下所有方法的功能作用，如表 9-1 所示。

表 9-1 DispatcherServlet 类下方法及含义

方法名	方法含义
onRefresh	初始化上下文对象后，会回调该方法，完成 Spring MVC 中默认实现类的初始化

续表

方法名	方法含义
initStrategies	对 MVC 的其他部分进行初始化,例如初始化了映射器、适配器、多媒体解析器、位置解析器、主体解析器、异常解析器、请求到视图名解析器、视图解析器即 FlashMapManager
initMultipartResolver	初始化多媒体解析器,在 initStrategies 方法中调用
initLocaleResolver	初始化位置解析器,在 initStrategies 方法中调用
initThemeResolver	初始化主体解析器,在 initStrategies 方法中调用
initHandlerMappings	初始化映射器,在 initStrategies 方法中调用
initHandlerAdapters	初始化适配器,在 initStrategies 方法中调用
initHandlerExceptionResolvers	初始化异常解析器,在 initStrategies 方法中调用
initRequestToViewNameTranslator	初始化请求到视图名解析器,在 initStrategies 方法中调用
initViewResolvers	初始化视图解析器,在 initStrategies 方法中调用
initFlashMapManager	初始化 FlashMapManager,在 initStrategies 方法中调用
getThemeSource	获取主体资源
getMultipartResolver	获取多媒体资源
getDefaultStategy	获取默认的策略配置
getDefaultStrategies	获取默认的策略配置 List 集合
createDefaultStrategy	通过上下文对象和相关对象的 class 类型,创建默认的策略配置
doService	处理 request 请求。无论通过 post 方式还是 get 方式提交的 request,最终都会由 doService 处理
doDispatch	处理拦截,转发请求,调用处理器获得结果,并绘制结果视图,在 doService 方法被调用
applyDefaultViewName	设置默认视图名称,在 ModelAndView 没有配置视图的情况下,会跳转的默认视图
processDispatchResult	处理分配结果,相应用户
buildLocaleContext	创建本地上下文对象
checkMultipart	当前这个请求是否是一个 multipart request
cleanupMultipart	清除多媒体请求信息,在 doDispatch 方法中调用
getHandler	获取具体要执行的 Handler 处理器的方法
noHandlerFound	处理在没有匹配到正确的 Handler 时的逻辑
gethandlerAdapter	获取处理器适配器对象
processHandlerException	处理 Handler 处理器中抛出的异常
render	完成视图的渲染工作
getDefaultViewName	获取默认视图名称,在 applyDefaultVCiewName 方法中调用
resolveViewName	将 ModelAndView 中的 view 定义为 view name,进而解析为 view 实例,在 render 方法中调用
triggerAfterCompletion	从当前的拦截器开始逆向调用每个拦截器的 afterCompletion 方法,并且捕获它的异常。在调用 Handler 之前会调用其配置的每一个 HandlerInterceptor 拦截器的 preHandler 方法,若有一个拦截器返回 false,则会调用 triggerAfterCompletion 方法,并且立即返回,不会再向下执行。若所有的拦截器全部返回 true

续表

方法名	方法含义
triggerAfterCompletion	且没有出现异常，则调用 Handler 返回 ModelAndView 对象。在 doDispatch 方法中调用
trggerAfterCompletionWithError	相当于带有 Error 对象的 triggerAfterCompletion 方法，在 doDispatch 方法中调用
restoreAttributesAfterInclude	恢复 request 请求参数的快照信息。在 doService 方法中调用

通过表 9-1 可以看到前端控制器的所有方法以及它们的作用，但是并不需要完全掌握所有方法的具体处理细节，只需要了解核心的处理方法即可。

9.5.2 视图解析器

前面介绍了 Spring MVC 处理流程最前面的前端控制器，接下来我们讲解 Spring MVC 处理流程的最后一个模块，视图解析器。

前面流程中最终返回给用户的视图为具体的 View 对象，并且 View 对象中包含了 Model 中的反馈数据。而视图解析器（ViewResolver）的作用就是把一个逻辑上的视图名称解析为一个真正的视图，即将逻辑视图的名称解析为具体的 View 对象，让 View 对象去处理视图，并将带有返回数据的视图反馈给浏览器。

Spring MVC 提供了很多视图解析器类，下面介绍一些常用的视图解析器类。

1. AbstractCachingViewResolver

该类为一个抽象类，实现了该抽象类的视图解析器会将其曾经解析过的视图进行缓存，当再次解析视图的时候，它会首先在缓存中寻找该视图，如果找到，就返回相应的视图对象，如果没有在缓存中找到，就创建一个新的视图对象，在返回的同时，将其放置到存放缓存数据的 map 对象中，实现该抽象类的视图解析器类，视图解析的能力会大大提高。

2. UrlBasedViewResolver

该类是对视图解析器的一种简单实现，它继承了抽象类 AbstractCachingViewResolver。这是一种通过拼接资源文件的 URI 路径来展示视图的一种解析器，它通过 prefix 属性指定视图资源所在路径的前缀信息，通过 suffix 属性指定视图资源所在路径的后缀信息。当 ModelAndView 对象返回具体的 View 名称时，它会将 prefix 和 suffix 与具体视图名称拼接，得到一个视图资源文件的具体加载路径，从而加载真正的视图文件并反馈给用户。

UrlBasedViewResolver 支持返回的视图名称中含有"redirect:"及"forword:"前缀，即支持视图的重定向和转发设置。

UrlBasedViewResolver 在 Spring MVC 配置文件中的配置样例如下：

```
<bean class="org.springframework.web.servlet.view.UrlBasedViewResolver">
  <property name="prefix" value="/WEB-INF/jsp"/>
  <property name="suffix" value=".jsp"/>
  <property name="viewClass"
      value="org.springframework.web.servlet.view.InternalResourceView"/>
</bean>
```

使用 UrlBasedViewResolver 除了要配置 prefix 属性和 suffix 属性之外，还要配置一个"viewClass"，表示解析成哪种视图。上面的样例配置中使用的 viewClass 为 InternalResourceView，它用来展示 JSP 页面。学习过 JavaWeb 的开发者应该知道，存放在/WEB-INF/下面的内容是不能直接通过 request 请求的方式请求到的，所以一般为了安全性考虑，通常会把 JSP 文件放到 WEB-INF 目录下，而 Internal-

ResourceView 在服务器端以跳转的方式可以很好地解决这个问题。

 要使用 JSTL 标签刷新数据的时候就要使用 JstlView。

3. InternalResourceViewResolver

InternalResourceViewResolver 为内部资源视图解析器，是在日常开发中最常用的视图解析器类型。它是 UrlBasedViewResolver 的子类，拥有 UrlBasedViewResolver 的一切特性。

InternalResourceViewResolver 自身的特点是，它会把返回的视图名称自动解析为 InternalResourceView 类型的对象，而 InternalResourceView 会把 Controller 处理器方法返回的模型属性都存放到对应的 request 属性中，然后通过 RequestDispatcher 在服务器端把请求重定向到目标 URL。也就是说，当使用 InternalResourceViewResolver 视图解析的时候，无须再单独指定 viewClass 属性了，详细配置如下：

```
<bean class="org.springframework.web.servlet.view.InternalResourceViewResolver">
    <property name="prefix" value="/WEB-INF/jsp"/>
    <property name="suffix" value=".jsp"/>
</bean>
```

上面的配置实现了当一个被请求的 Controller 处理器方法返回一个名为 login 的视图时，InternalResourceViewResolver 会将"login"解析成一个 InternalResourceView 对象，然后将返回的 model 模型属性信息存放到对应的 HttpServletRequest 属性中，最后利用 RequestDispatcher 在服务器端把请求转发到"/WEB-INF/jsp/login.jsp"上。

4. XmlViewResolver

该视图解析器也继承了 AbstractCachingViewResolver 抽象类（具有缓存视图页面的能力）。使用 XmlViewResolver 需要添加一个 XML 配置文件，用于定义视图的 bean 对象。当获得 Controller 方法返回的视图名称后，XmlViewResolver 会到指定的配置文件中寻找对应的名称的视图 bean 的配置，解析并处理该视图。

如果不指定 XmlViewResolver 的配置文件，那么默认配置文件为/WEB-INF/views.xml，如果不想使用默认值，可以在 SpringMVC.xml 中配置 XmlViewResolver 时，指定其 location 属性，在 value 中指定具体的配置文件，详细配置如下：

```
<bean class="org.springframework.web.servlet.view.XmlViewResolver">
    <property name="location" value="/WEB-INF/views.xml"/>
    <property name="order" value="1"/>
</bean>
```

该配置被设置了一个属性 order，它的作用是，在配置多种类型的视图解析器的情况下，order 会指定该视图解析器的处理视图的优先级，order 的值越小优先级越高。特别要说明的是，order 属性在所有实现 Ordered 接口的视图解析器中都使用。

视图 XML 配置文件 views.xml 配置如下：

```
<?xml version="1.0" encoding="UTF-8"?>
<beans      xmlns="http://www.springframework.org/schema/beans"
            xmlns:xsi="http://www.w3.org/2001/XMLSchema-instance"
            xmlns:context="http://www.springframework.org/schema/context"
            xmlns:mvc="http://www.springframework.org/schema/mvc"
            xsi:schemaLocation="http://www.springframework.org/schema/beans
            http://www.springframework.org/schema/beans/spring-beans-4.0.xsd
```

```
        http://www.springframework.org/schema/context
        http://www.springframework.org/schema/context/spring-context-4.0.xsd
        http://www.springframework.org/schema/mvc
        http://www.springframework.org/schema/mvc/spring-mvc-4.0.xsd">

        <bean id="usersList" class="org.springframework.web.servlet.view.InternalResourceView">
            <property name="url" value="/WEB-INF/jsp/usersList.jsp"/>
        </bean>

    </beans>
```

views.xml 配置文件遵循的 DTD 规则和 Spring 的 bean 工程配置文件相同，所以 bean 中的标签规范与 SpringMVC.xml 中的 bean 相关的规范相同，在上面的配置中添加了一个 id 为 "internalResource" 的 InternalResourceView 视图类型的 bean 配置，其中配置了 url 的映射参数。当 Controller 返回一个名字为 usersList 的视图时，XmlViewResolver 会在 views.xml 配置文件中寻找相关的 bean 配置中包含该 id 的视图配置，并遵循 bean 配置的 View 视图类型进行视图的解析，将最终的视图页面显示给用户。

5. BeanNameViewResolver

该视图解析器与 XmlViewResolver 的配置模式类似，也是让返回的逻辑视图名称去匹配配置好的 bean 配置，与 XmlViewResolver 不同的是，XmlViewResolver 将 bean 配置文件配置在外部的 XML 文件中，而 BeanNameViewResolver 将视图的 bean 配置信息一起配置在 SpringMVC.xml 中。BeanName ViewResolver 要求视图的 bean 对象都定义在 Spring 的配置文件中。

9.6　请求映射与参数绑定

前面学习了 Spring MVC 的基本环境搭建、前端控制器、处理器映射器和处理器适配器，以及视图解析器等内容。按照 Spring MVC 的请求流程，已经基本上把请求流程中的重要模块全部学习完了。但是还有一个很重要的模块没有深入学习，那就是平时程序员需要编写的模块——Handler 处理器模块。

请求映射与参数
绑定

Handler 处理器在 Spring MVC 中占据着重要的位置，它主要负责请求的处理和结果的返回。其实作为处理请求逻辑和返回请求结果的模块，Handler 就扮演了 MVC 架构中的控制层 Controller。本节将详细讲解 Controller 控制层的开发规范，包括注解的使用、参数的绑定等。

9.6.1　Controller 与 RequestMapping

前面讲解注解的处理器映射器和适配器时，讲到了有一种默认的注解的处理器映射器和适配器配置，即 annotation-driven 标签它会自动注册处理器映射器和适配器，除此之外还提供了数据绑定支持。

这种配置在日常开发中是最常用的处理器映射器的配置，使用 Spring MVC 提供的默认的注解配置，可以省去许多的开发配置，因此提高了开发效率。

在配置了注解的处理器映射器和适配器的情况下，当使用@Controller 注解去标识一个类时，其实就是告诉 Spring MVC 该类是一个 Handler 控制器类。在配置了 component-scan 标签后，当 Spring 初始化 Bean 信息时，会扫描到所有标注了@Controller 注解的类，并将其作为 Handler 来加载。

可以在@Controller 注解上指定一个请求域，表示整个 Controller 的服务请求路径在该域下访问。

Spring MVC 的控制层是基于方法开发的，被注解的 Handler 必须在类中实现处理请求逻辑的方法，并且使用注解标注它们处理的 URL 路径。在@Controller 中编写的方法需要标注@RequestMapping 注解，表明该方法是一个处理前端请求的方法。

@RequestMapping 注解的作用是为控制器指定可以处理哪些 URL 请求，该注解可以放置在类上或者方法上。当放在类上时，提供初步的 URL 请求映射信息，即一个前置请求路径。当放置在方法上时，提供进一步的细分 URL 映射信息，相对于类定义的 URL。若类未定义@RequestMapping，则方法处标记的 URL 相当于 Web 应用的根目录。

使用@RequestMapping 注解时，如果为其指定一个 URL 映射名，则指定其 value 属性即可，如映射路径为 "/getAllUser"：

```
@RequestMapping(value="/getAllUser")
```

而一般不在@RequestMapping 中配置其他属性时，可以省去 value 参数名，直接编写一个代表 URL 映射信息的字符串即可，@RequestMapping 会默认匹配该字符串为 value 属性的值：

```
@RequestMapping("/getAllUser")
```

但是要注意的是，如果@RequestMapping 中配置了 value 属性之外的其他属性，则必须声明 value 属性，不可以省略。

下面是一个@RequestMapping 注解的列子，这里只为其中的方法设置了 RequestMapping 注解：

```
@Controller
public class UsersController {
    @RequestMapping("/getAllUser")
    public ModelAndView getAllUser() throws Exception {
        // TODO Auto-generated method stub

        ModelAndView mav = new ModelAndView();

        mav.setViewName("usersList");
        return mav;

    }
}
```

假设工程名字 9-6.1，那么这里 getAllUser 方法处理的 URL 请求路径是 http://localhost:8080/9-6.1/getAllUser。

如果在类上也添加@RequestMapping 注解，就会为整个 Handler 类的@RequestMapping 的 URL添加一个前缀路径：

```
@Controller
@RequestMapping("usersController")
public class UsersController {
    @RequestMapping("/getAllUser")
    public ModelAndView getAllUser() throws Exception {
        // TODO Auto-generated method stub

        ModelAndView mav = new ModelAndView();

        mav.setViewName("usersList");
        return mav;

    }
}
```

这里的 getAllUser 方法处理的 URL 请求路径则是 http://localhost:8080/9-6.1/usersController/

getAllUser。

注解@RequestMapping 还可以限定请求方法、请求参数和请求头。

对于请求方法，@RequestMapping 的 method 属性可以指定 GET 或 POST 请求类型，表明该 URL 只能以某种请求方式请求才能获得响应：

```
@Controller
@RequestMapping("usersController")
public class UsersController {
    @RequestMapping(value="/getAllUser", method=RequestMethod.GET)
    public ModelAndView getAllUser() throws Exception {
        // TODO Auto-generated method stub

        ModelAndView mav = new ModelAndView();

        mav.setViewName("usersList");
        return mav;
    }
}
```

这次访问 http://lcoalhost:8080/9-6.1/userController/getAllUser 时，只能接受 GET 请求类型，可以看到，指定的 GET 或 POST 请求类型需要用 RequestMethod 枚举类来表示。

对于请求参数，@RequestMapping 的 param 属性可以指定某一种参数名类型，当请求数据中含有该名称的请求参数时，才能进行响应：

```
@Controller
@RequestMapping("usersController")
public class UsersController {
    @RequestMapping(value="/getAllUser", params="uId")
    public ModelAndView getAllUser() throws Exception {
        // TODO Auto-generated method stub

        ModelAndView mav = new ModelAndView();

        mav.setViewName("usersList");
        return mav;
    }
}
```

该配置表示，当一个 URL 请求中不含有名称为 uId 的参数时，该方法就拒绝此次请求。

对于请求头，@RequestMapping 的 headers 属性，可以指定某一种请求头类型，当请求数据头的类型符合指定值时，才能进行响应：

```
@RequestMapping(value="/test", headers="Content-Type:text/html;charset=UTF-8")
    public ModelAndView test() {
        ModelAndView mav = new ModelAndView();
        System.out.println("只接受类型为text/html;charset是UTF-8的类型请求");
        mav.setViewName("success");
        return mav;
    }
```

该配置表示，当一个请求头中的 Content-Type 为"text/html;charset=UTF-8"的参数时，该方法才会处理此次请求。

9.6.2 参数绑定过程

当用户在页面触发某种请求时，一般会将一些参数带到后台。在 Spring MVC 中可以通过参数绑定，将客户端请求的数据绑定到 Controller 处理器方法的形参上。

当用户发送一个请求时，根据 Spring MVC 的请求处理流程，前端控制器会请求处理器映射器返回一个处理器，然后请求处理器适配器执行相应的 Handler 处理器。此时，处理器适配器会调用 Spring MVC 提供的参数绑定组建将请求的数据绑定到 Controller 处理器方法对应的形参上。

关于 Spring MVC 的参数绑定组建，早期版本中使用 PropertyEditor，其只能将字符串转换为 Java 对象，而后期版本中使用 Converter 转换器，它可以进行任意类型的转换。Spring MVC 提供了很多 Converter 转换器，但在特殊情况下需要自定义 Converter（如日期数据绑定）。

Spring MVC 中有一些默认支持的类型，这些类型可以直接在 Controller 类的方法中定义，在参数绑定的过程中遇到该种类型就直接进行绑定，其默认支持的类型如表 9-2 所示。

表 9-2　Spring MVC 数据绑定默认支持的类型

名称	作用
HttpServletRequest	通过 request 对象获取请求信息
HttpServletResponse	通过 response 对象处理相应信息
HttpSession	通过 session 对象得到 session 中存放的对象
Model/ModelMap	Model 是一个接口，ModelMap 是一个接口实现，它的作用是将 model 数据填充到 request 域

9.6.3 简单类型参数绑定

在 Spring MVC 中还可以自定义简单类型，这些类型也是直接在 Controller 类的方法中定义，在处理信息时，就会以 key 名寻找 Controller 类的方法中具有相同名称的形参并进行绑定。

例如下面这段简单代码：

```
@Controller
@RequestMapping("usersController")
public class UsersController {
    @RequestMapping(value="/test")
    public void getAllUser(Integer uId) throws Exception {
        // TODO Auto-generated method stub
        System.out.println(uId);
    }


}
```

页面代码如下：

```
<body>
<a href="usersController/test?uId=123">无注解参数绑定</a>
</body>
```

运行程序提交请求以后可以在程序的控制台上看到图 9-9 所示的信息，把前台传递过来的参数成功打印出来。

```
信息: FrameworkServlet 'SpringMVC': initialization completed in 1382 ms
123
```

图 9-9　Controller 成功获取前台传值

当用户在 index.jsp 页面单击这个 a 标签的时候，uId 的参数就会随着请求传到 Controller 中去，这样就可以获得 uId 参数的具体值是多少。

当然，如果参数名字不为 "uId"，绑定就不会成功，不过也可以通过使用注解的方式为请求参数指定别名。注解@RequestParam 可以对自定义简单类型的参数进行绑定，即如果使用@RequestParam 就无须设置 Controller 方法的形参名称与 request 传入的参数名称一致。而不使用@RequestParam 时，就必须要求 Controller 方法的形参名称与 request 传入的参数名称一致，这样才能绑定成功。

下面再通过一个例子看一下如果请求参数名称与 Controller 下方法里形参名称不一样时如何处理：

```
@RequestMapping("/testRequestParam")
    public void testRequestParam(@RequestParam(value="id")Integer u_id) {
        System.out.println(u_id);
    }
```

JSP 页面代码：

```
<a href="usersController/testRequestParam?id=456">使用注解参数绑定</a>
```

运行程序后，当发送请求后可以看到图 9-10 所示的信息，打印出前台传递过来的参数值。

```
信息: FrameworkServlet 'SpringMVC': initialization completed in 1366 ms
456
```

图 9-10　使用注解的方式接收参数

从这个例子中可以看到如果请求参数与 Controller 方法形参对应不上，可以使用@RequestParam 注解来手动绑定。

当 Controller 方法有多个形参时，如果请求中不包含其中某个形参，此时程序会报错，所以使用该参数时要进行空校验。如果要求绑定的参数一定不能为空，可使用@RequestParam 注解中的 required 属性来指定该参数是否必须传入，属性值为 false 时指定参数不用必须传入，如果我们不特意声明 required 属性，它的默认值是 true。

在 Controller 方法的形参中，如果有一些参数可能为空，但是又希望它们为空时有一个默认值，此时可以使用@RequestParam 注解中的 defaultValue 属性来指定某些参数的默认值，例子如下：

```
//使用默认值绑定参数
@RequestMapping("/testRequestParam")
public void testdefaultValue(@RequestParam(value="id", defaultValue="1")Integer u_id){
        System.out.println(u_id);
}
<a href="usersController/testRequestParam?id1=456">使用默认值绑定</a>
```

运行程序后可以看到控制台打印的信息如图 9-11 所示。

```
信息: FrameworkServlet 'SpringMVC': initialization completed in 1405 ms
1
```

图 9-11　参数为空的时候使用默认值

在上面的例子中，如果请求中没有 id 参数，或者 id 参数值为空，此时处理器适配器会使用参数绑定组建将 id 的默认值 defaultValue 取出赋给形参 u_id。

9.6.4　包装类型参数绑定

在上一节中，学习了如果对简单类型进行参数绑定，在本节中，将讲解 Spring MVC 处理包装类型的方式，现在用一个例子来讲解一下如何对包装类型参数绑定，需求很简单，就是通过用户名来查询出该用户的相关信息。

　　在 Spring MVC 工程下新创建一个用户模糊查询页面。在 WebContent/WEB-INF/jsp/路径下编写名为 "selUser.jsp" 的页面，其中有用户名作为搜索框，搜索结果在下面以 table 列表形式显示：

```
<%@ page language="java" contentType="text/html; charset=UTF-8"
    pageEncoding="UTF-8"%>
<%@ taglib prefix="c" uri="http://java.sun.com/jsp/jstl/core"%>
<!DOCTYPE html>
<html>
<head>
<meta charset="UTF-8">
<title>Insert title here</title>
</head>
<body>
    <form action="usersController/selUser">
        用户名:<input type="text" name="uName"/>
        <input type="submit" value="提交"/>
    </form>
    <hr>
    <h3>搜索结果</h3>
    <table>
        <Tr>
            <td>姓名</td><td>年龄</td><td>电话</td>
        </Tr>
        <c:forEach items="${listU }" var="list">
            <tr>
                <td>${list.name }</td><td>${list.age }</td><td>${list.tel }</td>
            </tr>
        </c:forEach>
    </table>
</body>
</html>
```

　　可以看到搜索区域是包括在 form 表单中的，其中要请求的 action 地址为要在 Controller 中编写的模糊搜索方法对应的 URL "usersController/selUser"，而搜索条件的 input 中可以看到 name 指定的名称为 Users 包装类的属性名，这种类型将会被 Spring MVC 的处理器适配器解析，它会创建具体的实体类，并将相关的属性值通过 set 方法绑定到包装类中。

　　在 Controller 包下创建名为 "UserController" 的类，然后给该类添加代表控制器的注解@Controller，然后创建一个方法 setUser，并指定方法参数为 Users（实体类），由于是模糊查询，所以返回多个搜索结果，是一个 List 集合。方法中的逻辑就是将前端页面传来的 Users 实体类，传递给 Service 的模糊查询方法，得到结果。

　　Users 实体类代码如下：

```
package com.mr.entity;

public class Users {

    private String name;
    private int age;
    private String tel;
    public String getName() {
        return name;
```

```
        }
        public void setName(String name) {
            this.name = name;
        }
        public int getAge() {
            return age;
        }
        public void setAge(int age) {
            this.age = age;
        }
        public String getTel() {
            return tel;
        }
        public void setTel(String tel) {
            this.tel = tel;
        }


}
```

Controller 方法如下：

```
package com.mr.controller;

import java.util.ArrayList;
import java.util.List;

import javax.servlet.http.HttpServletRequest;
import javax.servlet.http.HttpServletResponse;

import org.springframework.stereotype.Controller;
import org.springframework.web.bind.annotation.RequestMapping;
import org.springframework.web.servlet.ModelAndView;


import com.mr.entity.Users;

@Controller
@RequestMapping("usersController")
public class UsersController {

    @RequestMapping("/selUser")
    public ModelAndView getAllUser(Users users) throws Exception {
        // TODO Auto-generated method stub
        List<Users> listU = null;
        if(users ==null||users.getName()==null||users.getName().equals("")) {
            listU = UsersService();
        }else {
            listU = setUser(users);
        }
        ModelAndView mav = new ModelAndView();
        mav.addObject("listU", listU);
        mav.setViewName("/WEB-INF/jsp/usersList.jsp");
        return mav;
    }
```

```
//模拟Service的内部类查询所有的方法
public List<Users> UsersService(){
    List<Users> list = new ArrayList<>();
    Users u = new Users();
    u.setName("Steven");
    u.setAge(30);
    u.setTel("138********");
    Users u1 = new Users();
    u1.setName("MR");
    u1.setAge(10);
    u1.setTel("12345678");
    list.add(u);
    list.add(u1);
    return list;
}
//模拟Service的内部类模糊查询方法
public List<Users> setUser(Users users){
    //获取查询条件users对象中name的属性值
    String uName = users.getName();
    //获取模拟数据库中Users表中所有数据
    List<Users> listU = UsersService();
    //创建一个空对象用于存返回值
    Users users1 = null;
    //创建一个空集合用于存所有符合条件的Users对象
    List<Users> selU = new ArrayList<>();
    //将我们的查询条件与数据库中表中name字段所有值进行比较
    for(int i=0;i<listU.size();i++) {
        if(listU.get(i).getName().contains(uName)) {
            users1 = listU.get(i);
            selU.add(users1);
        }
    }

    return selU;
}
}
```

可以看到，该查询包装类包括了 Users 类作为属性，那么在进行查询时，指定 input 的 name 属性为"包装对象. 属性"的形式，当 input 标签内容作为参数传到后台的时候，程序会自动把值赋给包装类对象下的对应属性。

当前端页面发出请求后，处理器适配器会解析这种格式的 name，将该参数当作查询包装类的成员参数绑定起来，作为 Controller 方法的形参。这样在 Controller 方法中就可以通过查询包装类获取其包装的其他类的对象。

因为搜索条件中可能会含有中文信息，所以如果查询失败，可以在程序打个断点跟一下，看中文数据传到后台是否发生乱码情况，如果中文数据到后台出现乱码现象，就需要配置一个过滤器，对传输的数据格式进行统一转码。一般会在 web.xml 中设置 Spring MVC 的转码过滤器来解决这种问题，代码如下：

```
<filter>
    <filter-name>CharacterEncodingFilter</filter-name>
    <filter-class>org.springframework.web.filter.CharacterEncodingFilter</filter-class>
    <init-param>
        <param-name>encoding</param-name>
        <param-value>UTF-8</param-value>
    </init-param>
</filter>
<filter-mapping>
    <filter-name>CharacterEncodingFilter</filter-name>
    <url-pattern>/*</url-pattern>
</filter-mapping>
```

9.6.5　集合类型参数绑定

由于前端请求的数据是批量的，此时就要求 Web 端去处理请求时，获取这些批量的请求参数。一般批量的请求参数在 Java 中是以数组或者集合的形式接收的，而 Spring MVC 提供了接收和解析数据和集合参数类型的机制。当前端请求的参数为批量数据时，处理器适配器会根据批量的类型，以及 Controller 的形参定义的类型，进行数据绑定，使得前端请求数据绑定到相应的数组或者集合参数上。

1. 数组类型的请求参数

在 JSP 页面可能出现类似复选框的表单，让用户选择一个或者多个数据进行操作，例如：

```
<%@ page language="java" contentType="text/html; charset=UTF-8"
    pageEncoding="UTF-8"%>
<%@ taglib prefix="c" uri="http://java.sun.com/jsp/jstl/core" %>
<!DOCTYPE html>
<html>
<head>
<meta charset="UTF-8">
<title>Insert title here</title>
</head>
<body>
<form action="getArrayTest">
    <table>
        <tr>
            <td>选择</td>
            <td>名称</td>
            <td>年龄</td>
            <td>电话</td>
        </tr>
        <c:forEach items="${listU }" var="list">
            <tr>
                <td><input type="checkbox" name="id" value="${list.id }"/></td>
                <td>${list.name }</td>
                <td>${list.age }</td>
                <td>${list.tel }</td>
            </tr>
        </c:forEach>
    </table><br/>
    <input type="submit" value="批量提交"/>
</form>
```

```
</body>
</html>
```

写完 JSP 可以看到图 9-12 所示的效果。

图 9-12　列表复选框页面

此时一个或者多个被选中的 input 空间的 name 是相同的，这就需要在 Web 端使用一个 name 相同的数组类型的参数去接收批量参数。对于本实例，在 Web 端使用一个名为 id 的形参去接收批量请求参数：

```
@RequestMapping("/getArrayTest")
public void arrayTest(int[] id) {
    for(int i=0;i<id.length;i++) {
        System.out.println("id["+i+"]"+id[i]);
    }
}
```

当在前端页面选择所有的复选框后，单击"批量提交"按钮，可以在控制台观察到图 9-13 所示的效果。

```
信息: FrameworkServlet 'SpringMVC': initialization completed in 1423 ms
id[0]1
```

图 9-13　获取数组类型结果页面

这说明在 Web 端获取了前端的多个用户 id 数据，即通过数组形式成功绑定了前端传过来的批量数据。

如果不在 Controller 的方法里加参数注解的话， 那么实体类和 Controller 方法的形参以及页面 input 标签的 name 属性，必须要保持一致。

2. List 类型请求参数

当想把页面上的批量数据通过 Spring MVC 转换为 Web 端的 List 类型的对象时，每一组数据的 input 空间的 name 属性使用"集合名[下标]. 属性"的形式，当请求传递给 Web 端时，处理器适配器会根据 name 的格式请求参数解析为响应的 List 集合。代码如下：

```
<%@ page language="java" contentType="text/html; charset=UTF-8"
    pageEncoding="UTF-8"%>
<%@ taglib prefix="c" uri="http://java.sun.com/jsp/jstl/core" %>
<!DOCTYPE html>
<html>
<head>
<meta charset="UTF-8">
<title>Insert title here</title>
</head>
<body>
<form action="getArrayTest2">
    <table>
        <tr>
```

```
                <td>姓名</td>
                <td>年龄</td>
                <td>电话</td>
            </tr>
        <c:forEach items="${listU }" var="list" varStatus="status">
            <tr>
                <td><input name="listU[${status.index }].name" value="${list.name }"></td>
                <td><input name="listU[${status.index }].age" value="${list.age }"></td>
                <td><input name="listU[${status.index }].tel" value="${list.tel }"></td>
            </tr>
        </c:forEach>
    </table><br/>
    <input type="submit" value="提交测试"/>
</form>
</body>
</html>
```

可以看到，每一行参数 name 都使用"集合名[下标]. 属性"的形式，当 form 表单被提交之后，会将该批量数据转化为 Controller 对应的方法的包装类参数中，对应该包装类参数的集合名相同的属性对象。如下面 Controller 处理方法：

```
package com.mr.controller;

import java.util.ArrayList;
import java.util.List;

import javax.servlet.http.HttpServletRequest;
import javax.servlet.http.HttpServletResponse;

import org.springframework.stereotype.Controller;
import org.springframework.web.bind.annotation.RequestMapping;
import org.springframework.web.servlet.ModelAndView;

import com.mr.entity.ListQryModel;
import com.mr.entity.Users;

@Controller
@RequestMapping("usersController2")
public class UsersController2 {

    @RequestMapping("/selUser2")
    public ModelAndView getAllUser() throws Exception {
        // TODO Auto-generated method stub
        List<Users> listU = UsersService();
        ModelAndView mav = new ModelAndView();
        mav.addObject("listU", listU);
        mav.setViewName("/WEB-INF/jsp/usersList2.jsp");
        return mav;
    }

    @RequestMapping("/getArrayTest2")
    public void arrayTest(ListQryModel listQryModel) {
```

```
            List<Users> list =listQryModel.getListU();
            for(int i=0;i<list.size();i++) {
                System.out.println("list["+i+"].name="+list.get(i).getName());
            }
        }


        // 模拟Service的内部类查询所有的方法
        public List<Users> UsersService() {
            List<Users> list = new ArrayList<>();
            Users u = new Users();
            u.setId(1);
            u.setName("Steven");
            u.setAge(30);
            u.setTel("138********");
            Users u1 = new Users();
            u1.setId(2);
            u1.setName("MR");
            u1.setAge(10);
            u1.setTel("12345678");
            list.add(u);
            list.add(u1);
            return list;
        }

        // 模拟Service的内部类模糊查询方法
        public List<Users> setUser(Users users) {
            // 获取查询条件users对象中name的属性值
            String uName = users.getName();
            // 获取模拟数据库中Users表中所有数据
            List<Users> listU = UsersService();
            // 创建一个空对象用于存返回值
            Users users1 = null;
            // 创建一个空集合用于存所有符合条件的Users对象
            List<Users> selU = new ArrayList<>();
            // 将我们的查询条件与数据库中表中name字段所有值进行比较
            for (int i = 0; i < listU.size(); i++) {
                if (listU.get(i).getName().contains(uName)) {
                    users1 = listU.get(i);
                    selU.add(users1);
                }
            }
            return selU;
        }
    }
```

使用 ListQryModel 包装类作为形参，来接收前台传递过来的 List 集合数据。在 ListQryModel 包装类中定义了以下信息：

```
package com.mr.entity;
import java.util.List;
public class ListQryModel {
    private List<Users> listU;
```

```
        public List<Users> getListU() {
            return listU;
        }
        public void setListU(List<Users> listU) {
            this.listU = listU;
        }
    }
```

包装类中定义的 List 集合属性，其名称一定要与 JSP 页面中 input 的 name 属性定义的"集合名[下标]. 属性"形式中的集合名是一致的，这样处理器适配器才可以正确绑定该 List 集合。

在 JSP 页面中提交表单后，Controller 方法执行的结果如图 9-14 所示。

```
信息: FrameworkServlet 'SpringMVC': initialization completed in 1433 ms
list[0].name=Steven
list[1].name=MR
```

图 9-14　获取 List 类型结果的页面

在 Controller 的包装类的属性中成功获取了前台的请求参数，这证明 List 集合类型数据获取成功。

form 表单的集合元素的 name 属性要和 Controller 相关方法的 List 形参对象名称保持一致。

3. Map 类型请求参数

当想把页面上的批量数据通过 Spring MVC 转换为 Web 端的 Map 类型的对象时，每一组数据的 input 标签的 name 属性使用"Map 名[key 值]"的形式，当请求传递到 Web 端时，处理器适配器会根据 name 的格式将请求参数解析为响应的 Map 集合，如下面的页面：

```
<%@ page language="java" contentType="text/html; charset=UTF-8"
    pageEncoding="UTF-8"%>
<!DOCTYPE html>
<html>
<head>
<meta charset="UTF-8">
<title>Insert title here</title>
</head>
<body>
    <form action="getArrayTest3">
        <table>
            <tr>
                <td>名称</td>
                <td>年龄</td>
                <td>电话</td>
            </tr>
            <tr>
                <td><input name="userMap['name']" value="LILY" /></td>
                <td><input name="userMap['age']" value="18" /></td>
                <td><input name="userMap['tel']" value="130********" /></td>
```

```
                    </tr>

                </table>
                <br /> <input type="submit" value="批量提交" />
        </form>
</body>
</html>
```

这里每一个 input 的参数都使用了"Map 名[key 值]"的表达形式，这种形式的数据被提交时，会被处理器适配器解析为 Controller 对应的方法含有相同的 Map 名的 Map 类型属性的包装类参数。如下面的 Controller 处理方法：

```
package com.mr.controller;

import java.util.ArrayList;
import java.util.List;
import java.util.Map;

import javax.servlet.http.HttpServletRequest;
import javax.servlet.http.HttpServletResponse;

import org.springframework.stereotype.Controller;
import org.springframework.web.bind.annotation.RequestMapping;
import org.springframework.web.servlet.ModelAndView;

import com.mr.entity.MapQryModel;
import com.mr.entity.Users;

@Controller
@RequestMapping("usersController3")
public class UsersController3 {

    @RequestMapping("/selUser3")
    public ModelAndView getAllUser() throws Exception {
        // TODO Auto-generated method stub
        List<Users> listU = UsersService();
        ModelAndView mav = new ModelAndView();
        mav.addObject("listU", listU);
        mav.setViewName("/WEB-INF/jsp/usersList3.jsp");
        return mav;
    }

    @RequestMapping("/getArrayTest3")
    public void arrayTest(MapQryModel mapQryModel) {
        Map<String, Object> userMap = mapQryModel.getUserMap();
        for(String key:userMap.keySet()) {
            System.out.println("userMap["+key+"]="+userMap.get(key));
        }
    }

    // 模拟Service的内部类查询所有的方法
```

```java
public List<Users> UsersService() {
    List<Users> list = new ArrayList<>();
    Users u = new Users();
    u.setId(1);
    u.setName("Steven");
    u.setAge(30);
    u.setTel("138********");
    Users u1 = new Users();
    u1.setId(2);
    u1.setName("MR");
    u1.setAge(10);
    u1.setTel("12345678");
    list.add(u);
    list.add(u1);
    return list;
}

// 模拟Service的内部类模糊查询方法
public List<Users> setUser(Users users) {
    // 获取查询条件users对象中name的属性值
    String uName = users.getName();
    // 获取模拟数据库中Users表中所有数据
    List<Users> listU = UsersService();
    // 创建一个空对象用于存返回值
    Users users1 = null;
    // 创建一个空集合用于存所有符合条件的Users对象
    List<Users> selU = new ArrayList<>();
    // 将我们的查询条件与数据库中表中name字段所有值进行比较
    for (int i = 0; i < listU.size(); i++) {
        if (listU.get(i).getName().contains(uName)) {
            users1 = listU.get(i);
            selU.add(users1);
        }
    }
    return selU;
}
```

　　这里使用了 MapQryModel 包装类作为接受请求参数的对象。在 MapQryModel 包装类中，定义了映射用的 Map 属性，其名称与 "Map 名[key 值]" 形式中的 Map 名要保持一致，如下：

```java
package com.mr.entity;

import java.util.Map;

public class MapQryModel {

    private Map<String, Object> userMap;

    public Map<String, Object> getUserMap() {
        return userMap;
    }
```

```
        public void setUserMap(Map<String, Object> userMap) {
            this.userMap = userMap;
        }


    }
```

此时在前端页面单击提交按钮，可以在 Web 端的控制台中看到图 9-15 所示的信息。

```
信息: FrameworkServlet 'SpringMVC': initialization completed in 1549 ms
userMap[age]=18
userMap[name]=LILY
userMap[tel]=130********
```

图 9-15　获取 Map 类型结果的页面

> form 表单的 Map 元素的 name 属性要和 Controller 相关方法的 Map 形参名，以及对应的 key 保持一致。

9.7　拦截器

在系统中，经常需要在处理用户请求之前和之后执行一些动作，例如检测用户的权限，或者将请求的信息记录到日志中，即平时所说的"全局检测"以及"日志记录"。当然不仅仅包括这些，所以需要一种机制，拦截用户的请求，在请求的前后添加处理逻辑。

Spring MVC 提供了 Interceptor 拦截器机制，用于请求的预处理和后处理，在 Spring MVC 中定义一个拦截器有两种方法：第一种方法是实现 HandlerInterceptor 接口，或者继承实现了 HandlerInterceptor 接口的类；第二种方法是实现 Spring 的 WebRequestInterceptor 接口，或者基层实现了 WebRequestInterceptor 的类。这些拦截器都是在 Handler 方法的执行周期内进行拦截操作的，下面分别介绍这两种拦截器接口的使用。

拦截器

9.7.1　HandlerInterceptor 接口

如果要实现 HandlerInterceptor 接口，就要实现其 3 个方法，分别是 preHandle、postHandle 和 agterCompletion。

preHandle(WebRequest request)在执行 Handler 方法之前执行，该方法返回值为 Boolean 类型，如果返回 false，表示拦截请求，不再向下执行。而如果返回 true，表示放行，此方法可以对请求进行判断，决定程序是否继续执行，或者进行一些前置初始化的预处理。

postHandle(WebRequest request, ModelMap model)在执行 Handler 方法之后，返回 ModelAnd-View 之前执行，由于该方法会在 DispatcherServlet 进行返回视图渲染之前被调用，所以此方法多用于同意处理返回的视图，例如将公用的模型数据（列入菜单导航栏）添加到视图，或者根据其他情况制定公用的视图。

afterCompletion(WebRequest request, Exception ex)在执行完 Handler 方法之后执行，由于是在 Controller 方法执行完毕之后执行该方法，所以该方法适合进行统一的异常或者日志处理操作。

这里需要注意的是，由于 preHandle 方法决定了程序是否继续执行，所以 postHandle 及 after-Completion 方法只能在当前 Interceptor 的 preHandle 方法的返回值为 true 的时候才执行。

在实现了 HandlerInterceptor 接口之后，需要在 Spring 的类加载配置文件中配置拦截器的实现类，才能使拦截器起到拦截的效果。HandlerInterceptor 类加载配置有两种方式，分别是 "针对 Handler-Mapping 配置" 和 "全局配置"。

针对拦截器配置，需要在某个 HandlerMapping 配置中将拦截器作为其参数配置进去，此后通过该 HandlerMapping 映射成功的 Handler 就会使用配置好的拦截器。样例配置如下：

```
<bean class="org.springframework.web.servlet.handler.BeanNameUrlHandlerMapping">
        <property name="interceptors">
            <list>
                <ref bean="interceptor1"/>
                <ref bean="interceptor2"/>
            </list>
        </property>
    </bean>
    <bean id="interceptor1" class="com.mr.interceptor.HandlerInterceptorDemo1"/>
    <bean id="interceptor2" class="com.mr.interceptor.HandlerInterceptorDemo2"/>
```

这里为 BeanNameUrlHandlerMapping 处理器映射器配置了一个 interceptors 拦截器链，该拦截器链中包含了两个拦截器，名称分别是 interceptor1 和 interceptor2，具体的实现分别对应下面的 id 为 interceptor1 和 interceptor2 的 bean 配置。

此种配置的优点是可以针对具体的处理器映射器进行拦截操作，缺点是如果使用多个处理器映射器，就要在多处添加拦截器的配置信息，比较烦琐。

针对全局配置，只需要在 Spring 的类加载配置文件中添加 "<mvc:interceptors>" 标签对，在该标签对中配置的拦截器，可以起到全局拦截器的作用，这是因为该配置会将拦截器注入每一个 Handler-Mapping 处理器映射器中，配置如下：

```
<mvc:interceptors>
        <mvc:interceptor>
            <mvc:mapping path="/**"/>
            <bean class="com.mr.interceptor.HandlerInterceptorDemo1"/>
        </mvc:interceptor>
        <mvc:interceptor>
            <mvc:mapping path="/**"/>
            <bean class="com.mr.interceptor.HandlerInterceptorDemo2"/>
        </mvc:interceptor>
    </mvc:interceptors>
```

在上面的配置中，可以在 "<mvc:interceptors>" 标签对下配置多个 interceptor 拦截器，这些拦截器会顺序执行。在每个拦截器中，可以定义拦截器响应的 url 请求路径，可以是某一个子域下的请求，也可以像书中配置为 "/**" 的形式，表示拦截所有 url。通过 bean 标签配置拦截器的具体实现。

9.7.2　WebRequestInterceptor 接口

HandlerInterceptor 接口主要进行请求前以及请求后的拦截，而 WebRequestInterceptor 接口是针对请求的拦截器接口的，该接口方法参数中没有 response，所以使用该接口只进行请求数据的准备和处理。

WebRequestInterceptor 接口中定义了 3 个方法，所以实现 WebRequestInterceptor 接口进行拦截的机制也是实现这 3 种方法，分别是 preHandle、postHandle 和 afterCompletion。这 3 个方法的作用在 9.7.1 小节中已经阐明，在这里不做介绍了。

每个方法都含有 WebRequest 参数，WebRequest 的方法定义与 HTTP Request ServletRequest 基本相同，在 WebRequestInterceptor 中对 WebRequest 进行的所有操作都将同步到 HttpServletRequest

中，然后在当前请求中一直传递。

preHandle 方法也是在执行 Handler 方法之前执行，该方法返回值为 void，由于没有返回值，使用该方法主要进行数据的前期准备，使用 WebRequest 的 setAttribute(name, value, scope)，将需要准备的参数放到 WebRequest 的属性中。WebRequest 的 setAttribute 方法的第三个参数 scope 的类型为 Integer，在 WebRequest 的父层接口 RequestAttributes 中为它定义了 3 个常量，如表 9-3 所示。

表 9-3 RequestAttributes 的 3 个常量及作用

常量名	真实值	作用
SCOPE_REQUEST	0	代表只有在 request 中可以访问
SCOPE_SESSION	1	如果环境允许，它代表一个局部的隔离的 session，否则就代表普通的 session，并且该 session 范围内可以访问
SCOPE_GLOBAL_SESSION	2	如果环境允许，它代表一个全局共享的 session，否则就代表普通的 session，并且在该 session 范围内可以访问

postHandle 方法也是在执行 Handler 方法之后，返回 ModelAndView 之前执行，postHandle 方法中有一个数据模型 ModelMap，它是 Controller 处理之后返回的 Model 对象，可以通过改变 ModelMap 中的属性来改变 Controller 最终返回的 Model 模型。

afterCompletion 方法也是在执行完 Handler 之后执行，如果为之前的 preHandle 方法中的 WebRequest 准备了一些参数，那么在 afterCompletion 方法中，可以将 WebRequest 参数中不需要的准备资源释放掉。

9.7.3 拦截器登录控制

上面讲述了 Spring MVC 中的拦截器机制，下面通过一个样例来使用拦截器完成登录控制，具体为拦截用户请求，判断用户是否已经登录。如果用户没有登录，则跳转到登录页面，如果用户已经登录就放行。

首先在 web 工程下创建登录拦截器 LoginInterceptor，实现 HandlerInterceptor 接口，实现其 3 个方法。这里因为要判断用户的登录情况，所以主要以 preHandle 方法为主，具体代码如下：

```
package com.mr.interceptor;
import javax.servlet.http.HttpServletRequest;
import javax.servlet.http.HttpServletResponse;
import org.springframework.web.servlet.HandlerInterceptor;
import org.springframework.web.servlet.ModelAndView;
public class LoginInterceptor implements HandlerInterceptor {
    @Override
    public boolean preHandle(HttpServletRequest request, HttpServletResponse response, Object handler)
            throws Exception {
        // TODO Auto-generated method stub
        String uri = request.getRequestURI();
        //判断当前请求地址是否是登录地址
        if(!uri.contains("Login")||uri.contains("login")) {
            //用户没登录请求
            if(request.getSession().getAttribute("users")!=null) {
                //说明已经登录过
                return true;
            }else {
```

```
                       response.sendRedirect(request.getContextPath()+"/login");
              }
       }else {
              //请求登录
              return true;
       }
       //默认拦截
       return false;
}
@Override
public void postHandle(HttpServletRequest request, HttpServletResponse response, Object handler,
       ModelAndView modelAndView) throws Exception {
       // TODO Auto-generated method stub
       HandlerInterceptor.super.postHandle(request, response, handler, modelAndView);
}
@Override
public void afterCompletion(HttpServletRequest request，HttpServletResponse response，Object
handler，Exception ex)
              throws Exception {
       // TODO Auto-generated method stub
       HandlerInterceptor.super.afterCompletion(request, response, handler, ex);
       }
   }
```

这里要说明的是，在用户登录成功之后，会将用户信息封装在 users 对象中，并防止在全局的 session 中。在上面的代码中，在 preHandle 方法中编写了控制用户登录权限的逻辑。首先判断请求是否是去往登录页面，如果是则直接返回 true。如果不是，检测用户的 user 信息是否在 session 中，如果不在，说明用户没有登录，跳转至登录页面。如果 session 中包含了 users 对象，说明用户已经登录，此时直接返回 true 就可以。

编写完拦截器的逻辑后，需要在 Spring MVC 配置文件中配置该全局拦截器类，代码如下：

```xml
<?xml version="1.0" encoding="UTF-8"?>
<beans        xmlns="http://www.springframework.org/schema/beans"
             xmlns:xsi="http://www.w3.org/2001/XMLSchema-instance"
             xmlns:context="http://www.springframework.org/schema/context"
             xmlns:mvc="http://www.springframework.org/schema/mvc"
             xsi:schemaLocation="http://www.springframework.org/schema/beans
             http://www.springframework.org/schema/beans/spring-beans-4.0.xsd
             http://www.springframework.org/schema/context
             http://www.springframework.org/schema/context/spring-context-4.0.xsd
             http://www.springframework.org/schema/mvc
             http://www.springframework.org/schema/mvc/spring-mvc-4.0.xsd">
       <!-- 配置试图解析器 -->
       <bean class="org.springframework.web.servlet.view.InternalResourceViewResolver">
              <property name="prefix" value="/WEB-INF/jsp/"/>
              <property name="suffix" value=".jsp"/>
       </bean>
       <mvc:annotation-driven></mvc:annotation-driven>
       <mvc:interceptors>
              <mvc:interceptor>
                     <mvc:mapping path="/**"/>
                     <bean class="com.mr.interceptor.LoginInterceptor"/>
```

```
            </mvc:interceptor>
        </mvc:interceptors>

        <!-- 制定控制器 -->
        <bean class="com.mr.controller.UsersController"/>
        <bean class="com.mr.controller.LoginController"/>
    </beans>
```

再创建一个 LoginController 类，并写一个名为 login 的方法，用于判断用户是否登录过，以及登录成功或失败的不同动作，代码如下：

```java
package com.mr.controller;

import javax.servlet.http.HttpServletRequest;
import javax.servlet.http.HttpServletResponse;

import org.springframework.stereotype.Controller;
import org.springframework.ui.Model;
import org.springframework.web.bind.annotation.RequestMapping;

import com.mr.entity.Users;

@Controller
public class LoginController {

    @RequestMapping("/toLogin")
    public String login(Model model, HttpServletRequest request, HttpServletResponse response, Users users) {
            if(request.getSession().getAttribute("users") != null) {
                return "selUser";
            }else if(users.getName()!= null&& !users.getName().equals("")) {
                //检测账号密码
                boolean flag = checkUser(users);
                if(flag) {
                    request.getSession().setAttribute("users", users);
                    return "redirect: usersController/selUser";
                }else {
                    model.addAttribute("errorMSG", "账号或密码错误");
                    return "login";
                }

            }
            return "login";
    }
    public boolean checkUser(Users users) {
        if(users.getName().equals("Steven")&&users.getPwd().equals("123")) {
            return true;
        }
        return false;
    }
}
```

登录失败时，会将错误信息 errorMSG 封装在 model 中，在登录页面中将登录失败的错误信息展示给用户：

```jsp
<%@ page language="java" contentType="text/html; charset=UTF-8"
    pageEncoding="UTF-8"%>
<%@ taglib prefix="c" uri="http://java.sun.com/jsp/jstl/core"%>
<!DOCTYPE html>
<html>
<head>
<meta charset="UTF-8">
<title>Insert title here</title>
</head>
<body>

    <c:if test="${errorMSG != null}">
        <font color="red">${errorMSG }</font>
    </c:if>
    <form action="toLogin">
        <table>
            <Tr>
                <td>用户名：<input type="text" name="name" /></td>
            </Tr>
            <Tr>
                <td>密码：<input type="pwd" name="pwd" /></td>
            </Tr>
            <tr>
                <td><input type="submit" value="提交"/></td>
            </tr>
        </table>
    </form>

</body>
</html>
```

然后在浏览器中直接访问登录页面"toLogin"，此时请求会直接放行，可以看到登录页面如图 9-16 所示。

然后输入账号密码（由于没有数据库，这里暂时假定账号为 mr 密码为 123 的用户通过）。当输入的账号和密码错误时，结果如图 9-17 所示。

图 9-16　登录页面

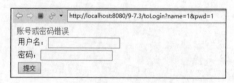

图 9-17　输入错误的账号和密码

然后输入正确的账号和密码，单击"提交"按钮之后跳转列表页，如图 9-18 所示。

图 9-18　输入正确的账号和密码

测试结果证明了拦截器的配置是成功的。

9.8 Spring MVC 的其他操作

Spring MVC 的
其他操作

通过前面章节的学习，已经基本熟悉了整个 Spring MVC 的开发细节和流程。除了前面讲述的 Spring MVC 的基本知识点外，在日常开发中，可能还会遇到上传文件，进行 JSON 数据交互和实现某种请求风格等常用的操作，Spring MVC 对这些功能也提供了良好的支持。本节着重介绍在开发过程中如何利用 Spring MVC 框架来实现一些常见的操作。

9.8.1 利用 Spring MVC 上传文件

在传统的 JSP/Servlet 开发模式下，在页面通过 form 表单中 type 为 file 的 input 标签来添加本地文件资源，然后为 form 表单设置 "enctype='multipart/form-data'" 的属性，当上传文件时，该 HTTP 请求会被 Servlet 包装成 HttpServletRequest 对象，再由前端所请求的响应 Servlet 进行处理，当请求至 Servlet 时，request 中会包含前台传递过来的 file 类型的图片参数，然后解析这个 HTTP 请求，分理出其中的文本表单和上传的文件类型，效率比较低。后期的开发中有开发者使用 Apache 开源上传软件包 fileupload 来解决该问题，但是依然避免不了手动编写区分数据类型，转码等一些代码工作。

Spring MVC 的请求数据参数化的处理机制，使得上传中小型文件变得方便、快捷，在前端页面与传统开发模式一样，使用 input 标签来添加文件，同样为 form 表单设置 enctype 属性，当此类型的表单被提交后，Spring MVC 会对 multipart 类型进行解析。

下面通过实现一个图片上传案例，让大家了解 Spring MVC 上传文件的配置和操作。

使用 Spring MVC 上传文件首先需要在 SpringMVC.xml 配置文件中配置 multipart 类型解析器，配置语句如下：

```xml
<bean id="multipartResolver" class="org.springframework.web.multipart.commons.CommonsMultipartResolver">
    <property name="maxUploadSize">
        <value>5242800</value>
    </property>
</bean>
```

上面配置了一个多类型文件解析器 CommonsMultipartResolver，其中配置了 maxUploadSize 属性，该属性设置了上传文件占用的最大容量。

使用 Spring MVC 上传文件，其内部实现也使用 Apache 开源上传软件包 fileupload 与 io 包，所以要将这两个 jar 包添加到工程中，如图 9-19 所示。

commons-fileupload-1.3.3.jar
commons-io-2.6.jar

图 9-19 Spring MVC 上传文件依赖包

接下来进行图片上传功能的编写。首先创建一个上传图片的页面，在 jsp 目录下创建一个名为 "upLoadFile.jsp" 的页面，用于上传图片。

然后在该页面中添加上传图片的前端代码：

```jsp
<%@ page language="java" contentType="text/html; charset=UTF-8"
    pageEncoding="UTF-8"%>
<!DOCTYPE html>
```

```html
<html>
<head>
<meta charset="UTF-8">
<title>Insert title here</title>
</head>
<body>
    <form action="uploadImg" method="post" enctype="multipart/form-data">

        <input type="file" name="file"/>
        <input type="submit" value="上传"/>
    </form>
</body>
</html>
```

在该页面中，添加了一个包含"enctype='multipart/form-data'"属性的 form 表单，并且其中包含一个 type 为 file 的 input 标签。

接下来编写处理该上传请求的 Controller。在该工程中创建一个名为 uploadController 的 Java 类，在其中添加 @Controller 注解。然后编写一个名为"uploadImg"的方法，并添加 @RequestMapping ("uploadImg")，代表处理该路径的请求。具体实现代码如下：

```java
package com.mr.controller;

import java.io.File;
import java.util.UUID;

import org.springframework.stereotype.Controller;
import org.springframework.ui.Model;
import org.springframework.web.bind.annotation.RequestMapping;
import org.springframework.web.multipart.MultipartFile;

@Controller
public class uploadController {

    @RequestMapping("toUpload")
    public String toUpload() {
        return "upLoadFile";
    }

    @RequestMapping("uploadImg")
    public String uploadImg(Model model, MultipartFile file)throws Exception{
        //上传图片的原始名称
        String originalFilename= file.getOriginalFilename();
        String newFileName = null;
        if(file != null&& originalFilename!=null&&originalFilename.length()>0) {
            String pic_path="E:\\upload\\";
newFileName=UUID.randomUUID()+originalFilename.substring(originalFilename.lastIndex Of("."));
            File newFile = new File(pic_path+newFileName);
            file.transferTo(newFile);
        }
        model.addAttribute("image", newFileName);
        return "upLoadFile";
```

```
    }
  }
```

在上面代码中, toUpload 方法用来跳转到图片上传页面, 而 uploadImg 方法用来处理图片上传逻辑。在 uploadImg 方法的参数中可以看到一个名为 file 的 MultipartFile 类型的参数, 该参数的名称为映射前端上传页面的图片资源 input 标签的 name 属性。在 Spring MVC 中, MultipartFile 类主要用来接受并转换 request 请求中 multipart 类型的文件数据。执行 Controller 获得 MultipartFile 类型的参数后, 就可以使用该参数进行文件的处理了。

MultipartFile 类常用的方法如表 9-4 所示。

表 9-4　MultpartFile 类常用方法解释

方法名	返回值	作用
getContentType()	String	获取文件 MIME 类型
getInoutStream()	InputStream	获取文件流
getName()	String	获取 form 表单中文件组件的名字
getOriginalFilename()	String	获取上传文件的原名
getSize()	Long	获取文件的大小, 单位为 byte
isEmpty()	Boolean	是否为空
transferTo(File dest)	Void	将数据保存到一个目标文件中

下面来测试图片上传案例, 启动测试工程然后在浏览器中输入跳转到图片上传页面的请求地址, 如图 9-20 所示。

选择完图片以后单击 "上传" 按钮, 此时后台对前端传来的图片资源进行上传。稍作停留完成之后, 可以去在 Controller 方法里制定的路径下看图片是否上传功能, 如图 9-21 所示。

图 9-20　图片上传页面

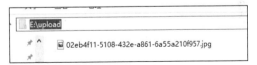

图 9-21　文件上传成功后的路径

可以看到, 上传的新图片的名称跟原图不一样, 这是之前在程序中使用的 UUID 序列号, 可以保证图片上传名称不冲突。

至此, 上传图片功能就开发完成了。

9.8.2　静态资源访问问题

把一些静态资源放在 WEB-INF 下是无法通过 url 访问到的, 原因是 WEB-INF 目录是有 JavaWeb 保护机制的 (该目录下的文件不可以直接被访问), 所以原则上是可以通过直接访问静态资源的方式获得想要的文件, 现在想要获得 WEB-INF 下的资源文件需要在 SpringMVC.xml 配置文件中配置静态资源的解析路径, 将需要加载的静态资源的 URI 路径配置在标签中, 然后配置该 URI 映射的真实资源路径, 代码如下:

```xml
<!-- 配置静态资源加载 -->
    <mvc:resources location="/WEB-INF/jsp" mapping="/jsp/**"/>
    <mvc:resources location="/WEB-INF/js" mapping="/js/**"/>
    <mvc:resources location="/WEB-INF/css" mapping="/css/**"/>
    <mvc:resources location="/WEB-INF/img" mapping="/img/**"/>
```

当类加载配置文件 SpringMVC.xml 中配置的静态资源文件的解析路径后，前端控制器就会根据请求 URL 中的具体子路径来映射出静态资源的真实路径，然后为前端反馈真实的静态资源信息。

 在实际的工程中有什么资源就需要在 SpringMVC.xml 配置文件中配置什么资源，代码中列出的这 4 种资源不是每次写项目必写的，而是根据自己项目实际需要来配置。

小 结

本章向读者介绍了一种非常流行的 MVC 模型解决方案——Spring MVC 技术，其中包括 MVC 设计模式、Spring MVC 配置文件与拦截器等组件。对于初学者来说，只有切实地掌握 Spring MVC 框架的体系，才能灵活地应用 Spring MVC 框架进行开发。

上机指导

应用 Spring MVC 框架实现一个简单的计算器。下面介绍其关键代码。

web.xml 配置文件的关键代码如下：

```xml
<?xml version="1.0" encoding="UTF-8"?>
<web-app xmlns:xsi="http://www.w3.org/2001/XMLSchema-instance"
xmlns="http://java.sun.com/xml/ns/javaee" xsi:schemaLocation="http://java.sun.com/xml/ns/javaee
http://java.sun.com/ xml/ns/javaee/web-app_2_5.xsd" version="2.5">
  <welcome-file-list>
    <welcome-file>index.jsp</welcome-file>
  </welcome-file-list>
  <servlet>
    <servlet-name>SpringMVC</servlet-name>
<servlet-class>org.springframework.web.servlet.DispatcherServlet</servlet-class>
    <init-param>
      <param-name>contextConfigLocation</param-name>
      <param-value>/WEB-INF/SpringMVC.xml</param-value>
    </init-param>
  </servlet>
  <servlet-mapping>
    <servlet-name>SpringMVC</servlet-name>
    <url-pattern>/</url-pattern>
  </servlet-mapping>
  <filter>
      <filter-name>CharacterEncodingFilter</filter-name>
    <filter-class>org.springframework.web.filter.CharacterEncodingFilter</filter-class>
      <init-param>
        <param-name>encoding</param-name>
        <param-value>UTF-8</param-value>
      </init-param>
  </filter>
  <filter-mapping>
```

```
        <filter-name>CharacterEncodingFilter</filter-name>
        <url-pattern>/*</url-pattern>
    </filter-mapping>
</web-app>
```

SpringMVC.xml 配置文件的关键代码如下:

```xml
<?xml version="1.0" encoding="UTF-8"?>
<beans xmlns="http://www.springframework.org/schema/beans"
    xmlns:xsi="http://www.w3.org/2001/XMLSchema-instance"
    xmlns:context="http://www.springframework.org/schema/context"
    xmlns:mvc="http://www.springframework.org/schema/mvc"
    xsi:schemaLocation="http://www.springframework.org/schema/beans
            http://www.springframework.org/schema/beans/spring-beans-4.0.xsd
            http://www.springframework.org/schema/context
            http://www.springframework.org/schema/context/spring-context-4.0.xsd
            http://www.springframework.org/schema/mvc
            http://www.springframework.org/schema/mvc/spring-mvc-4.0.xsd">
    <!-- 配置试图解析器 -->
    <bean
    class="org.springframework.web.servlet.view.InternalResourceViewResolver">
        <property name="prefix" value="/WEB-INF/jsp/" />
        <property name="suffix" value=".jsp" />
    </bean>
    <bean class="com.mr.controller.SuanShuController"/>
    <mvc:annotation-driven></mvc:annotation-driven>
</beans>
```

计算实体类关键代码如下:

```java
package com.mr.entity;
public class JiSuan {
    private int numOne;
    private int numTwo;
    private String yunSuan;
    public int getNumOne() {
        return numOne;
    }
    public void setNumOne(int numOne) {
        this.numOne = numOne;
    }
    public int getNumTwo() {
        return numTwo;
    }
    public void setNumTwo(int numTwo) {
        this.numTwo = numTwo;
    }
    public String getYunSuan() {
        return yunSuan;
    }
    public void setYunSuan(String yunSuan) {
        this.yunSuan = yunSuan;
    }
}
```

在处理器类中添加注解，完成相应的计算功能，关键代码如下：

```java
@Controller
public class SuanShuController {

    @RequestMapping("suan")
    public String suan(Model model,JiSuan jiSuan) {
        int numThree = 0;
        if(jiSuan.getYunSuan().equals("+")) {
            numThree = jiSuan.getNumOne()+jiSuan.getNumTwo();
        }else if(jiSuan.getYunSuan().equals("-")) {
            numThree = jiSuan.getNumOne()-jiSuan.getNumTwo();
        }else if(jiSuan.getYunSuan().equals("*")) {
            numThree = jiSuan.getNumOne()*jiSuan.getNumTwo();
        }else {
            numThree = jiSuan.getNumOne()/jiSuan.getNumTwo();
        }
        model.addAttribute("numThree", numThree);
        return "jieGuo";
    }

}
```

在前端 JSP 页面中绑定计算所得的结果，关键代码如下：

```jsp
<%@ page language="java" contentType="text/html; charset=UTF-8"
    pageEncoding="UTF-8"%>
<!DOCTYPE html>
<html>
<head>
<meta charset="UTF-8">
<title>Insert title here</title>
</head>
<body>
    您运算的结果为:${numThree}
</body>
</html>
```

习　题

1. MVC 模式由哪几部分组成？
2. 简述映射器、适配器、前端控制器和视图解析器。
3. WEB-INF 目录下的资源有什么特点？需要如何访问？
4. Spring MVC 的拦截器有哪些方法？这些方法各有什么特点？

第10章

MyBatis技术

本章要点：

初识MyBatis ■
搭建MyBatis环境 ■
程序数据操作 ■
MyBatis配置文件 ■
MyBatis高级映射 ■

■ MyBatis 的出现，帮助程序员提高了开发效率，它既不像传统的 JDBC 开发模式，又不像 Hibernate 那样将 SQL 语句固态化，它更容易开发出高性能的程序，是目前比较成熟、使用率比较高的持久层框架。

10.1 初识 MyBatis

初识 MyBatis

10.1.1 MyBatis 介绍

MyBatis 是一款优秀的持久层框架，它支持定制化 SQL、存储过程以及高级映射。MyBatis 避免了几乎所有的 JDBC 代码和手动设置参数以及获取结果集。MyBatis 可以使用简单的 XML 或注解来配置和映射原生信息，将接口和 Java 的 POJOs（Plain Old Java Objects，普通的 Java 对象）映射成数据库中的记录。

10.1.2 MyBatis 整体架构

MyBatis 的架构是由数据源配置文件、SQL 映射配置文件、会话工厂、会话、执行器以及底层封装对象组成，接下来逐一讲解这些核心对象。

1. 数据源配置文件

对于一个持久层框架，操作数据库当然是最重要的一步，那么首先要在 MyBatis 的全局配置文件中配置与数据库链接的内容，MyBatis 采用了数据库连接池的形式来配置，这样一来，在 Java 代码中就不需要在每个类中都写或者调用数据库链接信息了。

在项目中，SqlMapConfig.xml 配置文件大致内容如下：

```xml
<?xml version="1.0" encoding="UTF-8"?>
<!DOCTYPE configuration
PUBLIC "-//mybatis.org//DTD Config 3.0//EN"
"http://mybatis.org/dtd/mybatis-3-config.dtd">
<configuration>
    <environments default="development">
        <environment id="development">
            <!-- 使用JDBC事务管理 -->
            <transactionManager type="JDBC"/>
            <!-- 数据库连接池 -->
            <dataSource type="POOLED">
                <property name="driver" value="com.mysql.jdbc.Driver"/>
                <property name="url" value="jdbc:mysql://localhost:3306/test?characterEncoding=
utf-8"/>
                <property name="username" value="root"/>
                <property name="password" value="root"/>
            </dataSource>
        </environment>
    </environments>
</configuration>
```

值得一提的是，在后期 SSM（Spring+Spring MVC+MyBatis）三大框架整合的时候，将会使用 Spring 建立数据库连接池，此时就不用为 MyBatis 单独配置数据库连接池了。

不同的数据库，拥有不同的数据库连接驱动，这里需要开发者根据自己的需要去下载 jar 包和配置连接参数。

2. SQL 映射配置文件

在学习框架之前，SQL 是在 Java 文件中写的，而 MyBatis 框架是将 SQL 配置在单独的 Mapper.xml 中（SQL 映射文件），简称 Mapper 文件。SQL 的所有操作就将在这个配置文件中完成。

在项目中，Mapper.xml 配置文件的大致内容如下：

```xml
<?xml version="1.0" encoding="UTF-8"?>
<!DOCTYPE mapper PUBLIC "-//mybatis.org//DTD Mapper 3.0//EN"
"http://mybatis.org/dtd/mybatis-3-mapper.dtd">
<mapper namespace="test">
    <select id="findUserById" parameterType="int" resultType="com.mr.entity.UsersBean">
        select * from users where id = #{id}
    </select>
</mapper>
```

在上述配置信息中，在 select 标签中包含了一段根据 id 进行查询的 SQL，其中 parameterType 属性是设置了该 SQL 的传入参数，也就是#{id}的数据类型，resultType 设置了该 SQL 的返回值类型，因为该 SQL 是查询所有，所以查询出来的信息也是 users 表对应的实体类类型（暂时写返回值类型的时候要写全路径名，随着知识点的加深会有渐变写法）。

Mapper 文件的介绍暂时告一段落，现在需要将 Mapper 文件告诉 MyBatis，让 MyBatis 框架顺利地找到 Mapper 文件并加载它，配置方式如下：

```xml
<mappers>
    <mapper resource="com.mr.mapper.Test-Mapper.xml"/>
</mappers>
```

在 <mappers> 标签对中是可以添加很多 <mapper> 标签的，每个标签对应一个 Mapper.xml 配置文件。

3. 会话工厂与会话

会话工厂（SqlSessionFacory）和会话是 MyBatis 框架的核心对象，SqlSessionFactory 加载配置的数据库连接池配置文件，可以根据数据库配置信息产生出可以连接数据库并与其交互的 SqlSession 会话实例类。

之前已经把 Mapper 文件的路径告诉了 MyBatis（通过<mappers>标签对配置），所以 SqlSession-Factory 也同时加载了 SQL 的配置信息，可以依照 Mapper 的 SQL 配置，对数据库进行操作。

10.1.3　MyBatis 运行流程

MyBatis 的整个运行流程，也是紧紧围绕数据库连接池配置文件 SqlMapConfig.xml 以及 SQL 映射配置文件 Mapper.xml 开展的。

下面看一下 MyBatis 的运行流程如图 10-1 所示。

理解了 MyBatis 的运行流程，对接下来的学习有很大帮助。

```
sqlMapConfig.xml(是MyBatis的全局配置文件)
配置数据源、事务等MyBatis运行环境
配置映射文件（配置SQL语句）
Mapper.xml(映射文件)、Mapper.xml……
```

```
SqlSessionFactory(会话工厂)
作用：创建SqlSession会话类
```

```
SqlSession(会话)
作用：操作数据库（发送SQL的增、删、改、查）
```

```
Executor执行器
作用：SqlSession内部通过执行器操作数据库
```

```
输入参数
类型
Java简单类型
HashMap
POJO
```

```
mapped statement()(底层封闭对象)
作用：对数据库进行存储封装，包装SQL语句，输入参数，输出
结果类型
```

```
MySQL数据库
```

```
输出参数
类型
Java简单类型
HashMap
POJO
```

图 10-1　MyBatis 的运行流程

10.2　搭建 MyBatis 开发环境

前面介绍了传统 JDBC 开发模式的缺陷、MyBatis 的初步知识以及整体架构情况，相信大家对学习 MyBatis 已经有了大致的方向了。在对 MyBatis 进行详细讲解之前，我们亲手开发一个基于 MyBatis 的小例子。

搭建 MyBatis
开发环境

10.2.1　数据库准备

首先准备要操作的数据库，这里使用的是 MySQL 数据库，读者可以自行下载，这里不做介绍。

安装好 MySQL 以及图形化管理工具之后，打开图形化管理工具（这里作者用的是"Navicat For MySQL"这个版本），安装完以后，打开时需要先创建一个连接，在左侧空白区域单击鼠标右键选择新建，需要填写一个"连接名"信息和"密码"，在这里设定连接名为"localhost"，即为本地连接的意思，密码设置为"root"，都填完以后单击弹窗左下角的"测试连接"按钮，如果成功会看到如图 10-2 所示的界面。

接下来双击刚才新建的连接"localhost"，可以看到在此连接下已经有了一些默认的数据库了，把最后一个名为"test"的数据库打开，可以看到图 10-3 所示的界面。

可以看到名为"test"的数据库是一个空库，什么都没有，那么可以暂时把这个库当作学习 MyBatis 时需要完成案例的数据库。

下一步，在"表"上单击鼠标右键选择"新建表"，新建一个名为"Users"的数据表，如图 10-4 所示。

图 10-2 MySQL 新建连接

图 10-3 test 数据库

图 10-4 Users 表

创建好表以后，先向表中插入几条测试数据，用于以后程序测试：

```
INSERT into users VALUES
(0,'张三','111','男','1111@126.com','河南省','郑州市','1991-01-01'),
(0,'李四','222','男','2222@163.com','河北省','石家庄市','1992-02-02'),
(0,'刘丽','333','女','3333@qq.com','吉林省','长春市','1993-03-03'),
(0,'李丽','444','女','4444@sina.com','辽宁省','大连市','1994-04-04');
```

10.2.2 搭建 MyBatis 环境

首先打开 Eclipse 开发工具，创建一个名为"MyBatisFirstDemo"的 Web 工程。

创建完工程以后，要想使用 MyBatis 框架，就要为其引入依赖 jar 包。

这里使用的 MyBatis 的核心 jar 包为"mybatis-3.4.6.jar"。除了要引入这个 jar 包，还要准备 MyBatis

的其他依赖 jar 包，并且还要为数据库连接提供驱动，建立日志输出环境，最终为这个程序准备的 jar 包如图 10-5 所示。

添加完依赖 jar 包后，要为工程开发准备需要的目录结构。一般目录结构分为源代码目录、配置文件目录和测试目录。

一般 src 文件夹是存放源代码的地方，该工程的代码主要分为数据库连接、持久层对象和测试主程序三大块。所以首先在 src 下创建 3 个包，分别是 com.mr.dataSourcr、com.mr.entity 和 com.mr.test。

配置文件目录中放置数据库连接池配置文件、日志输出配置文件和 Mapper 映射配置文件。创建一个名为"SqlMapConfig.xml"的 XML 空白文件，作为数据库连接池配置文件；然后创建一个名为"com.mr.mapper"的包，在该包下创建一个名为"Users-Mapper.xml"的空白 XML 文件，作为处理 Users 数据的 SQL 映射文件；最后创建一个名为"log4j.properties"的空白属性文件，作为日志输出环境的配置文件。

这样，基本的工程目录就出来了，如图 10-6 所示。

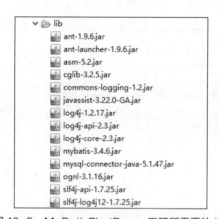

图 10-5　MyBatisFirstDemo 工程所需要的 jar 包

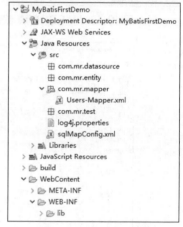

图 10-6　工程目录结构

到目前为止，入门级工程大环境已经准备完毕，接下来就是编写各个配置文件以及编写测试样例代码。

10.2.3　编写日志输出环境配置文件

日志功能是每个项目都必备的功能，无论对开发中还是后期项目上线都对查找问题有很大帮助，现在比较常用的日志工具就属 log4j 日志记录工具了，该工具非常灵活，接下来就要为 log4j 日志输出环境配置参数文件，首先，需要在项目中创建一个空白的文件，文件名为"log4j.properties"。然后配置如下信息：

```
#Global logging configuration
log4j.rootLogger=DEBUG,stdout
#Console output..
log4j.appender.stdout=org.apache.log4j.ConsoleAppender
log4j.appender.stdout.layout=org.apache.log4j.PatternLayout
log4j.appender.stdout.layout.ConversionPattern=%5p [%t] – %m%n
```

第一条配置语句"log4j.rootLogger=DEBUG,stdout"指的是日志输出级别，一共有 7 个级别（OFF、FATAL、ERROR、WARN、INFO、DEBUG、ALL）。一般常用的日志输出级别分别为 DEBUG、INFO、ERROR、WARN，分别表示"调式级别""标准信息级别""错误级别""异常级别"。如果需要查看程序运行的详细步骤信息，一般选择 DEBUG 级别，因为该级别在程序运行期间，会在控制台打印出底层运行信息，以及在程序中使用 Log 对象打印调试信息。如果是日常运行，可以选择 INFO 级别，该级别会在控制台打印出程序运行的主要步骤信息。ERROR 和 WARN 级别分别代表"不影响程序运行的错误事件"和"潜在的错误情形"。文件中"stdout"这段配置的意思是将等级为 DEBUG 的日志信息输出到 stdout 参数所指定的输出载体中。

第二条配置语句"log4j.appender.stdout=org.apache.log4j.ConsoleAppender"的含义是：设置名为 stdout 的输出端载体是哪种类型，目前输出载体有 ConsoleAppender（控制台）、FileAppender（文件）、DailyRollingFileAppender（每天产生一个日志文件）、RollingFileAppender（文件大小，到达指定大小时产生一个新文件）以及 WriterAppender（将日志信息以流格式发送到任意指定的地方）。这里将日志打印到控制台。

第三条配置语句"log4j.appender.stdout.layout=org.apache.log4j.PatternLayout"的含义是：名为 stdout 的输出载体的 layout（即页面布局）是哪种类型。目前输出端的页面布局类型分为 HTMLLayout（以 HTML 表格形式布局）、PatternLayout（可以灵活指定布局模式）、SimpleLayout（包含日志信息的级别和信息字符串）以及 TTCCLayout（包含日志生产的时间、线程、类别等信息）这几种。

第四条配置语句"log4j.appender.stdout.layout.ConversionPattern=%5p [%t] - %m%n"的含义是：如果 layout 页面布局选择了 PatternLayout 灵活布局类型，要指定的打印信息的具体格式。格式信息配置元素大致如下。

（1）%m：输出代码中指定的消息。

（2）%p：输出优先级，即 DEBUG、INFO、WARN、ERROR、FATAL。

（3）%r：输出自应用启动到输出该 log 信息耗费的毫秒数。

（4）%c：输出所有的类目，通常就是所在类的全名。

（5）%t：输出生产该日志事件的线程名。

（6）%n：输出一个回车换行符，windows 平台为"rn"，UNIX 平台为"n"。

（7）%d：输入日志的日期和时间，默认格式为 ISO8601，也可以在其后指定格式。比如，%d{yyyy MMM dd HH:mm:ss,SSS}，输出格式类似 2018 年 12 月 05 日 10:50:34,921。

（8）%l：输出日志事件的发生位置，包括类名、发生的线程以及在代码中的行数。

（9）[QC]：是 log 信息的开头，可以为任意字符，一般为项目简称。

10.2.4　编写数据库连接池文件

前面已经把 log4j 工具加入到项目中了，接下来要编写数据库连接池文件。

在前面章节中已经大概介绍了数据库链接的内容需要写在 MyBatis 的全局配置文件 SqlMapConfig.xml 中，那么首先创建一个名为"SqlMapConfig.xml"的 XML 文件，然后在 XML 的头部加上如下声明信息：

```
<!DOCTYPE configuration
PUBLIC "-//mybatis.org//DTD Config 3.0//EN"
"http://mybatis.org/dtd/mybatis-3-config.dtd">
```

首先写一对<configuration>标签，然后在其中先写一对<setting>标签，用来指定日志输出格式 logImpl 为 LOG4J。

然后就是配置数据源了，在<environments>标签对中，写一对<environment>标签，这个标签代表数据库配置环境，在<environment>标签对中，可以用<transactionManager>标签配置 MyBatis 的事务控制，而真正的数据库配置信息还是用<dataSource>标签对，在其中用<property>标签来配置每一个属性。

这里要说明一下，<environments>标签对中可以有很多个<environment>标签对，然而每一个<environment>标签对代表一个数据源。

最终 SqlMapConfig.xml 配置文件完整内容如下：

```xml
<?xml version="1.0" encoding="UTF-8"?>
<!DOCTYPE configuration
PUBLIC "-//mybatis.org//DTD Config 3.0//EN"
"http://mybatis.org/dtd/mybatis-3-config.dtd">
<configuration>
    <settings>
        <setting name="logImpl" value="LOG4J"/>
    </settings>
    <environments default="development">
        <environment id="development">
            <transactionManager type="JDBC"/>
            <dataSource type="POOLED">
                <property name="driver" value="com.mysql.jdbc.Driver"/>
                <property name="url" value="jdbc:mysql://localhost:3306/test?characherEncoding=utf-8"/>
                <property name="username" value="root"/>
                <property name="password" value="root"/>
            </dataSource>
        </environment>
    </environments>
</configuration>
```

以上就是目前配置的 SqlMapConfig.xml 文件的所有内容，当然这个文件的作用远不止如此，还可以在里面配置 Mapper 文件的映射路径，以及为 JavaBean 定义别名等操作。

 在单独使用 MyBatis 时，需要配置其核心配置文件，当 MyBatis 与 Spring 框架整合以后，可以将 MyBatis 的数据源交给 Spring 来管理。

10.2.5　编写 SQL 映射文件

现在来写最后一个配置文件——Mapper 映射文件。需要把所有 Mapper 配置文件都存放到名为"com.mr.mapper"的包下，然后创建一个名为"Users-Mapper.xml"的文件。

首先打开 mapper 配置文件以后发现还是没有 DTD 文档定义类型，那么还是按着"SqlMapConfig.xml"文件的方式，给 mapper 文件也定义 DTD 文档类型。

```
<!DOCTYPE mapper
PUBLIC "-//mybatis.org//DTD Config 3.0//EN"
"http://mybatis.org/dtd/mybatis-3-mapper.dtd">
```

之后编写配置文件的正文，首先简单介绍一下该配置文件的结构，在声明 DTD 文档类型时需要有一对<mapper>标签，其中有一个属性是 namespace，该属性具有重要作用，会在后续章节中介绍，然后在<mapper>标签对中写 SQL 标签，SQL 语句主要分为增、删、改、查四大功能，所以它们对应的标签为

<insert>、<delete>、<update>、<select>。现在要添加的是查询功能，所以用<select>标签。

SQL 映射文件大致内容如下：

```xml
<?xml version="1.0" encoding="UTF-8"?>
<!DOCTYPE mapper
PUBLIC "-//mybatis.org//DTD Config 3.0//EN"
"http://mybatis.org/dtd/mybatis-3-mapper.dtd">
<mapper namespace="test">
    <select id="findUserById" parameterType="int" resultType="com.mr.entity.Users">
        select * from users where id=#{id}
    </select>
</mapper>
```

可以看到这条 SQL 是要根据 id 查询一条记录，在 SQL 的尾部使用#{id}，其中#{}是一个占位符，而其中的 id 标识接收输入参数的名称，由于是根据 id 的值进行查询，又因为 id 属性是 int 类型，所以在 parameterType 输入参数设置中写 int 类型。

该语句是根据 id 的值查询 users 表中一条包含所有列的数据，Users 这个 JavaBean 就是根据 MyBatis 的机制映射过来的，所以也可以理解为，操作这个 JavaBean 也等同于操作 Users 这张表，所以把 resultType 返回值类型设定为一个 JavaBean。

编写完 SQL 映射文件之后，为了能让 MyBatis 资源文件加载类解析 Mapper 文件，需要把 Mapper 文件的路径配置在全局配置文件中（SqlMapConfig.xml），具体的配置位置在 SqlMapConfig.xml 文件中的</environments>和 </configuration>标签的中间位置（必须在此配置，原因后面章节会提到）。

```xml
<mappers>
        <mapper resource="com/mr/mapper/Users-Mapper.xml"/>
</mappers>
```

至此，所有配置文件已经准备完毕。

10.2.6　编写数据交互类与测试类

接下来编写 Java 类。需要编写 3 个类，分别是实体类、数据库交互类以及测试类。

在 com.mr.entity 包下创建一个名为 "Users" 的 JavaBean：

```java
package com.mr.entity;

import java.util.Date;

public class Users {

    private int id;
    private String userName;
    private String password;
    private String gender;
    private String email;
    private String province;
    private String city;
    private Date birthday;
    public int getId() {
        return id;
    }
    public void setId(int id) {
        this.id = id;
```

```
        }
        public String getUserName() {
            return userName;
        }
        public void setUserName(String userName) {
            this.userName = userName;
        }
        public String getPassword() {
            return password;
        }
        public void setPassword(String password) {
            this.password = password;
        }
        public String getGender() {
            return gender;
        }
        public void setGender(String gender) {
            this.gender = gender;
        }
        public String getEmail() {
            return email;
        }
        public void setEmail(String email) {
            this.email = email;
        }
        public String getProvince() {
            return province;
        }
        public void setProvince(String province) {
            this.province = province;
        }
        public String getCity() {
            return city;
        }
        public void setCity(String city) {
            this.city = city;
        }
        public Date getBirthday() {
            return birthday;
        }
        public void setBirthday(Date birthday) {
            this.birthday = birthday;
        }
        public Users(int id, String userName, String password, String gender, String email, String province, String city,
                Date birthday) {
            super();
            this.id = id;
            this.userName = userName;
            this.password = password;
            this.gender = gender;
```

```
            this.email = email;
            this.province = province;
            this.city = city;
            this.birthday = birthday;
        }
        public Users() {
            super();
            // TODO Auto-generated constructor stub
        }

}
```

可以看到，在该 JavaBean 中，创建了 Users 的所有属性信息，以及 get、set 方法，并且创建了一个无参数和一个有参数的构造函数。

接下来编写数据库交互类，因为如果直接实现具体功能，需要在每个方法里都要创建 MyBatis 核心对象（SqlSessionFacory 和 SqlSession），所以直接把这两个对象提取出来封装到一个类里面方便以后使用。这里就创建一个可以获取 SqlSession 的类，名为 DataConnection：

```
package com.mr.datasource;

import java.io.InputStream;

import org.apache.ibatis.io.Resources;
import org.apache.ibatis.session.SqlSession;
import org.apache.ibatis.session.SqlSessionFactory;
import org.apache.ibatis.session.SqlSessionFactoryBuilder;

public class DataConnection {

    private String resource ="sqlMapConfig.xml";
    private SqlSessionFactory sqlSessionFactory;
    private SqlSession sqlSession;

    public SqlSession getSqlSession() throws Exception{
        InputStream inputStream = Resources.getResourceAsStream(resource);
        //创建会话工厂，传入MyBatis配置文件
        sqlSessionFactory = new SqlSessionFactoryBuilder().build(inputStream);
        sqlSession = sqlSessionFactory.openSession();
        return sqlSession;
    }
}
```

在该类中，通过 Resource 资源加载类加载 SqlMapConfig.xml 配置文件，然后获取 SQL 会话工厂，之后使用会话工厂创建可以与数据库交互的 SqlSession 类的实例对象。

最后编写测试类，该类需要从数据库取出 id 为 3 的用户数据，并且在控制台中打印出来。测试类的名为 "MyBatisTest"，相关代码如下：

```
package com.mr.test;

import java.text.SimpleDateFormat;

import org.apache.ibatis.session.SqlSession;
import org.junit.Test;
```

```
import com.mr.datasource.DataConnection;
import com.mr.entity.Users;

public class MyBatisTest {

    public DataConnection dataConnection = new DataConnection();
    @Test
    public void TestSelect() throws Exception {
        SqlSession sqlSession = dataConnection.getSqlSession();
        Users users = sqlSession.selectOne("test.findUserById",3);
        System.out.println("姓名："+users.getUserName());
        System.out.println("性别："+users.getGender());
        SimpleDateFormat sdf = new SimpleDateFormat("yyyy-MM-dd");
        System.out.println("生日："+sdf.format(users.getBirthday()));
        System.out.println("所在地："+users.getProvince()+users.getCity());
        sqlSession.close();
    }
}
```

在 TestSelect 方法中，首先通过 DataConnection 类获取了 SqlSession 会话对象，然后使用 SqlSession 的 selectOne 方法，该方法有两个参数：第一个参数是 SQL 映射文件 Users-Mapper.xml 中的 namespace 加上<select>标签的 id 属性值；第二个参数是 SQL 映射文件中所匹配的 parameterType 类型参数。执行 selectOne 方法之后的结果为 SQL 映射文件中所匹配的 resultType 类型。然后将取出的 Users 的信息打印出来，如图 10-7 所示。

```
🗔 Markers ▥ Properties ⅏ Servers 🗂 Snippets 📇 Problems ▣ Console ✕ 🖳 Progress ⚙ Debug ⅊U JUnit     ■ ✕ ⅔ | 🖺 🔝 🖫 | 🖵 🖵 | ⌐ 🗐
<terminated> MyBatisTest [JUnit] C:\Program Files\Java\jre-10.0.2\bin\javaw.exe (2018年12月5日 下午2:46:11)
DEBUG [main] - ==>  Preparing: select * from users where id=?
DEBUG [main] - ==> Parameters: 3(Integer)
DEBUG [main] - <==      Total: 1
姓名:李四
性别:男
生日: 1992-02-02
所在地: 河北省石家庄市
DEBUG [main] - Resetting autocommit to true on JDBC Connection [com.mysql.jdbc.JDBC4Connection@1890516e]
DEBUG [main] - Closing JDBC Connection [com.mysql.jdbc.JDBC4Connection@1890516e]
DEBUG [main] - Returned connection 412111214 to pool.
```

图 10-7　按 id 查询结果

可以看到，在输出日志中，含有 select 查询语句，并且下面的输出正是向数据库中添加的测试数据中的 id 为 3 的数据。最后，不要忘记调用 sqlSession 的 close 方法关闭会话。

至此，这个程序就编写完成了，在后面的几节中，会介绍利用 MyBatis 框架实现对 Users 表中的数据进行模糊查询、新增、修改、删除的操作。

 说明　本程序使用的测试方法是 JUnit，使用起来也很简单，首先在项目名上单击鼠标右键，然后找到"build path"选择"Configure build path"，然后选择"Add Library.."，在新弹出的窗口上选择"Junit"，然后单击"Next"，举例选择的是 JUnit4 版本，直接单击"Finish"，然后在测试类下的"TestSelect()"方法上方添加"@Test"注解。测试方法：在方法的当前页右键找到"Run　As"，然后单击"JUnit Test"即可。

10.2.7 模糊查询

要对数据库中 Users 表的数据进行模糊查询，需要通过匹配名字中的某个字来查询该用户。

首先在 Users-Mapper.xml 文件中配置 SQL 映射：

```
<select id="findUserByUserName" parameterType="String" resultType="com.mr.entity.Users">
        select * from users where username like '%${value}%'
    </select>
```

其中 id 仍然表示映射文件中的 SQL 的唯一标识，parameterType 指定 SQL 传入参数类型为 String，而 resultType 指定结果类型为实体类对象。

Select 标签中出现了一个 ${} 符号，它表示拼接 SQL，在 ${} 中只能使用 value 代表其中的参数，但是这种方式最大的缺点就是不能防范 SQL 注入，因此要谨慎使用 ${}。

然后在测试类中，编写一个新的测试方法 TestFuzzySearch，用来查询所有名称中含有 "三" 字的用户信息：

```
@Test
    public void TestFuzzySearch() throws Exception {
        SqlSession sqlSession = dataConnection.getSqlSession();
        List<Users> list = sqlSession.selectList("test.findUserByUserName","三");
        for(int i=0;i<list.size();i++) {
            Users users = list.get(i);
            System.out.println("姓名："+users.getUserName());
            System.out.println("性别："+users.getGender());
            SimpleDateFormat sdf = new SimpleDateFormat("yyyy-MM-dd");
            System.out.println("生日："+sdf.format(users.getBirthday()));
            System.out.println("所在地："+users.getProvince()+users.getCity());
        }
    }
```

因为是模糊查询，所以得到的结果有可能多于一个。这里调用的方法是 SqlSession 的 selectList 方法，该方法返回一个 List 集合。然后使用 for 循环来遍历得到的这个 List 集合，打印出所有符合条件的对象信息，如图 10-8 所示。

```
Markers   Properties   Servers   Snippets   Problems   Console   Progress   Debug   JUnit

<terminated> MyBatisTest [JUnit] C:\Program Files\Java\jre-10.0.2\bin\javaw.exe (2018年12月5日 下午4:10:25)
DEBUG [main] - PooledDataSource forcefully closed/removed all connections.
DEBUG [main] - Opening JDBC Connection
DEBUG [main] - Created connection 171421438.
DEBUG [main] - Setting autocommit to false on JDBC Connection [com.mysql.jdbc.JDBC4Connection@a37aefe]
DEBUG [main] - ==>  Preparing: select * from users where username like '%三%'
DEBUG [main] - ==> Parameters:
DEBUG [main] - <==      Total: 1
姓名: 张三
性别: 男
生日: 1991-01-01
所在地: 河南省郑州市
```

图 10-8　按名字模糊查询结果

 注意 "${}" 和 "#{}" 的区别，思考如何避免使用 "${}" 来实现该例的模糊查询。

10.2.8　新增案例

编写了查询和模糊查询案例之后，接下来完成新增功能。同样先在 Users-Mapper.xml 文件中配置 SQL 映射：

```
<insert id="insertUser" parameterType="com.mr.entity.Users">
        insert into users values(#{userName},#{password},#{gender},#{birthday,jdbcType=DATE},
        #{email},#{province},#{city})
    </insert>
```

新增语句就不用为它设置返回值类型了，输入参数自然也就是 Users 对象，需要说明的是，在 SQL 中的 brithday 字段中，额外配置了 jdbcType=DATE，这表示该参数对应 java 中的 Date 数据类型，方便在加载 SQL 中设置参数时，用来实现能够正确地映射到数据库中。

接下来在测试类中添加 TestInsert 方法，用来实现向 Users 表插入一条数据：

```
@Test
    public void TestInsert() throws Exception {
        SqlSession sqlSession = dataConnection.getSqlSession();
        Users users = new Users();
        users.setId(0);
        users.setUserName("Steven");
        users.setPassword("123");
        users.setGender("男");
        users.setEmail("mr@163.com");
        SimpleDateFormat sdf = new SimpleDateFormat("yyyy-MM-dd");
        users.setBirthday(sdf.parse("1988-10-19"));
        users.setProvince("吉林省");
        users.setCity("长春市");
        sqlSession.insert("test.insertUser",users);
        sqlSession.commit();
        sqlSession.close();
    }
```

因为要插入表中所有列的数据，所以直接把 Users 对象当作传入参数，MyBatis 会自动根据 SQL 语句的参数名称和实体类属性名称作比较，实现给 SQL 中的参数赋值。这里要说明一下，因为是更新类语句，所以要在插入方法之后执行 commit 方法（提交执行），这样才可以真正地实现提交到数据库（修改和删除功能同样也需要 commit 方法）。

测试结果如图 10-9 所示。

```
DEBUG [main] - Setting autocommit to false on JDBC Connection [com.mysql.jdbc.JDBC4Connection@6dd7b5a3]
DEBUG [main] - ==>  Preparing: insert into users values(?,?,?,?,?,?, ?)
DEBUG [main] - ==> Parameters: 0(Integer), Steven(String), 123(String), 男(String), mr@163.com(String),
DEBUG [main] - <==    Updates: 1
```

图 10-9　插入结果

对于有些业务，需要返回新增之后该条目对应的主键信息。如刚刚插入那条数据，如何在不执行查询 SQL 的前提下获得刚刚插入这条信息的主键 id 值呢？

对于 MySQL 的主键自增，在执行 insert 语句之前，MySQL 会自动生成一个自增主键。在 insert 执行之后，通过 MySQL 的函数 "SELECT LAST_INSERT_ID()" 来获取刚刚插入记录的自增主键（取出表中最后一行信息的主键）。

在映射文件中可以配置以下信息：

```
<insert id="insertUser" parameterType="com.mr.entity.Users">
    <selectKey keyProperty="id" order="AFTER" resultType="java.lang.Integer">
```

```
            SELECT LAST_INSERT_ID()
        </selectKey>
            insert into users values(#{id},#{userName},#{password},#{gender},#{email},#{province},#{city},
        #{birthday,jdbcType=DATE})
        </insert>
```

在 insert 标签对中添加 selectKey 标签对，其中放置了一个 SQL 函数，用于查询该数据表中最后一个自增主键。其中，order 参数表示该 SQL 函数相对于 insert 语句的执行时间：值为 before 表示在插入语句之前执行；值为 after 表示在插入语句之后执行。resultType 即是该 SQL 函数执行的结果对应的数据类型。程序执行完 insert 之后，就可以在测试类中，从 users 对象中直接拿到该 id 的信息（取出的主键信息会放置在输入参数 user 对象中）。

10.2.9 修改案例

继续完成修改功能，首先还是需要在 Users-Mapper.xml 文件中配置 SQL 映射：

```
<update id="updateUser" parameterType="com.mr.entity.Users">
        update users set username=#{username} where id=#{id}
    </update>
```

这是一条最基本的 update 语句，而且参数在之前几节中都已经介绍过了，这里不再赘述，下面我们来完成测试类中的代码：

```
@Test
    public void TestUpdate() throws Exception {
        SqlSession sqlSession = dataConnection.getSqlSession();
        Users users = new Users();
        users.setId(8);
        users.setUserName("小四");
        sqlSession.update("test.updateUser", users);
        sqlSession.commit();
        sqlSession.close();
    }
```

执行 TestUpdate 方法后从控制台输出信息可以看出被修改的条数为 1，说明成功修改了数据库中的一条数据，结果如图 10-10 所示。

```
DEBUG [main] - ==>  Preparing: update users set username=? where id=?
DEBUG [main] - ==> Parameters: 小四(String), 8(Integer)
DEBUG [main] - <==      Updates: 1
```

图 10-10 修改方法执行结果

10.2.10 删除案例

最后实现删除案例的功能，首先还是要在 Users-Mapper.xml 文件中配置 SQL 映射：

```
<delete id="deleteUser" parameterType="java.lang.Integer">
        delete from users where id = #{id}
    </delete>
```

接下来完成测试类代码：

```
@Test
    public void TestDelete() throws Exception {
        SqlSession sqlSession = dataConnection.getSqlSession();
        sqlSession.update("test.deleteUser", 8);
        sqlSession.commit();
```

```
        sqlSession.close();
    }
```

执行 delete 方法后，在控制台输出结果如图 10-11 所示。

```
DEBUG [main] - ==>  Preparing: delete from users where id = ?
DEBUG [main] - ==> Parameters: 8(Integer)
DEBUG [main] - <==     Updates: 1
```

图 10-11　删除方法执行结果

前面通过搭建环境，编写配置文件以及测试类，完成了 MyBatis 入门程序。通过该程序，可以初步了解 MyBatis 的开发流程及特点。下面回顾一下 MyBatis 的特点。

通过上面的例子不难看出，在写程序的时候大部分精力都用在了 Mapper 映射文件上，这就是 MyBatis 的最大特点，SQL 的灵活性要比 Hibernate 强很多，虽然开发效率上不如 Hibernate 快，但是 MyBatis 框架可以更好地优化和修改 SQL，这是直接影响未来客户使用体验的重要因素。

10.3　MyBatis 配置文件详解

已经做完一个 MyBatis 的入门小程序，通过之前的讲解和实际例子可以知道 MyBatis 的配置文件的重要性，这一节将详细讲解 MyBatis 的各个配置文件的内容，这样有利于对工程的整体架构配置更加清晰。

MyBatis 配置
文件详解

10.3.1　SqlMapConfig 配置文件

这个配置文件是 MyBatis 的全局配置文件，占有很重要的位置，它里面包含数据库链接信息，还包含了 Mapper 映射文件的加载路径、全局参数以及为 JavaBean 另设置别名等一系列 MyBatis 的核心配置信息。下面列出该配置文件下配置参数信息，如表 10-1 所示。

表 10-1　MyBatis 全局配置文件配置信息

配置名称	含义	简介
configuration	包括所有配置标签	整个配置文件的顶级标签
properties	属性	可以引入外部配置的属性，也可以自己配置。该配置标签所在的同一配置文件中的其他配置均可引用此配置中的属性
setting	全局配置参数	MyBatis 极为重要的标签，它可以改变一些运行时行为的信息，例如设置缓存、延迟加载、错误处理等，并且还可以设置最大并发请求、最大并发事务以及是否启用命名空间等
typeAliases	类型别名	设置别名来代替 Java 的全类名（java.lang.int）变为 int
typeHandlers	类型处理器	将 SQL 中返回的数据库类型转换为相应的 Java 类型处理器配置
environments	环境集合属性	配置数据库信息的集合，它下面可以有很多个 environment，一个 environment 代表一个数据库配置
environment	环境子属性	数据库环境配置的详细配置
transactionManager	事务管理	指定 MyBatis 的事务管理器
dataSource	数据源	通过这个标签，可以配置链接数据库的一些信息：链接地址、驱动、用户名、密码等

续表

配置名称	含义	简介
mappers	映射器	配置 SQL 映射文件的位置，告诉 MyBatis 去什么路径找 Mapper 映射文件

下面按照全局配置文件中的配置顺序，给出一个配置了全部参数的例子，供参考：

```xml
<?xml version="1.0" encoding="UTF-8"?>
<!DOCTYPE configuration
PUBLIC "-//mybatis.org//DTD Config 3.0//EN"
"http://mybatis.org/dtd/mybatis-3-config.dtd">
<configuration>
    <!-- 引入外部配置文件 -->
    <properties resource="com/mr/example/db.properties">
        <!-- property里面的属性全局可用 -->
        <property name="username" value="root"/>
        <property name="password" value="root"/>
    </properties>
    <!-- 全局参数 -->
    <settings>
        <!-- 设置缓存 -->
        <setting name="chcheEnabled" value="true"/>
        <!-- 设置懒加载 -->
        <setting name="lazyLoadingEnabled" value="true"/>
    </settings>
    <!-- 给实体类起别名 -->
    <typeAliases>
        <typeAlias alias="users" type="com.mr.entity.Users"/>
    </typeAliases>
    <!-- 类型转换 -->
    <typeHandlers>
        <typeHandler handler="com.mr.controller.UsersController"/>
    </typeHandlers>
    <!-- 对象工厂 -->
    <objectFactory type="com.mr.example.ExampleObjectFactory">
        <!-- 为工厂注入参数 -->
        <property name="sameProperty" value="20"/>
    </objectFactory>
    <!-- 插件 -->
    <plugins>
        <plugin interceptor="com.mr.example.ExamplePlugin">
            <property name="sameProperty" value="20"/>
        </plugin>
    </plugins>
    <!-- 使用enviornments配置数据库环境 -->
    <environments default="development">
        <environment id="development">
            <transactionManager type="JDBC"/>
            <dataSource type="POOLED">
                <property name="driver" value="com.mysql.jdbc.Driver"/>
```

```
                    <property name="url" value="jdbc:mysql://localhost:3306/test?characherEncoding=utf-8"/>
                    <property name="username" value="root"/>
                    <property name="password" value="root"/>
                </dataSource>
            </environment>
        </environments>
        <!-- 加载Mapper映射文件 -->
        <mappers>
            <mapper resource="com/mr/mapper/Users-Mapper.xml"/>
        </mappers>
    </configuration>
```

对于不经常使用的参数，只需要对该参数有个印象就可以，在开发时如需用到，可查询文档进行配置，无须强制记忆。下面对这些参数逐一进行讲解。

1. properties

这些属性都是可外部配置且可动态替换的，既可以在典型的 Java 属性文件中配置，亦可通过 properties 元素的子元素来传递，例如：

```
<!-- 引入外部配置文件 -->
<properties resource="com/mr/example/db.preperties">
    <!-- property里面的属性全局可用 -->
    <property name="username" value="root"/>
    <property name="password" value="root"/>
</properties>
```

然后其中的属性就可以在整个配置文件中被用来替换需要动态配置的属性值，例如：

```
<dataSource type="POOLED">
    <property name="driver" value="${driver}"/>
    <property name="url" value="${url}"/>
    <property name="username" value="${username}"/>
    <property name="password" value="${password}"/>
</dataSource>
```

这个例子中的 username 和 password 将会由 properties 元素中设置的相应值来替换，driver 和 url 属性将会由 config.properties 文件中对应的值来替换，这样就为配置提供了诸多灵活选择。

如果属性在不止一个地方进行了配置，那么 MyBatis 将按照下面的顺序来加载。

（1）在 properties 元素体内指定的属性首先被读取。

（2）然后根据 properties 元素中的 resource 属性指定的路径读取属性文件或根据 url 属性指定的路径读取属性文件，并覆盖已读取的同名属性。

（3）最后读取作为方法参数传递的属性，并覆盖已读取的同名属性。

2. setting 配置分析

这是 MyBatis 中极为重要的调整设置，它们会改变 MyBatis 运行时的行为。下表描述了设置中各项的意图、默认值等。

setting 的所有参数都需要被包裹在 setting 标签对中，详细参数如表 10-2 所示。

表 10-2　setting 配置参数及说明

属性名	含义	有效值	默认值
cacheEnabled	全局地开启或关闭配置文件中的所有映射器已经配置的任何缓存	true、false	true

续表

属性名	含义	有效值	默认值
lazyLoading-Enabled	延迟加载的全局开关。当开启时，所有关联对象都会延迟加载。特定关联关系中可通过设置 fetchType 属性来覆盖该项的开关状态	true、false	false
aggressive-LazyLoading	当开启时，任何方法的调用都会加载该对象的所有属性。否则，每个属性会按需加载（参考 lazyLoadTriggerMethods）	true、false	false
multipleResult-SetsEnabled	是否允许单一语句返回多结果集（需要兼容驱动）	true、false	true
useColumn-Label	使用列标签代替列名。不同的驱动在这方面会有不同的表现，具体可参考相关驱动文档或通过测试这两种不同的模式来观察所用驱动的结果	true、false	false
useGenerated-Kays	允许 JDBC 支持自动生成主键，需要驱动兼容。如果设置为 true 则这个设置强制使用自动生成主键，尽管一些驱动不能兼容但仍可正常工作	true、false	false
autoMapping-Behavior	指定 MyBatis 应如何自动映射列到字段或属性：NONE 表示取消自动映射；PARTIAL 只会自动映射没有定义嵌套结果集映射的结果集；FULL 会自动映射任意复杂的结果集（无论是否嵌套）	NONE、PARTIAL、FULL	PARTIAL
autoMapping-UnknownColumn-Behavior	指定发现自动映射目标未知列（或者未知属性类型）的行为。 NONE：不做任何反应 WARNING：输出提醒日志（'org.apache.ibatis.session.AutoMappingUnknownColumnBehavior'的日志等级必须设置为 WARN） FAILING：映射失败（抛出 SqlSessionException）	NONE、WARNING、FAILING	NONE
defaultExecutor-Type	配置默认的执行器：SIMPLE 就是普通的执行器；REUSE 执行器会重用预处理语句（prepared statements）；BATCH 执行器将重用语句并执行批量更新	SIMPLE、REUSE、BATCH	SIMPLE
defaultStatement-Timeout	设置超时时间，它决定驱动等待数据库响应的秒数	任意正整数	无
defaultFetch-Size	为驱动的结果集获取数量（fetchSize）设置一个提示值。此参数只可以在查询设置中被覆盖	任意正整数	无
safeRowBounds-Enabled	允许在嵌套语句中使用分页（RowBounds）。如果允许使用则设置为 false	true、false	false
safeResultHandler-Enabled	允许在嵌套语句中使用分页（ResultHandler）。如果允许使用则设置为 false	true、false	false

续表

属性名	含义	有效值	默认值
mapUnderscore-ToCamelCase	是否开启自动驼峰命名规则（camel case）映射，即从经典数据库列名 A_COLUMN 到经典 Java 属性名 aColumn 的类似映射	true、false	false
localCache-Scope	MyBatis 利用本地缓存机制（Local Cache）防止循环引用（circular references）和加速重复嵌套查询：默认值为 SESSION，这种情况下会缓存一个会话中执行的所有查询；若设置值为 STATEMENT，本地会话仅用在语句执行上，对相同 SqlSession 的不同调用将不会共享数据	SESSION、STATEMENT	SESSION
jdbcTypeFor-Null	当没有为参数提供特定的 JDBC 类型时，为空值指定 JDBC 类型。某些驱动需要指定列的 JDBC 类型，多数情况直接用一般类型即可，比如 NULL、VARCHAR 或 OTHER	NULL、VARCHAR、OTHER	OTHER
lazyLoadTrigger-Methods	指定哪个对象的方法触发一次延迟加载	一个用逗号分隔的方法名称列表	eqauls、clone、hashCode、toString
deaultScripting-Language	指定动态 SQL 生成的默认语言	一个类型别名或者一个类的全路径名	org.apache.ibatis.scriptng.xmltags.XMLLanguageDriver
callSettersOn-Nulls	指定当结果集中值为 null 的时候是否调用映射对象的 setter（map 对象时为 put）方法，这对于有 Map.keySet()依赖或 null 值初始化的时候是有用的。注意基本类型（int、boolean 等）是不能设置成 null 的	true、false	false
returnInstance-ForEmptyRow	当返回行的所有列都是空时，MyBatis 默认返回 null。当开启这个设置时，MyBatis 会返回一个空实例。请注意，它也适用于嵌套的结果集（如 collectioin 和 association）（从 3.4.2 版本开始）	true、false	false
logPrefix	指定 MyBatis 增加到日志名称的前缀	任意字符串	无
logImpl	指定 MyBatis 所用日志的具体实现，未指定时将自动查找	SLF4J、LOG4J、LOG4J2	无
proxyFactory	指定 Mybatis 创建具有延迟加载能力的对象所用到的代理工具	CHLIB、JAVASSIST	JAVASSIST
vfsImpl	VFS 实现	自定义 VFS 的实现的类全限定名，以逗号分隔	无

续表

属性名	含义	有效值	默认值
useActual-ParamName	允许使用方法签名中的名称作为语句参数名称。为了使用该特性，工程必须采用 Java 8 编译，并且加上-parameters 选项（从 3.4.1 版本开始）	true、false	false
configuration-Factory	指定一个提供 Configuration 实例的类。这个被返回的 Configuration 实例用来加载被反序列化对象的懒加载属性值。这个类必须包含一个签名方法 static Configuration getConfiguration()（从 3.2.3 版本开始）	一个类型别名或一个类的全路径名	无

一个配置完整的 settings 元素的示例如下：

```
<setting name="cacheEnabled" value="true"/>
<setting name="lazyLoadingEnabled" value="true"/>
<setting name="multipleResultSetsEnabled" value="true"/>
<setting name="useColumnLabel" value="true"/>
<setting name="useGeneratedKeys" value="false"/>
<setting name="autoMappingBehavior" value="PARTIAL"/>
<setting name="autoMappingUnknownColumnBehavior" value="WARNING"/>
<setting name="defaultExecutorType" value="SIMPLE"/>
<setting name="defaultStatementTimeout" value="25"/>
<setting name="defaultFetchSize" value="100"/>
<setting name="safeRowBoundsEnabled" value="false"/>
<setting name="mapUnderscoreToCamelCase" value="false"/>
<setting name="localCacheScope" value="SESSION"/>
<setting name="jdbcTypeForNull" value="OTHER"/>
<setting name="lazyLoadTriggerMethods" value="equals,clone,hashCode,toString"/>
</settings>
```

3. type Aliases 配置分析

在 MyBatis 的 SQL 映射配置文件中，常使用 parameterType、resultType 之类的参数设置 SQL 语句的输入和输出参数，参数经常都是一个 Java 类型的数据，有基本数据类型和封装类型，但是一般都要声明该类型的全路径名称，比如之前章节中用到的 "com.mr.entity.Users"。

那么可以在 MyBatis 配置文件中配置 typeAliases 属性，就可以为 SQL 映射文件中的输入和输出参数设置类型别名，然后在 SQL 映射文件中制定输入和输出参数类型时使用别名即可，详细配置如下：

```
<!-- 给实体类起别名 -->
    <typeAliases>
        <typeAlias alias="users" type="com.mr.entity.Users"/>
    </typeAliases>
```

此时在 SQL 配置文件中可以使用别名来指定输入和输出参数的类型：

```
<select id="findUserById" parameterType="int" resultType="users">
        select * from users where id=#{id}
    </select>
```

还有一种方式可以将 JavaBean 类型的封装类放置到一个包下面，比如之前的程序 "com.mr.entity"，然后利用 MyBatis 提供的批量定义别名的方法，制定包名即可，程序会为该包下的所有包装类加上别名。定义别名的规范就是对应包装类的类名首字母变小写，配置如下：

```
<!-- 给实体类起别名 -->
    <typeAliases>
        <package name="com.mr.entity.Users"/>
    </typeAliases>
```

别名也可以使用注解来实现，实现方式就是需要指定别名的类上加"@Alias"注解，其中的参数就是该类对应的别名，具体代码如下：

```
@Alias("users")
public class Users {


}
```

 使用注解时，需要导入包"import org.apache.ibatis.type.Alias;"。

MyBatis 已经为 Java 的常见类型默认指定了别名，可以直接使用。这里要注意的是，有一些基本数据类型和包装数据类型的名称一样，所以在基本数据类型的前面加了"_"作为区分。MyBatis 中常见类型对应的别名如表 10-3 所示。

表 10-3　MyBatis 中常见类型别名

别名	映射的类型
_byte	byte
_long	long
_short	short
_int	int
_integer	int
_double	double
_float	float
_boolean	boolean
string	java.lang.String
byte	java.lang.Byte
long	java.lang.Long
short	java.lang.Short
int	java.lang.Integer
integer	java.lang.Integer
double	java.lang.Double
boolean	java.lang.Boolean
date	java.util.Date
decimal	java.math.BigDecimal
bigdecimal	java.math.BigDecimal
object	java.lang.Object
map	java.util.Map
hashmap	java.util.HashMap
list	java.util.List
arraylist	java.util.ArrayList
collection	java.util.Collection
iterator	java.util.Iterator

当需要为 SQL 映射文件参数配置别名时，就可以使用 typeAliases 属性，使用哪种方式都可以。

4. environments 配置分析

MyBatis 可以配置成适应多种环境，这种机制有助于将 SQL 映射应用于多种数据库之中，现实情况下有多种理由需要这么做。例如，开发、测试和生产环境需要有不同的配置，或者共享相同 Schema 的多个生产数据库，想使用相同的 SQL 映射。有许多类似的用例。

不过要记住：尽管可以配置多个环境，每个 SqlSessionFactory 实例只能选择其一。

所以，如果想连接两个数据库，就需要创建两个 SqlSessionFactory 实例，每个数据库对应一个。而如果是 3 个数据库，就需要 3 个实例，依此类推，记起来很简单：

每个数据库对应一个 SqlSessionFactory 实例。

为了指定创建哪种环境，只要将它作为可选的参数传递给 SqlSessionFactoryBuilder 即可。可以接受环境配置的两个方法签名是：

```
SqlSessionFactory factory1 = new SqlSessionFactoryBuilder().build(reader, environment);
SqlSessionFactory factory2 = new SqlSessionFactoryBuilder().build(reader, environment, properties);
```

如果忽略了环境参数，那么默认环境将会被加载，如下所示：

```
SqlSessionFactory factory = new SqlSessionFactoryBuilder().build(reader);
SqlSessionFactory factory = new SqlSessionFactoryBuilder().build(reader, properties);
```

环境元素定义了如何配置数据库环境，如下所示：

```xml
<!-- 使用enviornments配置数据库环境 -->
    <environments default="development">
        <environment id="development">
            <transactionManager type="JDBC"/>
            <dataSource type="POOLED">
                <property name="driver" value="${driver}"/>
                <property name="url" value="${url}"/>
                <property name="username" value="${username}"/>
                <property name="password" value="${password}"/>
            </dataSource>
        </environment>
    </environments>
```

注意如下几个关键点。

（1）默认的环境 ID（比如：default="development"）。

（2）每个 environment 元素定义的环境 ID（比如：id="development"）。

（3）事务管理器的配置（比如：type="JDBC"）。

（4）数据源的配置（比如：type="POOLED"）。

默认的环境和环境 ID 是自解释的，因此一目了然。可以对环境随意命名，但一定要保证默认的环境 ID 要匹配其中一个环境 ID。

因为以后要使用 SSM 框架整合，所以事务部分以后要挪到 Spring 里面去配置，这里不做详解。

下面来详细解剖数据源（dataSource）。

数据源的元素使用标准的 JDBC 数据源接口来配置 JDBC 连接对象的资源。

许多 MyBatis 的应用程序会按示例中的例子来配置数据源。虽然这是可选的，但为了使用时延加载，数据源是必须配置的。

有 3 种内建的数据源类型（也就是 type="[UNPOOLED|POOLED|JNDI]"）。

UNPOOLED：这个数据源的实现只是每次被请求时打开和关闭连接。虽然有点慢，但对于在数据库连接可用性方面没有太高要求的简单应用程序来说，这是一个很好的选择。 不同的数据库在性能方面的表现也是不一样的，对于某些数据库来说，使用连接池并不重要，这个配置就很适合这种情形。UNPOOLED 类型的数据源仅仅需要配置以下 5 种属性。

driver：JDBC 驱动的 Java 类的完全限定名（并不是 JDBC 驱动中可能包含的数据源类）。

url：数据库的 JDBC URL 地址。

username：登录数据库的用户名。

password：登录数据库的密码。

defaultTransactionIsolationLevel：默认的连接事务隔离级别。

作为可选项，也可以传递属性给数据库驱动。要这样做，属性的前缀为 "driver."，例如：

`driver.encoding=UTF8`

这将通过 DriverManager.getConnection(url,driverProperties)方法传递值为 `UTF8` 的 `encoding` 属性给数据库驱动。

POOLED：这种数据源的实现利用"池"的概念将 JDBC 连接对象组织起来，避免了创建新的连接实例时所必需的初始化和认证时间。这是一种使得并发 Web 应用快速响应请求的流行处理方式。

除了上述提到 UNPOOLED 下的属性，还有更多属性用来配置 POOLED 的数据源。

poolMaximumActiveConnections：在任意时间可以存在的活动（也就是正在使用）连接数量，默认值为 10。

poolMaximumIdleConnections：任意时间可能存在的空闲连接数。

poolMaximumCheckoutTime：在被强制返回之前，池中连接被检出（checked out）时间，默认值为 20 000 毫秒（即 20 秒）。

poolTimeToWait：底层设置，如果获取连接花费了相当长的时间，连接池会打印状态日志并重新尝试获取一个连接（避免在误配置的情况下一直安静的失败），默认值为 20000 毫秒（即 20 秒）。

poolMaximumLocalBadConnectionTolerance：关于坏连接容忍度的底层设置，作用于每个尝试从缓存池获取连接的线程。如果这个线程获取到的是一个坏的连接，那么这个数据源允许这个线程尝试重新获取一个新的连接，但是这个重新尝试的次数不应该超过 poolMaximumIdleConnections 与 poolMaximumLocalBadConnectionTolerance 之和。默认值为 3（新增于版本 3.4.5）。

PoolPingQuery：发送到数据库的侦测查询，用来检验连接是否正常工作并准备接受请求。默认是 "NO PING QUERY SET"，这会导致多数数据库驱动失败时带有一个恰当的错误消息。

PoolPingEnabled：是否启用侦测查询。若开启，需要设置 poolPingQuery 属性为一个可执行的 SQL 语句（最好是一个速度非常快的 SQL 语句），默认值为 false。

PoolPingConnectionsNotUsedFor：配置 poolPingQuery 的频率。可以被设置为和数据库连接超时时间一样，来避免不必要的侦测，默认值为 0（即所有连接每一时刻都被侦测，当然仅当 poolPing Enabled 为 true 时适用）。

5. mappers 配置分析

前面讲 MyBatis 时基于 SQL 映射配置的框架，SQL 语句都在 Mapper 配置文件中，那么当构建 SqlSession 类之后，是需要读取 Mapper 配置文件中的 SQL 配置的。<mappers>标签就是用来配置需要加载的 SQL 映射配置文件的路径的。

<mappers>标签下有许多<mapper>标签，每一个<mapper>标签中配置的都是一个独立的 Mapper 映射配置文件的路径。有以下 4 种配置方式。

第一种，使用相对路径：

```
<mappers>
        <mapper resource="com/mr/mapper/Users-Mapper.xml"/>
    </mappers>
```

第二种，使用接口信息：

```
<mappers>
        <mapper class="com.mr.mapper.UsersMapper"/>
    </mappers>
```

第三种，使用接口所在包进行配置：

```
<mappers>
        <package name="com.mr.mapper"/>
    </mappers>
```

第四种，通过绝对路径进行配置，但是在写程序时任何时候都不推荐使用绝对路径，所以这里不做详解。

配置了<mappers>信息后，MyBatis 就知道去哪里加载 Mapper 映射文件。在 MyBatis 中，Mapper 配置是 MyBatis 全局配置文件中比较重要的配置。

10.3.2 Mapper 映射文件

在 10.2 节中已经在 Mapper 映射文件中写过增、删、改、查、模糊查询等基本操作，这里就不再重复讲解了，在 Mapper 映射文件中标签的总结如表 10-4 所示。

表 10-4 Mapper 配置文件标签一览表

标签名称	标签作用
insert	映射插入语句
update	映射更新语句
select	映射查询语句
delete	映射删除语句
resultMap	是最复杂也是最强大的元素，用来描述如何从数据库结果集中来加载对象
sql	可被其他语句引用的可重用语句块
cache	给定命名空间缓存配置
cache-ref	其他命名空间缓存配置的引用
parameterMap	参数映射，该配置现在已经废弃

在这些标签中可以通过属性来设置 SQL 语句的一些参数。下面会对一些重要的标签和属性进行详细介绍。

1. Mapper 配置输入映射

在增、删、改、查配置标签中，有许多 SQL 配置是需要传递参数的。在 MyBatis 的 SQL 映射配置文件中，输入参数属性配置在 parameterType 中。对于 parameterType 属性，可以配置的基本数据类型有 int、double、float、short、long、byte、char、boolean，基本数据包装类有 Byte、Short、Integer、Long、Float、Double、Boolean、Character，还有 Java 复杂数据类型 JavaBean 或其他自定义的封装类。

下面是 parameterType 属性映射基本数据类型、基本数据包装类型及自定义包装类的例子：

```
<delete id="deleteUser" parameterType="java.lang.Integer">
        delete from users where id = #{id}
    </delete>
    <delete id="deleteUser" parameterType="int">
        delete from users where id = #{id}
```

```
    </delete>
    <delete id="deleteUser" parameterType="com.mr.entity.Users">
        delete from users where username = ${username}
    </delete>
```

前面的 int 和 Integer 映射对应 Java 数据类型参数，最后一个映射 Java 封装类 Users 的一个成员属性 username。

简单地说，SQL 需要一个什么类型的参数那么就在 parameterType 属性中设置什么类型的参数。

2. Mapper 配置输出映射

在 MyBatis 的 Mapper 映射文件中，SQL 语句查询后返回的结果，会映射到配置标签的输出映射属性对应的 Java 类型。Mapper 的输出映射有两种配置，分别是 resultType 和 resultMap。

下面分别介绍这两种输出映射配置：

（1）resultType

resultType 除了像 parameter 一样支持基本数据类型、包装类型之外，也支持自定义包装类。关于自定义包装类，如果从数据库查询出来的列名与包装类中的属性名全都不一致，则不会创建包装类对象，如果数据库查询出来的列名与包装类中的属性名至少有一个一致，那么就会创建包装类对象。

观察下面两个 SQL 映射配置：

```
<select id="findUserById" parameterType="int" resultType="users">
        select * from users where id=#{id}
    </select>

    <select id="findUserNameById" parameterType="int" resultType="java.lang.String">
        select username from users where id=#{id}
    </select>
```

可以发现当查询结果只有一行一列时，使用的是基本数据类型或者基本包装类型。而当查询结果不止一行一列时，需要使用自定义包装类型来接受结果集。

再来观察以下两个 SQL 映射配置：

```
<select id="selUserById" parameterType="int" resultType="users">
        select * from users where id=#{id}
    </select>

    <select id="selUserNameById" parameterType="java.lang.String" resultType="users">
        select username from users where gender=#{gender}
    </select
```

可以看到，一个是带条件查询，以主键 id 为查询条件，查询出来的结果一定是唯一的一条数据。而下面的查询语句以性别为查询条件，查询出来的结果可能是一条也有可能是多条结果。但是 resultType 都是只配置了 users 实体类，这说明在 MyBatis 中，不管输出的是 JavaBean 单个对象还是一个列表在 resultType 配置的内容是一样的。

但是在相应的 Mapper 方法中，加载该 SQL 配置的时候，如果输出单个对象，则方法返回值是 JavaBean 类型，如果输出是一个列表，那么方法的返回值是一个 List<JavaBean>类型。后期使用动态代理对象进行增、删、改、查操作时，代理对象会根据 Mapper 方法的返回值类型确定调用 selectOne 还是 selectList。

最后，如果没有合适的 JavaBean 接受结果集数据，resultType 还可以输出 HashMap 类型的数据，将输出的字段名称作为 map 的 key，value 为字段值。如果是集合，那是因为 list 里面嵌套了 HashMap。

（2）resultMap

resultMap 元素是 MyBatis 中最重要最强大的元素。它可以让你从 90% 的 JDBC ResultSets 数据提取代码中解放出来，并在一些情形下允许你做一些 JDBC 不支持的事情。实际上，在对复杂语句进行联合映射的时候，它很可能可以代替数千行的同等功能的代码。resultMap 的设计思想是，简单的语句不需要明确的结果映射，而复杂一点的语句只需要描述它们的关系就行了。

在之前已经讲解过 resutType 的使用，其实也应用了 resultMap，只不过是 MyBatis 在幕后自动创建一个 resultMap，再基于属性名来映射到 JavaBean 的属性上。这也是 resultMap 最优秀的地方，虽然已经对它相当了解了，但是根本就不需要显式地用到它。下面通过一个实例来看看如何使用外部 resultMap 来解决列名不匹配的问题。

假设现在有一个 JavaBean 名为 Users，其中有 3 个属性：id、username 和 password。但是属性名和数据库中的列名不匹配，来看看如何用 resultMap 来实现：

```xml
<resultMap id="userResultMap" type="Users">
  <id property="id" column="user_id" />
  <result property="username" column="user_name"/>
  <result property="password" column="user_password"/>
</resultMap>
<!-- 应用上面的resultMap属性 -->
<select id="selectUsers" resultMap="userResultMap">
  select user_id, user_name, hashed_password
  from some_table
  Where user_ id = #{id}
</select>
```

10.3.3　Mapper 配置动态 SQL 语句

MyBatis 的强大特性之一便是它的动态 SQL。如果你有使用 JDBC 或其他类似框架的经验，你就能体会到根据不同条件拼接 SQL 语句的痛苦。例如拼接时要确保不能忘记添加必要的空格，还要注意去掉列表最后一个列名的逗号。利用动态 SQL 这一特性可以彻底摆脱这种痛苦。

虽然在以前使用动态 SQL 并非一件易事，但正是 MyBatis 提供了可以被用在任意 SQL 映射语句中的强大的动态 SQL 语言得以改进这种情形。

动态 SQL 元素和 JSTL 或基于类似 XML 的文本处理器相似。在 MyBatis 之前的版本中，有很多元素需要花时间了解。MyBatis 3 大大精简了元素种类，现在只需学习原来一半的元素便可。MyBatis 采用功能强大的基于 OGNL 的表达式来淘汰其他大部分元素。

在 MyBatis 3 以后保留的元素只有 4 个：if、choose、trim、foreach，下面分别来介绍它们。

1．if

```xml
<select id="findActiveBlogWithTitleLike"
     resultType="Blog">
          SELECT * FROM users      WHERE 1=1
  <if test="username != null">
    and username like #{username}
  </if>
</select>
```

这条语句提供了一种可选的查找文本功能。如果没有传入"username"，那么 users 表中的所有数据都会返回；反之若传入了"username"，那么就会对"username"一列进行模糊查找并返回 users 结果。

在 where 后面第一个条件"1=1"的作用在于如果程序没有传入 username 那么该 SQL 语句也不会报错，因为 where 后面第一个条件是成立的而且不影响查询结果，如果不写 1=1，那么当 if 的条件成立时，SQL 语句属于病句，因为没有 where 关键字。

2. choose

有些时候，不想用到所有的条件语句，而只想从中择其一二。针对这种情况，MyBatis 提供了 choose 元素，它有点像 Java 中的 switch 语句。

还是上面的例子，但是这次变为提供了"username"就按"username"查找，提供了"gender"就按"gender"查找，若两者都没有提供，就返回所有符合条件的 users。

```
<select id="findActiveBlogLike" resultType="users">
  SELECT * FROM BLOG WHERE 1=1
  <choose>
    <when test="username != null">
      AND username like #{username}
    </when>
    <when test="gender != null">
      AND gender like #{gender}
    </when>
    <otherwise>
      AND status = 1
    </otherwise>
  </choose>
</select>
```

同样在主查询语句下加上 choose 标签对，在 choose 标签对中，添加 when，有几个条件就写几对 when 标签，相当于 Java 里面的 switch 下的 case 一样，最后的 otherwise 表示如果上面的条件都不满足要执行的代码，与 switch 里面的 default 作用一样。

3. trim

前面几个例子已经合理地解决了一个臭名昭著的动态 SQL 问题。现在考虑回到"if"示例，在上面写了 1=1 的模式，那么现在 MyBatis 有一个简单的处理，这在 90% 的情况下都会有用。而在不能使用的地方，可以自定义处理方式来令其正常工作。只需通过一处简单的修改就能达到此目的：

```
<select id="findActiveBlogLike"
      resultType="users">
  SELECT * FROM users
  <where>
    <if test="username != null">
        username = #{username}
    </if>
    <if test="gender != null">
        AND gender like #{gender}
    </if>
  </where>
</select>
```

where 元素只会在至少有一个子元素的条件返回 SQL 子句的情况下才去插入"WHERE"子句。而且，若语句的开头为"AND"或"OR"，where 元素也会将它们去除。

如果 where 元素没有按正常套路出牌，可以通过自定义 trim 元素来定制 where 元素的功能。比如，与 where 元素等价的自定义 trim 元素为：

```
<select id="selUsers" resultType="users">
    select * from user
        <trim prefix="WHERE" prefixOverrides="AND |OR">
            <if test="name != null and name.length()>0"> AND name=#{name}</if>
            <if test="gender != null and gender.length()>0"> AND gender=#{gender}</if>
```

```
            </trim>
        </select>
```

若 name 和 gender 的值都不为 null，则打印的 SQL 为：

select * from user where name = 'xx' and gender = 'xx'

上面两个属性的意思如下。

prefix：前缀。

prefixOverrides：去掉第一个 and 或者是 or。

类似的用于动态更新语句的解决方案叫作 set。set 元素可以用于动态包含需要更新的列，而舍去其他的。比如：

```
<update id="upUser">
        update users
    <trim prefix="set" suffixOverrides="," suffix=" where id = #{id} ">
        <if test="name != null and name.length()>0"> name=#{name} , </if>
        <if test="gender != null and gender.length()>0"> gender=#{gender} ,   </if>
    </trim>
    </update>
```

若 name 和 gender 的值都不为 null，则打印的 SQL 为：

update user set name='xx' , gender='xx'   where id='x'

在这个 SQL 语句中，在 where 前不存在逗号，而且自动加了一个 set 前缀和 where 后缀，上面三个属性的意义如下，其中 prefix 意义如上。

suffixoverride：去掉最后一个逗号（也可以是其他的标记，就像是上面前缀中的 and 一样）。

suffix：后缀。

4. foreach

动态 SQL 的另外一个常用的操作需求是对一个集合进行遍历，通常是在构建 IN 条件语句的时候。比如：

```
<select id="selectUserIn" resultType="com.mr.entity.Users">
    select * from users u where id in
    <foreach item="item" index="index" collection="list"
        open="(" separator="," close=")">
            #{item}
    </foreach>
</select>
```

foreach 元素的功能非常强大，它允许指定一个集合，声明可以在元素体内使用的集合项（item）和索引（index）变量。它也允许指定开头与结尾的字符串以及在迭代结果之间放置分隔符。这个元素是很智能的，因此它不会偶然地附加多余的分隔符。

可以将任何可迭代对象（如 List、Set 等）、Map 对象或者数组对象传递给 foreach 作为集合参数。当使用可迭代对象或者数组时，index 是当前迭代的次数，item 的值是本次迭代获取的元素。当使用 Map 对象（或者 Map.Entry 对象的集合）时，index 是键，item 是值。

10.4 MyBatis 高级映射

MyBatis 高级映射

前面学习的 MyBatis 的操作都是针对单一表来操作数据，但是在真正的项目开发中不会有这么简单的需求，少则 20 多张表。那么来看看如何应用 MyBatis 来完成一对一、一对多、多对多的表关系操作。

10.4.1　一对一映射

表和表之间的关系是一对一的时候，我们使用 "association" 标签。映射方式和其他的结果集映射工作方式差不多，都是指定 property、column、javaType（MyBatis 会自动识别）、jdbcType/typeHandler。

不同的是，需要告诉 MyBatis 如何加载一个联合查询。本书采用 "嵌套结果映射" 的方式来处理。association 标签的属性及作用，如表 10-5 所示。

表 10-5　association 属性及作用

属性名称	作用
property	映射数据库的字段或属性
column	数据库的列名或者列别名
javaType	完整的 Java 类名，如果是映射到 JavaBean，MyBatis 会自动映射，如果是映射到 HashMap，那应该明确指定 javaType 来确保所需行为
jdbcType	这个属性只有在增、删、改的时候允许空的列有用，在允许为空的字段需要指定这个类型
typeHandler	类型处理器，使用这个属性可以重写默认处理器。它的值可以是一个 typeHandler 实现的完整类名
select	通过 id 引用另一个映射语句。从指定的列属性中返回值，作为参数设置给目标 select 语句

在做项目中怎么都逃不开用户、角色、权限这 3 个词，在业务中往往这 3 个都是紧密相连的，系统要精确到每个角色能操作的功能是不同的，这就要精确的查找出来这个用户是什么角色拥有什么权限，下面通过一个实例来看一下 association 具体如何应用：

首先，做一下准备工作，创建两张表 "users" 和 "roles"。一个是用户表，一个是权限表，语句如下：

```
CREATE TABLE users (
  id int(10) NOT NULL AUTO_INCREMENT,
  loginId varchar(20) DEFAULT NULL,
  userName varchar(100) DEFAULT NULL,
  roleId int(10),
  note varchar(255) DEFAULT NULL,
  PRIMARY KEY (id)
) ENGINE=InnoDB AUTO_INCREMENT=0 DEFAULT CHARSET=utf8;

INSERT INTO users(loginId,userName,roleId,note) VALUES ('queen', '张三', 1, '开门');
INSERT INTO users(loginId,userName,roleId,note) VALUES ('king', '李四', 2, '打字员 ');
INSERT INTO users(loginId,userName,roleId,note) VALUES ('Lucy', '王五', 3, '签字');
=========================================================
CREATE TABLE roles (
  id int(10) NOT NULL AUTO_INCREMENT,
  roleName varchar(20) DEFAULT NULL,
  PRIMARY KEY (id)
) ENGINE=InnoDB AUTO_INCREMENT=0 DEFAULT CHARSET=utf8;

INSERT INTO roles(roleName) VALUES ('小白人');
INSERT INTO roles(roleName) VALUES ('中层');
INSERT INTO roles(roleName) VALUES ('高层');
```

接下来创建项目并且把准备工作做好，导入相应 jar 包，创建对应的实体类，还有几个配置文件，准备工作做好以后项目结构如图 10-12 所示。

把准备工作做好以后开始开发正式代码，先来回顾一下在之前用 MyBatis 写的增、删、改、查的例子，首先，把 SQL 语句配置到 Mapper.xml 文件中，然后，在 SqlMapConfig.xml 配置文件中配置数据源和加载 Mapper.xml 配置文件，最后再测试类，通过 session.selectOne()方法调用 Mapper 文件里面的 SQL 语句，最后，输出到控制台上去。

那么现在呢？换一种方式，通过 Mapper 接口的方式实现功能的实现，首先在 com.mr.mapper 这个包下创建一个接口名为 "UsersMapper.java" 的文件，然后里面写一个抽象方法 getUserByid，具体代码如下：

```
package com.mr.mapper;

import com.mr.entity.Users;

public interface UserMapper {

    public Users getUserById(int id);
}
```

 说明　使用接口的方式，就无须使用 session.selectOne 方法了，而是使用 getMapper 方法，将接口传递进去，然后用这个接口调用接口的方法就可以了。这里的接口已经交给 Mapper 文件去实现了，所以直接用一个对象接收返回的数据就可以了。

虽然把这个接口文件起名叫 Mapper，但是与之前所需要的 Mapper.xml 是不同的，项目中依然还会需要 Mapper.xml 这个文件，所以不要弄混，现在就来开发 Users-Mapper.xml 文件，代码如下：

```xml
<?xml version="1.0" encoding="UTF-8"?>
<!DOCTYPE mapper
PUBLIC "-//mybatis.org//DTD Config 3.0//EN"
"http://mybatis.org/dtd/mybatis-3-mapper.dtd">
<mapper namespace="com.mr.mapper.UserMapper">
    <resultMap type="com.mr.entity.Users" id="userResultMap">
        <id property="id" column="id"/>
        <result property="loginId" column="loginId" />
        <result property="userName" column="userName"/>
        <result property="note" column="note"/>
        <association property="role" javaType="com.mr.entity.Roles">
         <id column="role_id" property="id"/>
         <result column="roleName" property="roleName"/>
        </association>
    </resultMap>

    <select id="getUserById" resultMap="userResultMap">
        select m.id id, m.loginId loginId, m.userName userName, m.roleId roleId,m.note note, n.id
role_id, n.roleName roleName
```

图 10-12 初始项目结构

Java Resources
　src
　　com.mr.entity
　　　Roles.java
　　　Users.java
　　com.mr.mapper
　　　Users-Mapper.xml
　db.properties
　log4j.properties
　sqlMapConfig.xml

```
                    from users m left join roles n on m.roleId=n.id
                    where m.id=#{id}
        </select>
</mapper>
```

<association>标签的 property 是指向当前主表要和哪个关联表做关联对象，javaType 属性是设定要关联的这个对象是什么类型，要写全路径名。这里还有一点需要注意，在配置文件中的<mapper>标签中，namespace 属性跟原来有所改动，要将刚刚创建的 UserMapper 接口关联到 SQL 映射文件中，就是通过 namespace 属性，这里也要写 Mapper 接口的全路径名称。

接下来新建一个测试类，在控制台输出一下查询结果，用来检测一下，具体代码如下：

```
package com.mr.test;

import java.io.IOException;
import java.io.InputStream;

import org.apache.ibatis.io.Resources;
import org.apache.ibatis.session.SqlSession;
import org.apache.ibatis.session.SqlSessionFactory;
import org.apache.ibatis.session.SqlSessionFactoryBuilder;
import org.junit.Test;

import com.mr.entity.Users;
import com.mr.mapper.UserMapper;

public class TestMain {

    @Test
    public void testGetUserByAssocication() throws IOException {
        String resource = "sqlMapConfig.xml";
        InputStream is = Resources.getResourceAsStream(resource);
        SqlSessionFactory sqlSessionFactory = new SqlSessionFactoryBuilder().build(is);
        SqlSession openSession = sqlSessionFactory.openSession();
        try {
            UserMapper mapper = openSession.getMapper(UserMapper.class);
            Users users = mapper.getUserById(1);
            System.out.println(users);
            System.out.println(users.getRole());
        } finally {
            openSession.close();
        }
    }

}
```

使用 Junit 测试后，若看到控制台输出结果如图 10-13 所示，则表示成功。

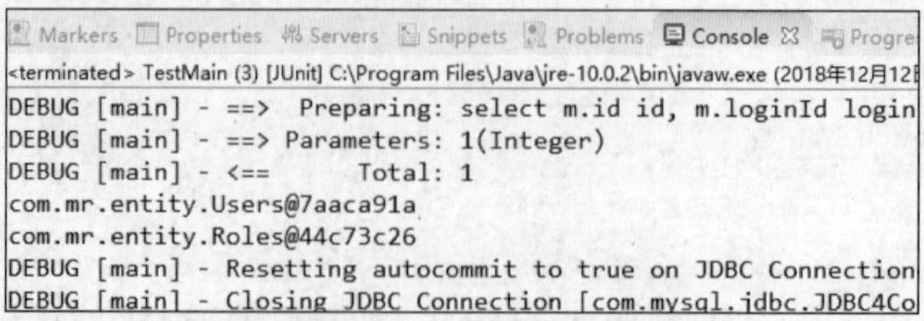

图 10-13　一对一映射示例运行结果

10.4.2　一对多映射

实现一对多映射，一般要分以下几个步骤来完成。

第一步：要仔细分析表，哪个是一，哪个是多，继续以用户表和角色表这两张表为例，很显然一个角色可以被很多用户所拥有，但是一个用户只能拥有一个角色，所以从角色表角度看，用户表就是多，角色表就是一。

第二步：需要在单一的一方的实体类中添加上多的一方的集合并生成 get、set 方法。

第三步：需要写 Mapper.xml 映射文件，是要由一个角色去查询多个用户。

第四步：最终是为了得到用户对象，所以需要先得到角色对象，然后在角色的返回集写的是用户的 Map 集合。

第五步：定义 Map 集合，然后再关联 collection 集合，再把整个 Mapper.xml 映射文件路径配置给 sqlMapConfig.xml 全局配置文件。

第六步：创建测试类，输出查询结果。

第一步已经分析出来了，根据表关系角色表是一，用户表是多，所以需要在角色表对应的实体类上添加用户对象的集合，并生成 get、set 方法，具体代码如下：

```java
package com.mr.entity;

import java.util.List;

public class Roles {

    private int id;
    private String roleName;
    //添加多的一方的集合
    private List<Users> usersList;
    public int getId() {
        return id;
    }
    public void setId(int id) {
        this.id = id;
    }
    public String getRoleName() {
        return roleName;
    }
    public void setRoleName(String roleName) {
        this.roleName = roleName;
    }
    public List<Users> getUsersList() {
        return usersList;
    }
    public void setUsersList(List<Users> usersList) {
        this.usersList = usersList;
    }
}
```

由于 Users 类没有改动，所以代码不再复制到书上。

现在完成第三步，开始编写 Mapper.xml，在编写文件之前，还需要为这次的业务需求创建一个 Mapper 接口，并且在接口里面声明一个抽象方法，代码如下：

```
package com.mr.mapper;

import com.mr.entity.Roles;

public interface RoleMapper {

    public Roles getUserByRId();
}
```

接下来同样在 mapper 包下创建一个 Role-Mapper.xml 的映射文件，需要在 Mapper.xml 配置文件中配置查询 SQL 语句，以及使用<collection>标签关联的多的一方的集合，具体代码如下：

```
<?xml version="1.0" encoding="UTF-8"?>
<!DOCTYPE mapper
PUBLIC "-//mybatis.org//DTD Config 3.0//EN"
"http://mybatis.org/dtd/mybatis-3-mapper.dtd">
<mapper namespace="com.mr.mapper.RoleMapper">
    <!--这里是一对多查询的Mapper的XML文件-->
    <select id="getUserByRId" resultMap="roleResultMap">
        select u.id id,u.loginId lId,u.userName userName,u.roleId rId,r.id rid,
        r.roleName roleName from users u,roles r where u.roleId = r.id and r.id=2
    </select>
    <!--这里就开始写结果集部分-->
    <resultMap id="roleResultMap" type="com.mr.entity.Roles">
        <!--这个id的column是要映射到SQL语句中的，这个property是从真实的beans实体类的属性中的id-->
        <id column="id" property="id"/>
        <result column="roleName" property="roleName"/>
        <!--因为这个地方是一对多，要关联到的是一个集合，以使用collection-->
        <collection property="usersList" ofType="com.mr.entity.Users">
            <id column="id" property="id"/>
            <result column="loginId" property="loginId"/>
            <result column="userName" property="userName"/>
            <result column="note" property="note"/>
        </collection>
    </resultMap>

</mapper>
```

resultMap 那部分标签前面已经接触过了，不再过多讲述，这里要重点说明一下<collection>标签，其中的 property 指向的是 Roles 实体类中声明的多的一方的集合的属性名，不是随便命名的，ofType 是要关联的对象的类型。

还剩下倒数第二步就是把新创建的 Mapper.xml 配置文件添加到 sqlMapConfig.xml 全局配置文件中，具体代码如下：

```
<mapper resource="com/mr/mapper/Role-Mapper.xml"/>
```

最后一步编写测试方法，并且输出对象参数：

```
@Test
public void testGetUserByCollection() throws IOException {
    String resource = "sqlMapConfig.xml";
    InputStream is = Resources.getResourceAsStream(resource);
    SqlSessionFactory sqlSessionFactory = new SqlSessionFactoryBuilder().build(is);
    SqlSession openSession = sqlSessionFactory.openSession();
    try {
        RoleMapper mapper = openSession.getMapper(RoleMapper.class);
```

```
            Roles role = mapper.getUserByRId();
            System.out.println(role);
            System.out.println(role.getRoleName());
        } finally {
            openSession.close();
        }
    }
```

还是进行 JUnit 测试，如果没有异常，结果如图 10-14 所示。

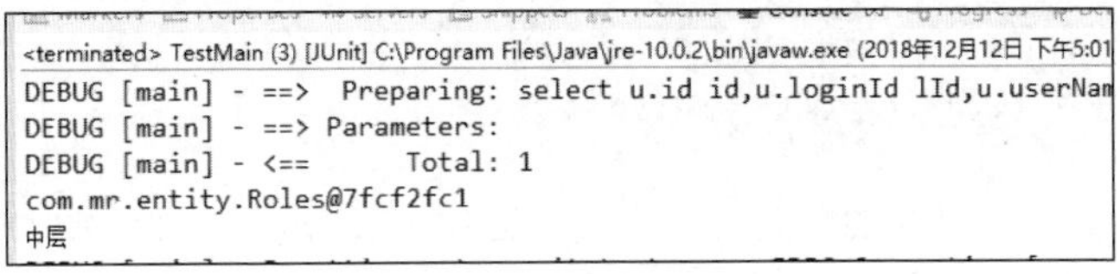

```
<terminated> TestMain (3) [JUnit] C:\Program Files\Java\jre-10.0.2\bin\javaw.exe (2018年12月12日 下午5:01
DEBUG [main] - ==>  Preparing: select u.id id,u.loginId lId,u.userNam
DEBUG [main] - ==> Parameters:
DEBUG [main] - <==      Total: 1
com.mr.entity.Roles@7fcf2fc1
中层
```

图 10-14　一对多查询结果

10.4.3　延迟加载

1.　什么是延迟加载

在 ResultMap 中，association 和 collection 具有延迟加载功能，也称为懒加载。意思就是说在查询的时候，可以利用延迟加载，首先加载主表信息，等什么时候需要使用关联信息了，再去加载关联信息。

2.　为什么要使用延迟加载

延迟加载的优点在于先从单表开始查询，需要时再去关联表查询，这样就大大地提高了数据库的性能，因为查询单表所占用的硬件资源一定比查询多表要少，所以时间短。

3.　如何开启延迟加载功能

在 MyBatis 中，延迟加载默认是关闭的，所以要想使用延迟加载就需要手动打开，在本章开始讲 sqlMapConfig 全局配置文件的时候介绍了一个标签叫 setting，它就是延迟加载的开关，所以需要在 sqlMapConfig 配置文件中配置<settings>标签内容，具体代码如下：

```
<settings>
    <!--开启延迟加载-->
    <setting name="lazyLoadingEnabled" value="true"/>
    <!--关闭积极加载-->
    <setting name="aggressiveLazyLoading" value="false"/>
</settings>
```

lazyLoadingEnabled 是全局设置延迟加载，value 属性值为 true，表示开启延迟加载。默认为 false。

当 aggressiveLazyLoading 设置为 true 的时候，延迟加载的对象可能被任何懒属性全部加载。否则，每个属性都按需加载。默认为 true，即使没有调用哪个懒属性。即当 aggressiveLazyLoading 为 true 的时候，上面设置的 lazyLoadingEnabled 是无效的，所以要把 aggressiveLazyLoading 的值设置为 false。

全局配置文件写完后，接下来开始完善 Mapper.xml 文件。与以往不同的是，使用了延迟加载，因此 SQL 语句就分开来写：

```
<!--查询订单和创建订单的用户，使用延迟加载-->
<resultMap id="OrderAndUserLazyLoad" type="Orders">
    <id column="id" property="id"/>
    <result column="user_id" property="userId" />
    <result column="number" property="number" />
    <result column="createtime" property="createtime" />
    <result column="note" property="note" />
```

```
        <association property="user" javaType="User" select="findUser" column="user_id">

        </association>
    </resultMap>

    <select id="findOrdersByLazyLoad" resultMap="OrderAndUserLazyLoad">
        SELECT * FROM orders
    </select>

    <select id="findUser" parameterType="int" resultType="User">
        SELECT * FROM User WHERE id = #{value}
    </select>
```

　　因为已经在 sqlMapConfig.xml 的配置文件中开启了延迟加载，所以在 SQL 映射文件中，<association>
标签的 select 属性是指向要延迟加载的 select 语句的 id，column 属性是关联两张表的那个列的列名。

　　以上就是延迟加载的主要配置，首先在全局配置文件中开启开关，然后在 SQL 映射文件开始编写
resultMap 和 SQL 语句，至于 Mapper 接口和测试类还与原先一样，写法不变，以上就是用<association>
和<collection>标签的延迟加载配置方法。那么，如果不使用这两个标签该如何实现延迟加载？以这个例
子为例，首先创建两个 Mapper 的抽象方法，一个是查询订单列表，另一个是根据用户 id 查询用户信息。首
先执行第一个 Mapper，获取订单信息列表，然后在程序中，按需要去调用第二个 Mapper 方法获取用户信息。

小　结

　　本章为大家详细地介绍了 MyBatis 的映射与配置文件、MyBatis 数据持久化、MyBatis
缓存等相关内容。持久化操作是开发应用系统的基础，熟练掌握 MyBatis 的基础知识，能够为
快速开发应用程序打下坚实的基础。

上机指导

　　在开发任何应用系统以及商城网站项目时，都离不开用户注册
模块，其应用十分广泛。从程序方面来考虑，用户注册就是对用户
信息进行持久化的过程。对于用户详细信息可以将其封装为一个实
体对象，而持久化的过程可以使用 MyBatis 框架进行实现。

　　开发步骤如下。

　　（1）准备开发环境，创建一个名为 MyBatisTest 的 Web 项目，
然后把 MyBatis 所需要的 jar 包加入到 lib 目录下，然后在 src 根
目录创建 MyBatis 的全局配置文件 sqlMapConfig.xml、db.
properties、log4j.properties，并且在对应的包下创建 Mapper.
xml、mapper 接口、实体类和测试类。全部创建完以后项目结构
如图 10-15 所示。

　　项目创建完毕后，为这个项目创建数据库、表、字段。首先创
建一个名为"mybatistest"的数据库，并在数据库下创建一张名
为"users"的表，其中字段包含主键 id、登录账号、登录密码、

图 10-15　项目初始结构

真实姓名等一系列信息，详细创建表语句如下：

```
CREATE TABLE `users` (
`id`  int(11) NOT NULL AUTO_INCREMENT ,
`userId`  varchar(50) CHARACTER SET utf8 COLLATE utf8_bin NOT NULL ,
`userPwd`  varchar(50) CHARACTER SET utf8 COLLATE utf8_bin NOT NULL ,
`userName`  varchar(10) CHARACTER SET utf8 COLLATE utf8_bin NULL DEFAULT NULL ,
`userAge`  int(11) NULL DEFAULT NULL ,
`userSex`  varchar(5) CHARACTER SET utf8 COLLATE utf8_bin NULL DEFAULT NULL ,
`userTel`  varchar(255) CHARACTER SET utf8 COLLATE utf8_bin NULL DEFAULT NULL ,
`createTime`  datetime NULL DEFAULT NULL ,
PRIMARY KEY (`id`)
)
ENGINE=InnoDB
DEFAULT CHARACTER SET=utf8 COLLATE=utf8_bin
AUTO_INCREMENT=1
ROW_FORMAT=COMPACT ;
```

（2）配置数据源：前面已经把基本环境都搭起来了，下面在 sqlMapConfig.xml 配置文件中配置项目的数据源，具体代码如下：

```xml
<?xml version="1.0" encoding="UTF-8"?>
<!DOCTYPE configuration
PUBLIC "-//mybatis.org//DTD Config 3.0//EN"
"http://mybatis.org/dtd/mybatis-3-config.dtd">
<configuration>
        <!-- 使用enviornments配置数据库环境 -->
        <environments default="development">
            <environment id="development">
                <transactionManager type="JDBC"/>
                <dataSource type="POOLED">
                    <property name="driver" value="com.mysql.jdbc.Driver"/>
                    <property name="url" value="jdbc:mysql://localhost:3306/mybatistest?characherEncoding=utf-8"/>
                    <property name="username" value="root"/>
                    <property name="password" value="root"/>
                </dataSource>
            </environment>
        </environments>
</configuration>
```

（3）为数据库表创建对应的实体类对象，首先创建一个名为"com.mr.entity"的包，然后在该包下创建一个名为"Users"的对象，在该对象里声明对应数据库字段的私有属性，并生成相应的 get、set 方法，具体代码如下：

```java
package com.mr.entity;

import java.util.Date;

import org.apache.ibatis.type.Alias;

public class Users {

    private int id;
```

```java
        private String userName;
        private String password;
        private String gender;
        private String email;
        private String province;
        private String city;
        private Date birthday;
        public int getId() {
            return id;
        }
        public void setId(int id) {
            this.id = id;
        }
        public String getUserName() {
            return userName;
        }
        public void setUserName(String userName) {
            this.userName = userName;
        }
        public String getPassword() {
            return password;
        }
        public void setPassword(String password) {
            this.password = password;
        }
        public String getGender() {
            return gender;
        }
        public void setGender(String gender) {
            this.gender = gender;
        }
        public String getEmail() {
            return email;
        }
        public void setEmail(String email) {
            this.email = email;
        }
        public String getProvince() {
            return province;
        }
        public void setProvince(String province) {
            this.province = province;
        }
        public String getCity() {
            return city;
        }
        public void setCity(String city) {
            this.city = city;
        }
        public Date getBirthday() {
            return birthday;
```

```
        }
        public void setBirthday(Date birthday) {
            this.birthday = birthday;
        }
        public Users(int id, String userName, String password, String gender, String email, String
province, String city,
                Date birthday) {
            super();
            this.id = id;
            this.userName = userName;
            this.password = password;
            this.gender = gender;
            this.email = email;
            this.province = province;
            this.city = city;
            this.birthday = birthday; ·
        }
        public Users() {
            super();
            // TODO Auto-generated constructor stub
        }

    }
```

（4）接下来写 mapper，创建一个名为 "com.mr.mapper" 的包，然后先创建一个名为 "UsersMapper.java" 的接口，在接口里声明一个名为 "insertUsers" 的抽象方法，参数设定为实体类对象，具体代码如下：

```
package com.mr.mapper;

import com.mr.entity.Users;

public interface UsersMapper {

    public void insertUser(Users users);
}
```

现在接口创建完毕，紧接着要开始写 Mapper.xml 映射文件了，还是在 com.mr.mapper 的包下创建一个名为"Users-Mapper.xml"的映射文件，并在映射文件中写入一条插入语句，具体代码如下：

```
<?xml version="1.0" encoding="UTF-8"?> .
<!DOCTYPE mapper
PUBLIC "-//mybatis.org//DTD Config 3.0//EN"
"http://mybatis.org/dtd/mybatis-3-mapper.dtd">
<mapper namespace="com.mr.mapper.UsersMapper">
    <insert id="insertUser" parameterType="com.mr.entity.Users">
        insert into users values(0,#{userId},#{userPwd},#{userName},#{userAge},#{user
Sex}, #{userTel},#{createTime})
    </insert>
</mapper>
```

最后编写一个测试类，来完成向数据库插入的功能，具体代码如下：

```java
package com.mr.test;

import java.io.IOException;
import java.io.InputStream;
import java.text.ParseException;
import java.text.SimpleDateFormat;
import java.util.Date;

import org.apache.ibatis.io.Resources;
import org.apache.ibatis.session.SqlSession;
import org.apache.ibatis.session.SqlSessionFactory;
import org.apache.ibatis.session.SqlSessionFactoryBuilder;
import org.junit.Test;

import com.mr.entity.Users;
import com.mr.mapper.UsersMapper;

public class TestMain {

    @Test
    public void insertUser() throws IOException, ParseException {
        String resource = "sqlMapConfig.xml";
        InputStream is = Resources.getResourceAsStream(resource);
        SqlSessionFactory sqlSessionFactory = new SqlSessionFactoryBuilder().build(is);
        SqlSession sqlSession = sqlSessionFactory.openSession();
        Users users = new Users();
        users.setUserId("mrkj");
        users.setUserPwd("123");
        users.setUserAge(20);
        users.setUserName("mr");
        users.setUserTel("138********");
        users.setUserSex("男");
        SimpleDateFormat sdf = new SimpleDateFormat("yyyy-MM-dd");
        users.setCreateTime(sdf.parse(sdf.format(new Date())));
        UsersMapper um = sqlSession.getMapper(UsersMapper.class);
        um.insertUser(users);
        sqlSession.commit();
        sqlSession.close();
    }
}
```

最后还有一个环节，就是需要把 Users-Mapper.xml 的文件路径告诉 MyBatis，所以需要在 sqlMapConfig.xml 文件中配置 mappers，代码如下：

```xml
<mappers>
        <mapper resource="com/mr/mapper/Users-Mapper.xml"/>
</mappers>
```

现在插入功能整体代码基本完成，最后在项目中加入 JUnit4 测试，然后运行一下。因为没有设置输出语句，所以想看结果，就需要打开数据库表来查看了，大家看到表中有刚插入的数据代表程序成功了，如图 10-16 所示。

图 10-16　注册用户运行结果

习　题

1. 如何配置 MyBatis 的数据库连接？
2. MyBatis 使用接口编程的方式（Mapper 接口）和不用接口编程的方式有何区别？
3. MyBatis 的 SQL 映射文件中<mapper>标签中的 namespace 属性有何作用？
4. 如果需要给实体类起别名，应该在哪个配置文件中用什么标签配置？
5. MyBatis 的 association 和 collection 各有什么作用？

第11章

Spring框架

■ Spring 翻译成中文是春天的意思，象征着它为 Java 带来了一种全新的编程思想。Spring 是一个轻量级开源框架，其目的是解决企业应用开发的复杂性。该框架的优势是模块化的 IoC 设计模式，使开发人员可以专心开发程序的模块部分。

11.1 Spring 概述

Spring 是一个开源框架，由 Rod Johnson 创建，从 2003 年年初正式启动。它能够降低开发企业应用程序的复杂性，使用 Spring 替代 EJB 开发企业级应用，而不用担心工作量太大、开发进度难以控制和复杂的测试过程等问题。Spring 简化了企业应用的开发、降低了开发成本，并整合了各种流行框架，它以 IoC 和 AOP（面向切面编程）两种先进的技术为基础完美地简化了企业级开发的复杂度。

Spring 概述

11.1.1 Spring 组成

Spring 框架主要由七大模块组成，它们提供了企业级开发需要的所有功能。每个模块都可以单独使用，也可以和其他模块组合使用，灵活且方便的部署可以使开发的程序更加简洁灵活。图 11-1 所示是 Spring 的七大模块。

（1）Spring Core 模块

该模块是 Spring 的核心容器，它实现了 IoC 模式和 Spring 框架的基础功能。在模块中包含的最重要的 BeanFactory 类是 Spring 的核心类，负责配置与管理 JavaBean。它采用 Factory 模式实现了 IoC 容器，即依赖注入。

（2）Context 模块

该模块继承 BeanFactory（或者说 Spring 核心）类，并且添加了事件处理、

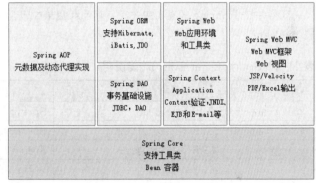

图 11-1 Spring 的 7 大模块

国际化、资源加载、透明加载，以及数据校验等功能。它还提供了框架式的 Bean 的访问方式和很多企业级的功能，如 JNDI 访问、支持 EJB、远程调用、集成模板框架、E-mail 和定时任务调度等。

（3）AOP 模块

Spring 集成了所有 AOP 功能，通过事务管理可以式将任意 Spring 管理的对象 AOP 化。Spring 提供了用标准 Java 语言编写的 AOP 框架，其中大部分内容都是根据 AOP 联盟的 API 开发。它使应用程序抛开了 EJB 的复杂性，但拥有传统 EJB 的关键功能。

（4）DAO 模块

该模块提供了 JDBC 的抽象层，简化了数据库厂商的异常错误（不再从 SQLException 继承大批代码），大幅度减少了代码的编写并且提供了对声明式和编程式事务的支持。

（5）O/R 映射模块

该模块提供了对现有 ORM 框架的支持，各种流行的 ORM 框架已经非常成熟，并且拥有大规模的市场（如 Hibernate）。Spring 没有必要开发新的 ORM 工具，但是为 Hibernate 提供了完美的整合功能，并且支持其他 ORM 工具。

（6）Web 模块

该模块建立在 Spring Context 基础之上，提供了 Servlet 监听器的 Context 和 Web 应用的上下文，为现有的 Web 框架如 JSF、Spring MVC 和 Struts 等提供了集成。

（7）MVC 模块

该模块建立在 Spring 核心功能之上，使其拥有 Spring 框架的所有特性。从而能够适应多种多视图、

模板技术、国际化和验证服务，实现控制逻辑和业务逻辑的清晰分离。

11.1.2　下载 Spring

在使用 Spring 之前必须首先在 Spring 的官方网站免费下载 Spring 工具包。在该网站可以免费获取 Spring 的帮助文档和 jar 包，本章中的所有实例使用的 Spring 的 jar 包的版本为 spring-framework-5.0.9RELEASE。

将 dist 目录下的所有的 jar 包导入到项目中，随后即可开发 Spring 的项目。

不同版本之间的 jar 包可能会存在不同，所以读者应尽量保证使用与本书一致的 jar 包版本。

11.1.3　配置 Spring

获得并打开 Spring 的发布包之后，其 dist 目录中包含 Spring 的 21 个 jar 文件，其相关功能说明如表 11-1 所示。

表 11-1　Spring 的 jar 包相关功能说明

jar 包名称	说明
spring-aop-5.0.9.RELEASE.jar	Spring 的 AOP 模块
spring-aspects-5.0.9.RELEASE.jar	Spring 提供的对 AspectJ 框架的整合
spring-beans-5.0.9.RELEASE.jar	Spring 的 IoC（依赖注入）的基础实现
spring-context-5.0.9.RELEASE.jar	Spring 的上下文，Spring 提供在基础 IoC 功能上的扩展服务，此外还提供许多企业级服务的支持，如邮件服务、任务调度、JNDI 定位、EJB 集成、远程访问、缓存以及各种视图层框架的封装等
spring-context-indexer-5.0.9.RELEASE.jar	使用索引提升启动速度
spring-context-support-5.0.9.RELEASE.jar	Spring 上下文的扩展支持，用于 MVC 方面
spring-core-5.0.9.RELEASE.jar	Spring 的核心模块
spring-expression-5.0.9.RELEASE.jar	Spring 的表达式语言
spring-instrument-5.0.9.RELEASE.jar	Spring 对服务器的代理接口
spring-jcl-5.0.9.RELEASE.jar	日志接口
spring-jdbc-5.0.9.RELEASE.jar	Spring 的 JDBC 模块
spring-jms-5.0.9.RELEASE.jar	Spring 为简化 JMS API 使用而做的简单封装
spring-messaging-5.0.9.RELEASE.jar	集成 messaging API 和消息协议提供支持
spring-orm-5.0.9.RELEASE.jar	Spring 的 ORM 模块，支持 Hibernate 和 JDO 等 ORM 工具
spring-oxm-5.0.9.RELEASE.jar	Spring 对 Object/XMI 的映射的支持，可以让 Java 与 XML 之间来回切换
spring-test-5.0.9.RELEASE.jar	Spring 对 JUnit 等测试框架的简单封装
spring-tx-5.0.9.RELEASE.jar	Spring 为 JDBC、Hibernate、JDO、JPA 等提供的一致的声明式和编程式事务管理
spring-web-5.0.9.RELEASE.jar	Sping 的 Web 模块，包含 Web application context

续表

jar 包名称	说明
spring-webflux-5.0.9.RELEASE.jar	函数是 Web 框架
spring-webmvc-5.0.9.RELEASE.jar	Spring MVC 框架相关的所有类
spring-websocket-5.0.9.RELEASE.jar	网络编程

得到这些包以后，我们可以将它们放到应用 Spring 的 Web 项目的 WEB-INF 文件夹下的 lib 文件夹中，Web 服务器启动时会自动加载 lib 中的所有 jar 文件。在使用 Eclipse 开发工具时，我们也可以将这些包配置为一个用户库，然后在需要应用 Spring 的项目中加载这个用户库就可以了。

Spring 的配置结构如图 11-2 所示。

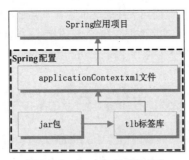

图 11-2　Spring 的配置结构

11.1.4　使用 BeanFactory 管理 Bean

BeanFactory 采用了 Java 经典的工厂模式，通过从 XML 配置文件或属性文件（.properties）中读取 JavaBean 的定义来创建、配置和管理 JavaBean。BeanFactory 有很多实现类，其中 XmlBeanFactory 可以通过流行的 XML 文件格式读取配置信息来加载 JavaBean。Bean-Factory 在 Spring 中的作用如图 11-3 所示。

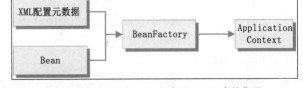

图 11-3　BeanFactory 在 Spring 中的作用

例如，加载 Bean 配置的代码如下：

```
Resource resource = new ClassPathResource("applicationContext.xml"); //加载配置文件
BeanFactory factory = new XmlBeanFactory(resource);
Test   test = (Test) factory.getBean("test");                        //获取Bean
```

ClassPathResource 读取 XML 文件并传参给 XmlBeanFactory，applicationContext.xml 文件的代码如下：

```
<beans
    xmlns="http://www.springframework.org/schema/beans"
    xmlns:xsi="http://www.w3.org/2001/XMLSchema-instance"
    xsi:schemaLocation="http://www.springframework.org/schema/beans
        http://www.springframework.org/schema/beans/spring-beans-3.0.xsd">
    <bean id="test" class="com.mr.test.Test"/>
</beans>
```

在<beans>标签中通过<bean>标签定义 JavaBean 的名称和类型，在程序代码中利用 BeanFactory 的 getBean()方法获取 JavaBean 的实例，并且向上转换为需要的接口类型，这样在容器中开始这个 JavaBean 的生命周期。

BeanFactory 在调用 getBean()方法之前不会实例化任何对象，只有在需要创建
JavaBean 的实例对象时才会为其分配资源空间。这使其更适合物理资源受限制的应用程序，
尤其是内存受限制的环境。

Spring 中 Bean 的生命周期包括实例化 JavaBean、初始化 JavaBean、使用 JavaBean 和销毁 JavaBean 共 4 个阶段。

11.1.5 应用 ApplicationContext

BeanFactory 实现了 IoC 控制，所以可以称为"IoC 容器"，而 ApplicationContext 扩展了 BeanFactory 容器并添加了对 I18N（国际化）和生命周期事件的发布监听等更加强大的功能，使之成为 Spring 中强大的企业级 IoC 容器。这个容器提供了对其他框架和 EJB 的集成、远程调用、WebService、任务调度和 JNDI 等企业服务，在 Spring 应用中大多采用 ApplicationContext 容器来开发企业级的程序。

ApplicationContext 不仅提供了 BeanFactory 的所有特性，而且也允许使用更多的声明方式来得到所需的功能。

ApplicationContext 接口有如下 3 个实现类，可以实例化其中任何一个类来创建 Spring 的 ApplicationContext 容器。

1. ClassPathXmlApplicationContext 类

从当前类路径中检索配置文件并加载来创建容器的实例，其语法格式如下：

ApplicationContext context=new ClassPathXmlApplicationContext(String config Location);

configLocation 参数指定 Spring 配置文件的名称和位置。

2. FileSystemXmlApplicationContext 类

该类不从类路径中获取配置文件，而是通过参数指定配置文件的位置。它可以获取类路径之外的资源，其语法格式如下：

ApplicationContext context=new FileSystemXmlApplicationContext(String config Location);

3. WebApplicationContext 类

WebApplicationContext 是 Spring 的 Web 应用容器，在 Servlet 中使用该类的方法一是在 Servlet 的 web.xml 文件中配置 Spring 的 ContextLoaderListener 监听器；二是修改 web.xml 配置文件，在其中添加一个 Servlet，定义使用 Spring 的 org.springframework.web.context.Context LoaderServlet 类。

JavaBean 在 ApplicationContext 和 BeanFactory 容器中的生命周期基本相同，如果在 JavaBean 中实现了 ApplicationContextAware 接口，容器会调用 JavaBean 的 setApplication-Context()方法将容器本身注入 JavaBean 中，使 JavaBean 包含容器的应用。

11.2 Spring IoC

Spring 框架中的各个部分充分使用了依赖注入（Dependency Injection）技术，使得代码中不再有单实例垃圾和麻烦的属性文件，取而代之的是一致和优雅的程序应用代码。

11.2.1　控制反转与依赖注入

使程序组件或类之间尽量形成一种松耦合的结构，开发人员在使用类的实例之前需要创建对象的实例。IoC 将创建实例的任务交给 IoC 容器，这样开发应用代码时只需要直接使用类的实例，这就是 IoC 控制反转。通常用一个所谓的好莱坞原则（Don't call me, I will call you。请不要给我打电话，我会打给你）来比喻这种控制反转的关系。Martin Fowler 曾专门写了一篇文章 "Inversion of Control Containers and the Dependency Injection pattern" 讨论控制反转这个概念，并提出一个更为准确的概念，即"依赖注入"。

控制反转与依赖
注入

依赖注入有如下 3 种实现类型，Spring 支持后两种。

（1）接口注入

该类型基于接口将调用与实现分离，这种依赖注入方式必须实现容器所规定的接口，使程序代码和容器的 API 绑定在一起，这不是理想的依赖注入方式。

（2）Setter 注入

该类型基于 JavaBean 的 Setter 方法为属性赋值，在实际开发中得到了最广泛的应用（其中很大一部分得益于 Spring 框架的影响），如：

```java
public class User {
    private String name;
    public String getName() {
        return name;
    }
    public void setName(String name) {
        this.name = name;
    }
}
```

在上述代码中定义了一个字段属性 name，使用 Getter 和 Setter 方法可以为字段属性赋值。

（3）构造器注入

该类型基于构造方法为属性赋值，容器通过调用类的构造方法将其所需的依赖关系注入其中，如：

```java
public class User {
    private String name;
    public User(String name){                    //构造器
        this.name=name;                          //为属性赋值
    }
}
```

在上述代码中使用构造方法为属性赋值，这样做的好处是在实例化类对象的同时完成了属性的初始化。

> **说明**　由于在控制反转模式下把对象放入在 XML 文件中定义，所以开发人员实现一个子类更为简单，即只需要修改 XML 文件。而且控制反转颠覆了"使用对象之前必须创建"的传统观念，开发人员不必再关注类是如何创建的，只需从容器中抓取一个类后直接调用即可。

11.2.2　配置 Bean

在 Spring 中无论使用哪种容器，都需要从配置文件中读取 JavaBean 的定义信息，然后根据定义信息创建 JavaBean 的实例对象并注入其依赖的属性。由此可见，Spring 中所谓的配置主要是对 JavaBean 的定义和依赖关系而言，JavaBean 的配置

配置 Bean

也针对配置文件。

要在 Spring IoC 容器中获取一个 bean，首先要在配置文件中的\<beans\>元素中配置一个子元素\<bean\>，Spring 的控制反转机制会根据\<bean\>元素的配置来实例化这个 bean 实例。

如配置一个简单的 JavaBean：

```
<bean id="test" class="com.mr.Test"/>
```

其中 id 属性为 bean 的名称，class 属性为对应的类名，这样通过 BeanFactory 容器的 getBean("test")方法即可获取该类的实例。

11.2.3　Setter 注入

Setter 注入

一个简单的 JavaBean 的最明显规则是一个私有属性对应 Setter 和 Getter 方法，以封装属性。既然 JavaBean 有 Setter 方法来设置 Bean 的属性，Spring 就会有相应的支持。配置文件中的\<property\>元素可以为 JavaBean 的 Setter 方法传参，即通过 Setter 方法为属性赋值。

【例 11-1】 通过 Spring 的赋值为用户 JavaBean 的属性赋值。

首先创建用户的 JavaBean，关键代码如下：

```
public class User {
    private String name;                        //用户姓名
    private Integer age;                        //年龄
    private String sex;                         //性别
    ......                                      //省略的Setter和Getter方法
}
```

在 Spring 的配置文件 applicationContext.xml 中配置该 JavaBean，关键代码如下：

```
<!-- User Bean -->
<bean name="user" class="com.mr.user.User">
    <property name="name">
        <value>无语</value>
    </property>
    <property name="age">
        <value>30</value>
    </property>
    <property name="sex">
        <value>女</value>
    </property>
</bean>
```

在上面的代码中，\<value\>标签用于为 name 属性赋值，这是一个普通的赋值标签。直接在成对的\<value\>标签中放入数值或其他赋值标签，Spring 会把这个标签提供的属性值注入指定的 JavaBean 中。

说明　如果 JavaBean 的某个属性是 List 集合或数组类型，则需要使用\<list\>标签为 List 集合或数组类型的每一个元素赋值。

创建名称为 ManagerServlet 的 Servlet，在其 doGet()方法中，首先装载配置文件并获取 Bean，然后通过 Bean 对象的相应 getXxx()方法获取并输出用户信息，关键代码如下：

```
ApplicationContext factory=new ClassPathXmlApplicationContext("applicationContext.xml");  //装载配置
文件
```

```
User user = (User) factory.getBean("user");              //获取Bean
System.out.println("用户姓名——"+user.getName());          //输出用户的姓名
System.out.println("用户年龄——"+user.getAge());           //输出用户的年龄
System.out.println("用户性别——"+user.getSex());           //输出用户的性别
```

程序运行后，控制台输出的信息如图 11-4 所示。

```
🔖 标记 🗋 属性 🌐 Serv... 🎛 Data ... 🗂 Snip... 🗐 控制台 🟰  ┌  ─  □
             ■ ✖ 🕸 | 🗐 🗗 🗐 🖭 🗗 ▾ 🖻 ▾ 🗂 ▾
Tomcat v7.0 Server at localhost [Apache Tomcat K:\Java\jdk1.7.0_03\bin\ja
用户姓名—无语
用户年龄—30
用户性别—女
    ◀      :::                                      ▶
```

图 11-4　控制台输出的信息

11.2.4　构造器注入

构造器注入

在类被实例化时，其构造方法被调用并且只能调用一次，所以构造器被常用于类的初始化操作。<constructor-arg>是<bean>元素的子元素，通过<constructor-arg>元素的<value>子元素可以为构造方法传参。

【例 11-2】 通过 Spring 的构造器注入为用户 JavaBean 的属性赋值。

在用户 JavaBean 中创建构造方法，代码如下：

```
public class User {
    private String name;                        //用户姓名
    private Integer age;                        //年龄
    private String sex;                         //性别
    //构造方法
    public User(String name,Integer age,String sex){
        this.name=name;
        this.age=age;
        this.sex=sex;
    }
    //输出JavaBean的属性值方法
    public void printInfo(){
        System.out.println("用户姓名——"+name);    //输出用户的姓名
        System.out.println("用户年龄——"+age);     //输出用户的年龄
        System.out.println("用户性别——"+sex);     //输出用户的性别
    }
}
```

在 Spring 的配置文件 applicationContext.xml 中通过<constructor-arg>元素为 JavaBean 的属性赋值，关键代码如下：

```
<!-- User Bean -->
<bean name="user" class="com.mr.user.User">
    <constructor-arg>
        <value>无语</value>
    </constructor-arg>
    <constructor-arg>
        <value>30</value>
    </constructor-arg>
    <constructor-arg>
```

```
            <value>女</value>
        </constructor-arg>
    </bean>
```

 容器通过多个<constructor-arg>标签为构造方法传参，如果标签的赋值顺序与构造方法中参数的顺序或类型不同，程序会产生异常，可以使用<constructor-arg>元素的"index"属性和"type"属性解决此类问题。

 index 属性用于指定当前<constructor-arg>标签为构造方法的哪个参数赋值；type 属性用于指定参数类型以确定要为构造方法的哪个参数赋值，当需要赋值的属性在构造方法中没有相同的类型时，可以使用这个参数。

　　创建名称为 ManagerServlet 的 Servlet，在其 doGet()方法中，首先装载配置文件并获取 Bean，然后调用 Bean 对象的 printinfo()方法输出用户信息，关键代码如下：

```
//装载配置文件
ApplicationContext factory=new ClassPathXmlApplicationContext("applicationContext.xml");
//获取Bean
User user = (User) factory.getBean("user");
user.printInfo();
```

　　程序运行后，控制台输出的信息如图 11-5 所示。

　　由于大量的构造器参数，特别是当某些属性可选时可能使程序的效率低下。因此通常情况下，Spring 开发团队提倡使用 Setter 注入，这也是目前应用开发中最常使用的注入方式。

　　构造器注入方式也有优点，它一次性将所有的依赖注入。即在程序未完全初始化的状态下，注入对象不会被调用；此外

图 11-5　控制台输出的信息

对象也不可能再次被重新注入。对于注入类型的选择并没有硬性的规定，对于那些没有源代码的第三方类或者没有提供 Setter 方法的遗留代码，只能选择构造器注入方式实现依赖注入。

11.2.5　引用其他 Bean

　　Spring 利用 IoC 将 JavaBean 所需要的属性注入其中，不需要编写程序代码来初始化 JavaBean 的属性，使程序代码整洁且规范化。主要是降低了 JavaBean 之间的耦合度，Spring 开发的项目中的 JavaBean 不需要修改任何代码即可应用到其他程序中，在 Spring 中可以通过配置文件使用<ref>元素引用其他 JavaBean 的实例对象。

引用其他 Bean 和创建匿名内部 JavaBean

　　【例 11-3】 将 User 对象注入到 Spring 的控制器 Manager 中，并在控制器中执行 User 的 printInfo()方法。

　　在控制器 Manager 中注入 User 对象，关键代码如下：

```
public class Manager extends AbstractController {
    private User user;                          //注入User对象
    public User getUser() {
        return user;
    }
```

```
        public void setUser(User user) {
            this.user = user;
        }
    protected ModelAndView handleRequestInternal(HttpServletRequest arg0,
            HttpServletResponse arg1) throws Exception {
        user.printInfo();                              //执行User中的信息打印方法
        return null;
        }
    }
```

在上面的代码中，Manager 类继承自 AbstractController 控制器，该控制器是 Spring 中最基本的控制器，所有的 Spring 控制器都继承该控制器，它提供了诸如缓存支持和 mimetype 设置这样的功能。当一个类从 AbstractController 继承时，需要实现 handleRequestInternal()抽象方法，该方法用来实现自己的逻辑，并返回一个 ModelAndView 对象，在本例中返回一个 null。

 如果在控制器中返回一个 ModelAndView 对象，那么该对象需要在 Spring 的配置文件 applicationContext.xml 中配置。

在 Spring 的配置文件 applicationContext.xml 中设置 JavaBean 的注入，关键代码如下：

```
<!-- 注入JavaBean -->
<bean name="/main.do" class="com.mr.main.Manager">
    <property name="user">
        <ref local="user"/>
    </property>
</bean>
```

在 web.xml 文件中配置自动加载 applicationContext.xml 文件，在项目启动时 Spring 的配置信息自动加载到程序中，所以在调用 JavaBean 时不再需要实例化 BeanFactory 对象：

```
<!--设置自动加载配置文件-->
<servlet>
    <servlet-name>dispatcherServlet</servlet-name>
    <servlet-class>org.springframework.web.servlet.DispatcherServlet</servlet-class>
    <init-param>
        <param-name>contextConfigLocation</param-name>
        <param-value>/WEB-INF/applicationContext.xml</param-value>
    </init-param>
    <load-on-startup>1</load-on-startup>
</servlet>
<servlet-mapping>
    <servlet-name>dispatcherServlet</servlet-name>
    <url-pattern>*.do</url-pattern>
</servlet-mapping>
```

运行程序，在 IE 浏览器中单击"执行 JavaBean 的注入"超链接，在控制台将显示图 11-6 所示的内容。

图 11-6　控制台输出的信息

11.2.6　创建匿名内部 JavaBean

在编程中经常遇到匿名的内部类，在 Spring 中需要匿名内部类的地方直接用<bean>标签定义一个内部类即可。如果要使这个内部类匿名，则可以不指定<bean>标签的 id 或 name 属性，如下面这段代码：

```
<!--定义学生匿名内部类-->
<bean id="school" class="School">
    <property name="student">
        <bean class="Student"/>
    </property>
</bean>
```

代码中定义了匿名的 Student 类，并将这个匿名内部类赋给了 School 类的实例对象。

11.3　AOP 概述

Spring AOP 是继 Spring IoC 之后的 Spring 框架的又一大特性，也是该框架的核心内容。AOP 是一种思想，所有符合该思想的技术都可以是看作 AOP 的实现。Spring AOP 建立在 Java 的代理机制之上，Spring 框架已经基本实现了 AOP 的思想。在众多的 AOP 实现技术中，Spring AOP 做得最好，也是最为成熟的。

Spring AOP 的接口实现了 AOP 联盟（Alliance）定制标准化接口，这就意味着它已经走向了标准化，将得到更快的发展。

　　AOP 联盟由多个团体组成，这些团体致力于各个 Java AOP 子项目的开发。它们与 Spring 有相同的信念，即让 AOP 使开发复杂的企业级应用变得更简单，且脉络更清晰；同时它们也在很保守地为 AOP 制定标准化的统一接口，使得不同的 AOP 技术之间相互兼容。

11.3.1　AOP 术语

Spring AOP 实现基于 Java 的代理机制，从 JDK1.3 开始就支持代理功能。但是性能成为一个很大问题，为此出现了 CGLIB 代理机制。它可以生成字节码，所以其性能会高于 JDK 代理。Spring 支持这两种代理方式。但是随着 JVM 的性能的不断提高，这两种代理性能的差距会越来越小。

AOP 术语

Spring AOP 的有关术语如下。

（1）切面（Aspect）

切面是对象操作过程中的截面，如图 11-7 所示。

如图 11-7 所示，由于平行四边拦截了程序流程，所以 Spring 形象将其称为“切面”。所谓的“面向切面编程”正是指如此，本书后面提到的“切面”即指这个“平行四边形”。

实际上“切面”是一段程序代码，这段代码将被“植入”到程序流程中。

（2）连接点（Join Point）

对象操作过程中的某个阶段点，如图 11-8 所示。

在程序流程上的任意一点都可以是连接点。

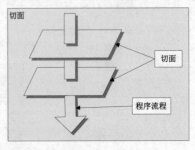

图 11-7　切面

它实际上是对象的一个操作，如对象调用某个方法、读写对象的实例或者某个方法抛出了异常等。

（3）切入点（Pointcut）

切入点是连接点的集合，如图 11-9 所示。

如图 11-9 所示，切面与程序流程的"交叉点"即程序的切入点，确切地说，它是"切面注入"到程序中的位置，即"切面"是通过切入点被"注入"的。在程序中可以有多个切入点。

（4）通知（Advice）

通知是某个切入点被横切后所采取的处理逻辑，即在"切入点"处拦截程序后通过通知来执行切面，如图 11-10 所示。

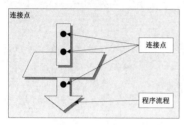

图 11-8　连接点

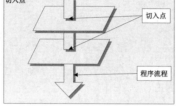

图 11-9　切入点

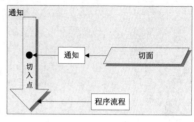

图 11-10　通知

（5）目标对象（Target）

所有被通知的对象（也可以理解为被代理的对象）都是目标对象，目标对象及其属性改变、行为调用和方法传参的变化被 AOP 所关注，AOP 会注意目标对象的变动，并随时准备向目标对象"注入切面"。

（6）织入（Weaving）

织入是将切面功能应用到目标对象的过程，有代理工厂并创建一个代理对象，这个代理可以为目标对象执行切面功能。

 说明　AOP 的织入方式有 3 种，即编译时期（Compile time）织入、类加载时期（Classload time）织入和执行期（Runtime）织入。Spring AOP 一般多见于最后一种。

（7）引入（Introduction）

对一个已编译的类（class），在运行时期动态地向其中加载属性和方法。

11.3.2　AOP 的简单实现

下例讲解 Spring AOP 简单实例的实现过程，以说明 AOP 编程的特点。

AOP 的简单实现

【例 11-4】　利用 Spring AOP 使日志输出与方法分离，以在调用目标方法之前执行日志输出。

首先创建类 Target，它是被代理的目标对象。其中有一个 execute() 方法可以专注自己的职能，使用 AOP 对 execute() 方法输出日志，在执行该方法前输出日志。目标对象的代码如下：

```
public class Target {
    //程序执行的方法
    public void execute(String name){
        System.out.println("程序开始执行：" + name);    //输出信息
    }
}
```

通知可以拦截目标对象的 execute() 方法，并执行日志输出，创建通知的代码如下：

```
public class LoggerExecute implements MethodInterceptor {
    public Object invoke(MethodInvocation invocation) throws Throwable {
        before();                             //执行前置通知
    invocation.proceed();                     //proceed()方法是执行目标对象的execute()方法
        return null;
    }
    //前置通知，before()方法在invocation.proceed()之前执行，用于输出提示信息
  private void before() {
        System.out.println("程序开始执行！");
    }
}
```

使用 AOP 的功能必须创建代理，代码如下：

```
public class Manger {
    //创建代理
    public static void main(String[] args) {
        Target target = new Target();                     //创建目标对象
        ProxyFactory di=new ProxyFactory();
        di.addAdvice(new LoggerExecute());
        di.setTarget(target);
        Target proxy=(Target)di.getProxy();
        proxy.execute(" AOP的简单实现");                    //代理执行execute()方法
    }
}
```

程序运行后，在控制台输出的信息如图 11-11 所示。

图 11-11　控制台输出的信息

11.4　Spring 的切入点

　　Spring 的切入点（Pointcut）是 Spring AOP 比较重要的概念，它表示注入切面
的位置。根据切入点织入的位置不同，Spring 提供了 3 种类型的切入点，即静态切
入点、动态切入点和自定义切入点。

Spring 的切入点

11.4.1　静态与动态切入点

　　静态与动态切入点需要在程序中选择使用。

（1）静态切入点

　　静态切入点可以为对象的方法签名，如在某个对象中调用了 execute()方法时，这个方法即静态切入
点。静态切入点需要在配置文件指定，关键配置如下：

```
<bean id="pointcutAdvisor"
    class="org.springframework.aop.support.RegexpMethodPointcutAdvisor">
    <property name="advice">
        <ref bean="MyAdvisor" />                 <!-- 指定通知 -->
```

```
        </property>
        <property name="patterns">
            <list>
                <value>.*getConn*.</value><!-- 指定所有以getConn开头的方法名都是切入点 -->
                    <value>.*closeConn*.</value>
            </list>
        </property>
    </bean>
```

在上面的代码中，正则表达式".*getConn*."表示所有以 getConn 开头的方法都是切入点；正则表达式".*closeConn*."表示所有以 closeConn 开头的方法都是切入点。

 说明 正则表达式由数学家 Stephen Kleene 于 1956 年提出，用其可以匹配一些指定的表达式，而不是列出每一个表达式的具体写法。

由于静态切入点只在代理创建时执行一次，然后缓存结果，下一次调用时直接从缓存中读取即可，所以在性能上要远高于动态切入点。第一次将静态切入点织入切面时，首先会计算切入点的位置，它通过反射在程序运行时获得调用的方法名。如果这个方法名是定义的切入点，则织入切面。然后缓存第一次计算结果，以后不需要再次计算，这样使用静态切入点的程序性能会好很多。

虽然使用静态切入点的性能会高一些，但是当需要通知的目标对象的类型多于一种，而且需要织入的方法很多时，使用静态切入点编程会很烦琐。而且使用静态切入不是很灵活且降低性能，这时可以选用动态切入点。

（2）动态切入点

静态切入点只能应用在相对不变的位置，而动态切入点可应用在相对变化的位置，如方法的参数上。由于在程序运行过程中传递的参数是变化的，所以切入点也随之变化，它会根据不同的参数来织入不同的切面。由于每次织入都要重新计算切入点的位置，而且结果不能缓存，所以动态切入点比静态切入点的性能要低得多。但是它能够随着程序中参数的变化而织入不同的切面，所以比静态切入点要灵活得多。

在程序中可以选择使用静态切入点和动态切入点，当程序对性能要求很高且相对注入不是很复杂时可以选用静态切入点；当程序对性能要求不是很高且注入比较复杂时可以使用动态切入点。

11.4.2　深入静态切入点

静态切入点在某个方法名上织入切面，所以在织入程序代码前要匹配方法名，即判断当前正在调用的方法是不是已经定义的静态切入点。如果是，说明方法匹配成功并织入切面；否则匹配失败，不织入切面。这个匹配过程由 Spring 自动实现，不需要编程的干预。

实际上 Spring 使用 boolean matches(Method, Class)方法来匹配切入点，并利用 method.getName()方法反射取得正在运行的方法名。在 boolean matches(Method,Class)方法中，Method 是 java.lang.reflect. Method 类型，method.getName()利用反射取得正在运行的方法名。Class 是目标对象的类型。该方法在 AOP 创建代理时被调用并返回结果，true 表示将切面织入；false 则表示不织入。静态切入点的匹配过程的代码如下：

```
<!-- 深入静态切入点 -->
<bean id=" pointcutAdvisor "
    class="org.springframework.aop.support.RegexpMethodPointcutAdvisor">
    <property name="patterns">
        <list>
```

```
                <value>.*execute.*</value>        <!-- 指定切入点 -->
          </list>
      </property>
</bean>
```

matches()方法匹配成功后的代码如下：

```
public bollean matches(Method method,Class targetClass){
        return(method.getName().equals("execute"));                //匹配切入点成功
}
```

11.4.3 深入切入点底层

掌握 Spring 切入点底层将有助于更加深刻地理解切入点。

Pointcut 接口是切入点的定义接口，用其来规定可切入的连接点的属性。通过扩展此接口可以处理其他类型的连接点，如域等（但是这样做很罕见）。定义切入点接口的代码如下：

```
public interface Pointcut {
    ClassFilter getClassFilter();
    MethodMatcher getMethodMatcher();
}
```

使用ClassFilter接口来匹配目标类，代码如下：

```
public interface ClassFilter {
    boolean matches(Class class);
}
```

可以看到，在 ClassFilter 接口中定义了 matches()方法，即与目标类匹配。其中 class 代表被检测的 Class 实例，该实例是应用切入点的目标对象。如果返回 true，表示目标对象可以被应用切入点；否则不可以应用切入点。

使用 MethodMatcher 接口来匹配目标类的方法或方法的参数，代码如下：

```
public interface MethodMatcher {
    boolean matches(Method m,Class targetClass);
    boolean isRuntime();
    boolean matches(Method m,Class targetClass,Object[] args);
}
```

Spring 执行静态切入点还是动态切入点取决于 isRuntime()方法的返回值，在匹配切入点之前 Spring 会调用 isRuntime()方法。如果返回 false，则执行静态切入点；否则执行动态切入点。

11.4.4 Spring 中的其他切入点

Spring 提供了丰富的切入点供用户选择使用，目的是使切面灵活地注入程序中的所需位置。例如，使用流程切入点可以根据当前调用堆栈中的类和方法来实施切入。Spring 常见的切入点如表 11-2 所示。

表 11-2 Spring 常见的切入点

切入点实现类	说明
org.springframework.aop.support.JdkRegexpMethodPointcut	JDK 正则表达式方法切入点
org.springframework.aop.support.NameMatchMethodPointcut	名称匹配器方法切入点
org.springframework.aop.support.StaticMethodMatcherPointcut	静态方法匹配器切入点
org.springframework.aop.support.ControlFlowPointcut	流程切入点
org.springframework.aop.support.DynamicMethodMatcherPointcut	动态方法匹配器切入点

如果 Spring 提供的切入点无法满足开发需求，可以自定义切入点。Spring 提供的切入点很多，可以

选择一个继承它并重载 matches()方法。也可以直接继承 Pointcut 接口并且重载 getClassFilter()方法和 getMethodMatcher()方法，这样可以编写切入点的实现。

11.5　Aspect 对 AOP 的支持

Aspect 对 AOP
的支持

Aspect 即 Spring 中所说的切面，它是对象操作过程中的截面，在 AOP 中是一个非常重要的概念。

11.5.1　Aspect 概述

Aspect 是对系统中的对象操作过程中截面逻辑进行模块化封装的 AOP 概念实体，通常情况下可以包含多个切入点和通知。

 AspectJ 是 Spring 框架 2.0 版本之后增加的新特性，Spring 使用了 AspectJ 提供的一个库来完成切入点的解析和匹配。但是 AOP 在运行时仍旧是纯粹的 Spring AOP，它并不依赖于 AspectJ 的编译器或者织入器，在底层中使用的仍然是 Spring 2.0 之前的实现体系。使用 AspectJ 需要在应用程序的 classpath 中引入 org.springframework.aspects-3.1.1.RELEASE.jar，这个 jar 包可以在 Spring 的发布包的 dist 目录中找到。

例如，以 AspectJ 形式定义的 Aspect，代码如下：

```
aspect AjStyleAspect
{
    //切入点定义
    pointcut query(): call(public * get*(...));
    pointcut delete(): execution(public void delete(...));
    ......
    //通知
    before():query(){...}
    after returnint:delete(){...}
    ......
}
```

在 Spring 的 2.0 版本之后，可以通过使用@AspectJ 的注解并结合 POJO 的方式来实现 Aspect。

11.5.2　Spring 中的 Aspect

最初在 Spring 中没有完全明确的 Aspect 概念，只是在 Spring 中的 Aspect 的实现和特性有所特殊而已，而 Advisor 就是 Spring 中的 Aspect。

Advisor 是切入点的配置器，它能将 Adivce（通知）注入程序中的切入点的位置，并可以直接编程实现 Advisor，也可以通过 XML 来配置切入点和 Advisor。由于 Spring 的切入点的多样性，而 Advisor 是为各种切入点而设计的配置器，因此相应的 Advisor 也有很多。

在 Spring 中的 Advisor 的实现体系由两个分支家族构成，即 PointctuAdvisor 和 IntrodcutionAdvisor 家族。家族的每个分支下都含有多个类和接口，其体系结构如图 11-12 所示。

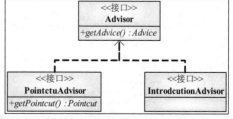

图 11-12　Advisor 的体系结构

在 Spring 中常用的两个 Advisor 都是 PointctuAdvisor 家族中的子民，它们是 DefaultPointcut Advisor 和 NameMatchMethodPointcutAdvisor。

11.5.3　DefaultPointcutAdvisor 切入点配置器

DefaultPointcutAdvisor 是位于 org.springframework.aop.support.DefaultPointcutAdvisor 包下的默认切入点通知者，它可以把一个通知配给一个切入点，使用之前首先要创建一个切入点和通知。

首先创建一个通知，这个通知可以自定义，关键代码如下：

```
public TestAdvice implements MethodInterceptor {
    public Object invoke(MethodInvocation mi) throws Throwable {
        Object Val=mi.proceed();
        return Val;
    }
}
```

然后创建自定义切入点，Spring 提供很多种类型的切入点。可以选择一个继承它并且分别重写 matches()和 getClassFilter()方法，实现自定义的切入点。关键代码如下：

```
public class TestStaticPointcut extends StaticMethodMatcherPointcut {
    public boolean matches (Method method Class targetClass){
        return ("targetMethod".equals(method.getName()));
    }
    public ClassFilter getClassFilter() {
        return new ClassFilter() {
            public boolean matches(Class clazz) {
                return (clazz==targetClass.class);
            }
        };
    }
}
```

分别创建一个通知和切入点的实例，关键代码如下：

```
Pointcut pointcut=new TestStaticPointcut ();            //创建一个切入点
Advice advice=new TestAdvice ();                       //创建一个通知
```

如果使用 SpringAOP 的切面注入功能，需要创建 AOP 代理。通过 Spring 的代理工厂来实现，代码如下：

```
Target target =new Target();                           //创建一个目标对象的实例
ProxyFactory proxy= new ProxyFactory();
proxy.setTarget(target);                               //target为目标对象
//前面已经对"advisor"做了配置，现在需要将"advisor"设置在代理工厂里
proxy.setAdivsor(advisor);
Target proxy = (Target) proxy.getProxy();
Proxy.……//此处省略的是代理调用目标对象的方法，目的是实施拦截注入通知
```

11.5.4　NameMatchMethodPointcutAdvisor 切入点配置器

NameMatchMethodPointcutAdvisor 切入点配置器位于 org.springframework.aop.support..Name MatchMethodPointcutAdvisor 包中，是方法名切入点通知者，使用它可以更加简洁地将方法名设置为切入点。关键代码如下：

```
NameMatchMethodPointcutAdvisor advice=new NameMatchMethodPointcutAdvisor(new TestAdvice());
advice.addMethodName("targetMethod1name");
advice.addMethodName("targetMethod2name");
advice.addMethodName("targetMethod3name");
```

```
advice.addMethodName("targetMethod3name");
......  //可以继续添加方法的名称
......  //省略创建代理，可以参考11.3节创建AOP代理
```

在上面的代码中，new TestAdvice()为一个通知；advice.addMethodName("targetMethod1name")方法的 targetMethod1name 参数是一个方法名称，advice.addMethodName("targetMethod1name")表示将 targetMethod1name()方法添加为切入点。

当程序调用 targetMethod1()方法时会执行通知（TestAdvice）。

11.6 Spring 持久化

在 Spring 中关于数据持久化的服务主要是支持数据访问对象（DAO）和数据库 JDBC，其中数据访问对象是实际开发过程中应用比较广泛的技术。

11.6.1 DAO 模式

数据访问对象（Data Access Object，DAO）描述了一个应用中 DAO 的角色，它提供了读写数据库中数据的一种方法。通过接口提供对外服务，程序的其他模块通过这些接口来访问数据库。这样会有很多好处，首先由于服务对象不再和特定的接口实现绑定在一起，使其易于测试，因为它提供的是一种服务，在不需要连接数据库的条件下即可进行单元测试，极大地提高了开发效率。其次通过使用与持久化技术无关的方法访问数据库，在应用程序的设计和使用上都有很大的灵活性，在系统性能和应用方面也是一个飞跃。

DAO 模式

> DAO 的主要作用是将持久性相关的问题与一般的业务规则和工作流隔离开来，它为定义业务层可以访问的持久性操作引入了一个接口，并且隐藏了实现的具体细节。该接口的功能将依赖于采用的持久性技术而改变，但是 DAO 接口可以基本上保持不变。

DAO 属于 O/R Mapping 技术的一种，在该技术发布之前开发人员需要直接借助 JDBC 和 SQL 来完成与数据库的通信；在发布之后，开发人员能够使用 DAO 或其他不同的 DAO 框架来实现与 RDBMS（关系数据库管理系统）的交互。借助于 O/R Mapping 技术，开发人员能够将对象属性映射到数据表的字段，并将对象映射到 RDBMS 中，这些 Mapping 技术能够为应用自动创建高效的 SQL 语句等；除此之外，O/R Mapping 技术还提供了延迟加载和缓存等高级特征，而 DAO 是 O/R Mapping 技术的一种实现，因此使用 DAO 能够大量节省开发时间，并减少代码量和开发的成本。

11.6.2 Spring 的 DAO 理念

Spring 提供了一套抽象的 DAO 类供开发人员扩展，这有利于以统一的方式操作各种 DAO 技术，如 JDO 和 JDBC 等。这些抽象的 DAO 类提供了设置数据源及相关辅助信息的方法，而其中的一些方法与具体 DAO 技术相关。目前 Spring DAO 提供了如下抽象类。

Spring 的 DAO
理念

① JdbcDaoSupport：JDBC DAO 抽象类，开发人员需要为其设置数据源（DataSource），通过子类能够获得 JdbcTemplate 来访问数据库。

② HibernateDaoSupport：Hibernate DAO 抽象类，开发人员需要为其配置 Hibernate SessionFactory，

通过其子类能够获得 Hibernate 实现。

③ JdoDaoSupport：Spring 为 JDO 提供的 DAO 抽象类，开发人员需要为它配置 PersistenceManager Factory，通过其子类能够获得 JdoTemplate。

在使用 Spring 的 DAO 框架存取数据库时，无须接触使用特定的数据库技术，通过一个数据存取接口来操作即可。

【例 11-5】 在 Spring 中利用 DAO 模式在 tb_user 表中添加数据。

实例中 DAO 模式实现的示意如图 11-13 所示。

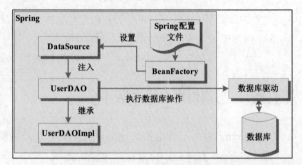

图 11-13　DAO 模式实现的示意

定义一个实体类对象 User，然后在类中定义对应数据表字段的属性，关键代码如下：

```java
public class User {
    private Integer id;                    //唯一标识
    private String name;                   //姓名
    private Integer age;                   //年龄
    private String sex;                    //性别
    ……                                    //省略的Setter和Getter方法
}
```

创建接口 UserDAOImpl，并定义用来执行数据添加的 insert()方法。该方法使用的参数是 User 实体对象，代码如下：

```java
public interface UserDAOImpl {
    public void inserUser(User user);                  //添加用户信息的方法
}
```

编写实现这个 DAO 接口的 UserDAO 类，并在其中实现接口中定义的方法。首先定义一个用于操作数据库的数据源对象 DataSource，通过它创建一个数据库连接对象以建立与数据库的连接，这个数据源对象在 Spring 中提供了 javax.sql.DataSource 接口的实现，只需在 Spring 的配置文件中完成相关配置即可。这个类中实现了接口的抽象方法 insert()，通过这个方法访问数据库，关键代码如下：

```java
public class UserDAO implements UserDAOImpl {
    private DataSource dataSource;                      //注入DataSource
    public DataSource getDataSource() {
        return dataSource;
    }
    public void setDataSource(DataSource dataSource) {
        this.dataSource = dataSource;
    }
    //向数据表tb_user中添加数据
    public void inserUser(User user) {
        String name = user.getName();                  //获取姓名
        Integer age = user.getAge();                   //获取年龄
        String sex = user.getSex();                    //获取性别
        Connection conn = null;                        //定义Connection
        Statement stmt = null;                         //定义Statement
         try {
            conn = dataSource.getConnection();         //获取数据库连接
            stmt = conn.createStatement();
```

```
                stmt.execute("INSERT INTO tb_user (name,age,sex) "
                    + "VALUES('"+name+"','" + age + "','" + sex + "')"); //添加数据的SQL语句
            } catch (SQLException e) {
                e.printStackTrace();
            }
            ......                                              //省略的代码
    }
```

编写 Spring 的配置文件 applicationContext.xml，在其中首先定义一个 JavaBean 名为"DataSource"的数据源，它是 Spring 中的 DriverManagerDataSource 类的实例，然后在配置前面编写完的 userDAO 类，并且注入其 DataSource 属性值，配置代码如下：

```xml
<!-- 配置数据源 -->
<bean id="dataSource" class="org.springframework.jdbc.datasource.DriverManagerDataSource">
    <property name="driverClassName">
        <value>com.mysql.jdbc.Driver</value>
    </property>
    <property name="url">
        <value>jdbc:mysql://localhost:3306/db_database16</value>
    </property>
    <property name="username">
        <value>root</value>
    </property>
    <property name="password">
        <value>111</value>
    </property>
</bean>
<!-- 为UserDAO注入数据源 -->
<bean id="userDAO" class="com.mr.dao.UserDAO">
    <property name="dataSource">
        <ref local="dataSource"/>
    </property>
</bean>
```

创建类 Manger，其 main()方法中的关键代码如下：

```java
//装载配置文件
ApplicationContext factory = new ClassPathXmlApplicationContext("applicationContext.xml");
User user = new User();                                  //实例化User对象
user.setName("张三");                                     //设置姓名
user.setAge(new Integer(30));                            //设置年龄
user.setSex("男");                                        //设置性别
UserDAO userDAO = (UserDAO) factory.getBean("userDAO");   //获取UserDAO
userDAO.inserUser(user);                                 //执行添加方法
System.out.println("数据添加成功!!!");
```

运行程序后，数据表 tb_user 中添加的数据如图 11-14 所示。

id	name	age	sex
▶ 1	明日	30	男

图 11-14　tb_user 表中添加的数据

11.6.3　事务管理

Spring 中的事务基于 AOP 实现，而 Spring 的 AOP 以方法为单位，所以 Spring 的事务属性是对事务应用的方法的策略描述。这些属性为传播行为、隔离级别、只读

事务管理

和超时属性。

事务管理在应用程序中至关重要，它是一系列任务组成的工作单元，其中的所有任务必须同时执行。而且只有两种可能的执行结果，即全部成功和全部失败。

事务的管理通常分为如下两种方式。

（1）编程式事务管理

在 Spring 中主要有两种编程式事务的实现方法，分别使用 PlatformTransactionManager 接口的事务管理器或 TransactionTemplate 实现。二者各有优缺点，推荐使用第 2 种实现方式，因其符合 Spring 的模板模式。

TransactionTemplate 模板和 Spring 的其他模板一样封装了打开和关闭资源等常用重复代码，在编写程序时只需完成需要的业务代码即可。

【例 11-6】 利用 TransactionTemplate 实现 Spring 编程式事务管理。

首先需要在 Spring 的配置文件中声明事务管理器和 TransactionTemplate，关键代码如下：

```
<!-- 定义TransactionTemplate模板 -->
<bean id="transactionTemplate" class="org.springframework.transaction.support. TransactionTemplate">
    <property name="transactionManager">
        <ref bean="transactionManager"/>
    </property>
    <property name="propagationBehaviorName">
    <!-- 限定事务的传播行为规定当前方法必须运行在事务中，如果没有事务，则创建一个。一个新的事务和
方法一同开始，随着方法的返回或抛出异常而终止-->
        <value>PROPAGATION_REQUIRED</value>
    </property>
</bean>
<!-- 定义事务管理器 -->
<bean id="transactionManager"
    class="org.springframework.jdbc.datasource.DataSourceTransactionManager">
    <property name="dataSource">
        <ref bean="dataSource" />
    </property>
</bean>
```

创建类 TransactionExample 定义添加数据的方法，在方法中执行两次添加数据库操作并用事务保护操作，关键代码如下：

```
public class TransactionExample {
    DataSource dataSource;                                    //注入数据源
    PlatformTransactionManager transactionManager;           //注入事务管理器
    TransactionTemplate transactionTemplate;                 //注入TransactionTemplate模板
    ......                                                    //省略的Setter和Getter方法
    public void transactionOperation() {
        transactionTemplate.execute(new TransactionCallback() {
            public Object doInTransaction(TransactionStatus status) {
            //获得数据库连接
```

```
                Connection conn = DataSourceUtils.getConnection(dataSource);
                try {
                    Statement stmt = conn.createStatement();
                    //执行两次添加方法
                    stmt.execute("insert into tb_user(name,age,sex) values('小强','26','男')");
                    stmt.execute("insert into tb_user(name,age,sex) values('小红','22','女')");
                    System.out.println("操作执行成功！");
                } catch (Exception e) {
                    transactionManager.rollback(status);      //事务回滚
                    System.out.println("操作执行失败，事务回滚！");
                    System.out.println("原因："+e.getMessage());
                }
                return null;
            }
        });
    }
}
```

在上面的代码中，以匿名类的方式定义 TransactionCallback 接口的实现来处理事务管理。

创建类 Manger，其 main()方法中的代码如下：

```
//装载配置文件
ApplicationContext factory = new ClassPathXmlApplicationContext("applicationContext.xml");
//获取TransactionExample
TransactionExample transactionExample = (TransactionExample) factory.getBean ("transactionExample");
// 执行添加方法
transactionExample.transactionOperation();
```

为了测试事务是否配置正确，在 transactionOperation()方法中执行两次添加操作的语句之间添加两句代码制造人为的异常。即当第一条操作语句执行成功后，第二条操作语句因为程序的异常无法执行成功。这种情况下如果事务成功回滚，说明事务配置成功，添加的代码如下：

```
int a=0;          //制造异常测试事务是否配置成功
a=9/a;
```

程序执行后，控制台输出的信息如图 11-15 所示，数据表 tb_user 中没有插入数据。

（2）声明式事务管理

声明式事务不涉及组建依赖关系，它通过 AOP 实现事务管理，在使用声明式事务时无须编写任何代码即可通过实现基于容器的事务管理。Spring 提供了一些可供选择的辅助类，它们简化了传统的数据库操作流程。在一定程度上节省了工作量，提高了编码效率，所以推荐使用声明式事务。

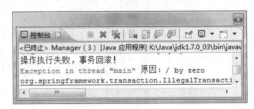

图 11-15　控制台输出的信息

在 Spring 中常用 TransactionProxyFactoryBean 完成声明式事务管理。

使用 TransactionProxyFactoryBean 需要注入所依赖的事务管理器，并设置代理的目标对象、代理对象的生成方式和事务属性。代理对象是在目标对象上生成的包含事务和 AOP 切面的新对象，它可以赋给目标的引用来替代目标对象以支持事务或 AOP 提供的切面功能。

【例 11-7】 利用 TransactionProxyFactoryBean 实现 Spring 声明式事务管理。

在配置文件中定义数据源 DataSource 和事务管理器，该管理器被注入到 TransactionProxyFactory-

Bean 中，设置代理对象和事务属性。这里的目标对象的定义以内部类方式定义，配置文件中的关键代码如下：

```xml
<!-- 定义TransactionProxy -->
<bean id="transactionProxy"
    class="org.springframework.transaction.interceptor.TransactionProxyFactoryBean">
    <property name="transactionManager">
        <ref local="transactionManager" />
    </property>
    <property name="target">
            <!--以内部类的形式指定代理的目标对象-->
        <bean id="addDAO" class="com.mr.dao.AddDAO">
                <property name="dataSource">
                    <ref local="dataSource" />
                </property>
        </bean>
    </property>
    <property name="proxyTargetClass" value="true" />
    <property name="transactionAttributes">
        <props>
            <!--通过正则表达式匹配事务性方法，并指定方法的事务属性，即代理对象中只要是以add开头的
方法名必须运行在事务中-->
            <prop key="add*">PROPAGATION_REQUIRED</prop>
        </props>
    </property>
</bean>
```

编写操作数据库的 AddDAO 类，在该类的 addUser()方法中执行了两次数据插入操作。这个方法在配置 TransactionProxyFactoryBean 时被定义为事务性方法，并指定了事务属性，所以方法中的所有数据库操作都被当作一个事务处理。该类中的代码如下：

```java
public class AddDAO extends JdbcDaoSupport {
    //添加用户的方法
    public void addUser(User user){
        //执行添加方法的SQL语句
        String sql="insert into tb_user (name,age,sex) values('" +
                user.getName() + "','" + user.getAge()+ "','" + user.getSex()+ "')";
        //执行两次添加方法
        getJdbcTemplate().execute(sql);
        getJdbcTemplate().execute(sql);
    }
}
```

创建类 Manger，其 main()方法中的代码如下：

```java
ApplicationContext factory = new ClassPathXmlApplicationContext("applicationContext.xml");    //装载配置
文件
AddDAO addDAO = (AddDAO)factory.getBean("transactionProxy");          //获取AddDAO
User user = new User();                                               //实例化User实体对象
user.setName("张三");                                                  //设置姓名
user.setAge(30);                                                      //设置年龄
user.setSex("男");                                                     //设置性别
addDAO.addUser(user);                                                 //执行数据库添加方法
```

可以沿用【例 11-6】中制造程序异常的方法测试配置的事务。

11.6.4 应用 JdbcTemplate 操作数据库

JdbcTemplate 类是 Spring 的核心类之一，可以在 org.springframework.jdbc. core 包中找到。该类在内部已经处理数据库资源的建立和释放，并可以避免一些常见的错误，如关闭连接及抛出异常等，因此使用 JdbcTemplate 类简化了编写 JDBC 时所需的基础代码。

应用 Jdbc Template 操作数据库

JdbcTemplate 类可以直接通过数据源的引用实例化，然后在服务中使用，也可以通过依赖注入的方式在 ApplicationContext 中产生并作为 JavaBean 的引用给服务使用。

 说明 JdbcTemplate 类运行了核心的 JDBC 工作流程，如应用程序要创建和执行 Statement 对象，只需在代码中提供 SQL 语句。该类可以执行 SQL 中的查询、更新或者调用存储过程等操作，并且生成结果集的迭代数据。它还可以捕捉 JDBC 的异常并转换为 org.springframework. dao 包中定义并能够提供更多信息的异常处理体系。

JdbcTemplate 类中提供了接口来方便访问和处理数据库中的数据，这些方法提供了基本的选项用于执行查询和更新数据库操作。JdbcTemplate 类提供了很多重载的方法用于数据查询和更新，提高了程序的灵活性。JdbcTemplate 中常用的数据查询方法如表 11-3 所示。

表 11-3　JdbcTemplate 中常用的数据查询方法

方法名称	说明
int QueryForInt(String sql)	返回查询的数量，通常是聚合函数数值
int QueryForInt(String sql,Object[] args)	
long QueryForLong(String sql)	返回查询的信息数量
long QueryForLong(String sql,Object[] args)	
Object queryforObject(string sql,Class requiredType)	返回满足条件的查询对象
Object queryforObject(string sql,Class requiredType,Object[] args)	
List queryForList(String sql)	返回满足条件的对象 List 集合
List queryForList(String sql,Object[] args)	

 说明 sql 参数指定查询条件的语句，requiredType 指定返回对象的类型，args 指定查询语句的条件参数。

【例 11-8】 利用 jdbcTemplate 在数据表 tb_user 添加用户信息。

在配置文件 applicationContext.xml 中配置 JdbcTemplate 和数据源，关键代码如下：

```
<!-- 配置jdbcTemplate -->
<bean id="jdbcTemplate" class="org.springframework.jdbc.core.JdbcTemplate">
    <property name="dataSource">
        <ref local="dataSource"/>
    </property>
</bean>
```

创建类 AddUser 获取 JdbcTemplate 对象，并利用其 update()方法执行数据库的添加操作，其 main() 方法中的关键代码如下：

```
DriverManagerDataSource ds = null;
JdbcTemplate jtl = null;
//获取配置文件
ApplicationContext factory = new ClassPathXmlApplicationContext("applicationContext.xml");
jtl =(JdbcTemplate)factory.getBean("jdbcTemplate");              //获取jdbcTemplate
String sql = "insert into tb_user(name,age,sex) values ('小明','23','男')";
jtl.update(sql);                                                //执行添加操作
```

程序运行后，tb_user 表中添加的数据如图 11-16 所示。

jdbcTemplate 类实现了很多方法的重载特征，在实例中使用了其写入数据的常用方法 update(String)。

id	name	age	sex
10	小明	23	男

图 11-16　tb_user 表中添加的数据

小　结

本章首先介绍了 Spring 框架核心技术 IoC、AOP、Bean 的相关知识，以及对 Bean 的配置与装载；然后讲解了 Spring 提供的资源获取、国际化等功能；最后介绍了 Spring 对数据持久层的支持。通过对本章知识的学习，读者应该可以掌握 Spring 的核心技术。

上机指导

利用 DAO 模式向商品信息表中添加数据。在 Spring 中利用 DAO 模式向商品信息表中添加数据。

开发步骤如下。

（1）设计商品库存表 tb_goods，其结构如图 11-17 所示。

id	name	price	type
1	方便面	1.5	食品
2	面包	2.5	食品
3	牛奶	2	饮品
4	矿泉水	1	饮品

图 11-17　数据表 tb_goods 结构

（2）创建名称为 GoodsInfo 的 JavaBean 类，用于封装商品信息。GoodsInfo 类的关键代码如下：

```
public class GoodsInfo {
        private int id;              //商品编号
        private String name;         //商品名称
        private float price;         //商品价格
        private String type;         //商品类别
        ......                       //省略了setter和getter方法
}
```

（3）创建操作商品信息的接口 GoodsDao，并定义添加商品信息的 addGoods()方法，参数类型为 GoodsInfo 实体对象，代码如下：

```
public interface GoodsDAO {
```

```
        public void addGoods(GoodsInfo goods);          //添加商品信息的方法
    }
```

（4）编写实现这个 DAO 接口的 GoodsDaoImpl 类，并在这个类中实现接口中定义的方法。定义一个用于操作数据库的数据源对象 DataSource，通过它创建一个数据库连接对象，建立与数据库的连接，这个数据源对象在 Spring 中提供了 javax.sql.DataSource 接口的实现，只需在 Spring 的配置文件中进行相关的配置就可以，稍后会讲到关于 Spring 的配置文件。这个类中实现了接口的 addGoods()方法，通过这个方法访问数据库，关键代码如下：

```java
public class GoodsDaoImpl implements GoodsDao {
    private DataSource dataSource;                    //注入DataSource
    public DataSource getDataSource() {
        return dataSource;
    }
    public void setDataSource(DataSource dataSource) {
        this.dataSource = dataSource;
    }
    public void addGoods(GoodsInfo goods) {
        Connection conn=null;
        PreparedStatement stmt=null;
        try{
            conn = dataSource.getConnection();        //获取数据库连接
            //插入商品信息的SQL语句
            String sql = "insert into tb_goods(name,price,type) values(?,?,?);";
            stmt = conn.prepareStatement(sql);        //创建预编译对象
            stmt.setString(1, goods.getName());       //为商品名称赋值
            stmt.setFloat(2, goods.getPrice());       //为商品价格赋值
            stmt.setString(3, goods.getType());       //为商品类别赋值
            stmt.executeUpdate();                     //编译执行，更新数据库
        }catch(Exception ex){
            ex.printStackTrace();
        }
        ......                        //省略了其他代码
    }
}
```

（5）编写 Spring 的配置文件 applicationContext.xml，在这个配置文件中首先定义一个 JavaBean 名称为 DataSource 的数据源，它是 Spring 中的 DriverManagerDataSource 类的实例，然后再配置前面编写完的 GoodsDAOImpl 类，并且注入它的 DataSource 属性值，其具体的配置代码如下：

```xml
<!-- 配置数据源 -->
<bean id="dataSource"
    class="org.springframework.jdbc.datasource.DriverManagerDataSource">
    <property name="driverClassName">
        <value>com.mysql.jdbc.Driver</value>
    </property>
    <property name="url">
        <value>jdbc:mysql://localhost:3306/db_database16
        </value>
    </property>
    <property name="username">
        <value>root</value>
```

```
            </property>
            <property name="password">
                <value>111</value>
            </property>
        </bean>
        <!-- 为GoodsDaoImpl注入数据源 -->
        <bean id="goodsDao" class="com.lh.dao.impl.GoodsDaoImpl">
            <property name="dataSource">
                <ref local="dataSource"/>
            </property>
        </bean>
    </beans>
```

（6）创建添加商品信息的表单页 index.jsp，设置表单提交到 save.jsp 处理页。

（7）创建 save.jsp 页，关键代码如下：

```
<%
    String name = request.getParameter("name");          //获取商品名称
    String price = request.getParameter("price");        //获取商品价格
    String type = request.getParameter("type");          //获取商品类别
    GoodsInfo goods = new GoodsInfo();                    //创建商品的JavaBean
    goods.setName(name);                                  //添加商品名称
    goods.setPrice(Float.parseFloat(price));              //添加商品价格
    goods.setType(type);                                  //添加商品类别
    ApplicationContext factory = new ClassPathXmlApplicationContext("applicationContext.xml");
    GoodsDaoImpl dao = (GoodsDaoImpl)factory.getBean("goodsDao");   //获取Bean的实例
    dao.addGoods(goods);                                            //调用方法添加商品信息
%>
```

运行本实例，在页面的表单中输入商品信息，如图 11-18 所示，单击"添加到数据库"按钮，即可将该数据添加到数据表 tb_goods 中。

图 11-18　填写商品信息

习　题

1. 什么是 IoC 注入？如何使用 Spring 框架进行注入？
2. Spring 如何加载配置文件？配置文件有哪些标签？
3. 什么是 AOP？
4. Spring 框架有哪些项目开发优势？

第12章

SSM框架整合应用

本章要点：

了解为什么要使用框架 ■
掌握如何搭建框架环境 ■
熟练掌握SSM框架的整合使用 ■
熟悉SSM框架的应用实例 ■

■ SSM分别为Spring、SpringMVC、MyBatis，这3个框架是目前市面上搭配使用率较高的三大框架，本章将对如何整合使用 SSM 框架进行详细讲解。

12.1 框架的作用

SSM 框架整合
应用

我们在 Servlet 里面接收前台传过来的值需要写很多个 request.getParameter()，而且我们在需要给实体类进行赋值的时候同样也需要写很多个 set×××()，现在我们应用了框架，这些重复而且枯燥的操作完全不用我们自己去完成了，只需要通过相应框架里面封装好的方法就可以直接完成，使用这三大框架以后，对于每个普通的增删改查的方法，其代码基本不会超过 5 行，有些甚至只用一行代码就可以完成我们想要的功能。

12.2 SSM 三大框架的使用

12.2.1 搭建框架环境

搭建 SSM 框架的步骤如下。

（1）准备好三大框架所需要的 jar 包，一共是 20 个 jar 包，还有一个是连接 MySQL 数据库的包，所以一共是 21 个 jar 包，如图 12-1 所示。

（2）在 IDE 中创建一个 Web project，并把我们刚才所准备的 21 个 jar 包粘贴到 lib 文件夹中，如图 12-2 所示。

图 12-1　SSM 框架需要的 jar 包

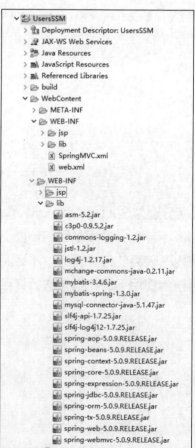

图 12-2　将 jar 包粘贴到项目的 lib 文件夹中

（3）在 src 文件夹下创建一个 Spring 框架的配置文件，并命名为 application.xml，如图 12-3 所示。

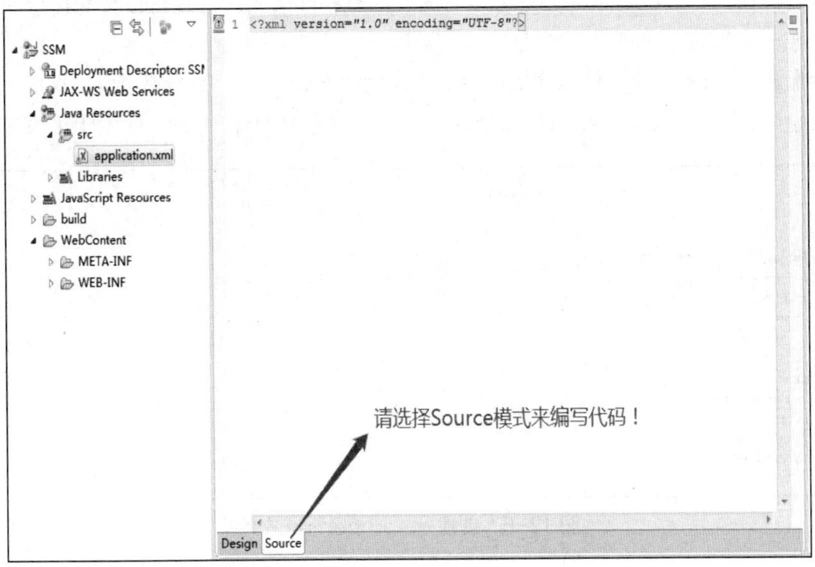

图 12-3　创建 application.xml 文件

（4）在 application.xml 配置文件中第二行也就是<?xml version="1.0" encoding="UTF-8"?>这句话的下面写一对<beans></beans>标签，并在开始的<beans>标签里写上声明头，如图 12-4 所示。

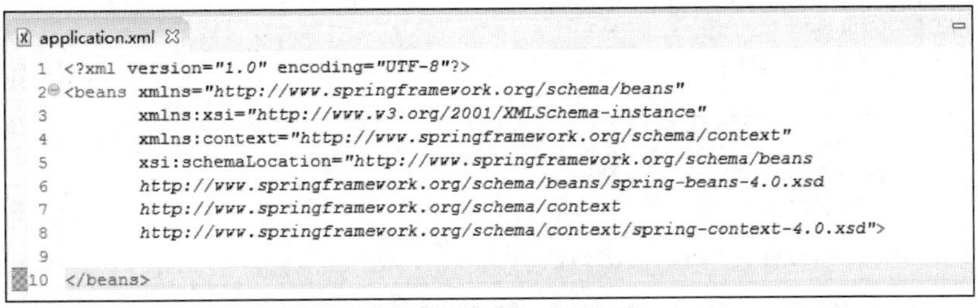

```
<?xml version="1.0" encoding="UTF-8"?>
<beans xmlns="http://www.springframework.org/schema/beans"
        xmlns:xsi="http://www.w3.org/2001/XMLSchema-instance"
        xmlns:context="http://www.springframework.org/schema/context"
        xsi:schemaLocation="http://www.springframework.org/schema/beans
        http://www.springframework.org/schema/beans/spring-beans-4.0.xsd
        http://www.springframework.org/schema/context
        http://www.springframework.org/schema/context/spring-context-4.0.xsd">

</beans>
```

图 12-4　application.xml 文件中的代码

代码说明：

① xmlns=“http://www.springframework.org/schema/beans”

声明 XML 文件默认的命名空间，表示未使用其他命名空间的所有标签的默认命名空间。

② xmlns:xsi=“http://www.w3.org/2001/XMLSchema-instance”

声明 XML Schema 实例，声明后就可以使用 schemaLocation 属性。

③ xmlns:context=“http://www.springframework.org/schema/context”

引入 context 标签，用于下面连接数据库以及使用 Spring 注解功能应用。

④ xsi:schemaLocation="http://www.springframework.org/schema/beans
http://www.springframework.org/schema/beans/spring-beans-4.0.xsd
http://www.springframework.org/schema/context
http://www.springframework.org/schema/context/spring-context-4.0.xsd">

指定 Schema 的位置这个属性必须结合命名空间使用。这个属性有两个值：第一个值表示需要使用的命名空间；第二个值表示供命名空间使用的 XML schema 的位置。

上面配置的命名空间指定了 xsd 规范文件，这样在进行下面具体配置的时候就会根据这些 xsd 规范文件给出相应的提示，比如说每个标签是怎么写的，都有些什么属性都是可以智能提示的，在启动服务的时候也会根据 xsd 规范对配置进行校验。

（5）开始配置 Spirng 配置文件里面的内容，无先后顺序，先配置哪个都可以，这里先配置 C3P0 连接数据库，在 src 根目录下创建一个连接数据库的配置文件名为 db.properties，如图 12-5 所示。

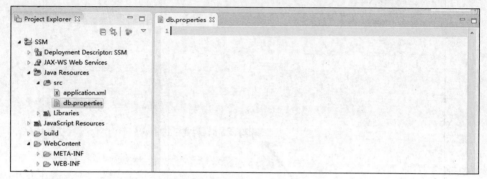

图 12-5　创建 db.properties 文件

在配置文件中配置以下信息。

① 登录数据库账号。

② 登录数据库密码。

③ 数据库连接驱动。

④ 数据库连接地址。

具体配置代码如图 12-6 所示。

```
db.properties
user=root
passWord=root
driverClass=com.mysql.jdbc.Driver
url=jdbc:mysql://127.0.0.1:3306/test
```

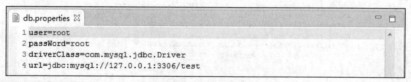

图 12-6　配置数据库信息

（6）连接数据库文件我们已经准备好，下面就继续回到 Spring 配置文件中开始配置 C3P0 连接池，我们在<beans>头标签和</beans>结束标签的中间来配置相关信息，如图 12-7 所示。

```
<!-- c3p0连接池 -->
<context:property-placeholder location="classpath:db.properties"/>

<bean id="dataSource" class="com.mchange.v2.c3p0.ComboPooledDataSource">
    <property name="user" value="${user}"/>
    <property name="driverClass" value="${driverClass}"/>
    <property name="password" value="${passWord}"/>
    <property name="jdbcUrl" value="${url}"/>
</bean>
```

图 12-7　配置 C3P0 连接池

代码说明：

① <context:property-placeholder location="：这里写的是自己创建的数据库连接文件的名字"/>

② <bean id="dataSource" class="com.mchange.v2.c3p0.ComboPooledDataSource">

③ <property name="user" value="${user}"/>

④ <property name="driverClass" value="${driverClass}"/>

⑤ <property name="password" value="${passWord}"/>

⑥ <property name="jdbcUrl" value="${url}"/>

⑦ </bean>：指定连接数据库需要的各个字段。

所有带${}符号里面写的内容是在 db.properties 文件中命名的名字。

（7）配置 SqlSessionFactory，用于加载 MyBatis 框架，持久层的方法可以通过映射直接找到相应的 Mapper 文件里面的 SQL，具体配置如图 12-8 所示。

```
<!-- 配置SqlSessionFactory -->
<bean id="sqlSessionFactory" class="org.mybatis.spring.SqlSessionFactoryBean">
    <property name="dataSource" ref="dataSource"/>
    <property name="mapperLocations">
        <list>
            <value>classpath:com/mr/mapper/*-Mapper.xml</value>
        </list>
    </property>
    <property name="typeAliasesPackage" value="com.mr.entity"/>
</bean>
```

图 12-8　配置 SqlSessionFactort

代码说明：

① <bean>标签里的两个属性。

❑ id="sqlSessionFactory"，可以理解固定这么写，因为这个 id 值是需要和我们一会要写的 Java 代码里有一个属性相对应上。

❑ class="org.mybatis.spring.SqlSessionFactoryBean"，固定写法，因为这是加载 MyBatis 框架下的这个类，也就是说 class 属性里面写的值是这个类的全路径名称。

② 第一个<property>标签里的两个属性。

❑ name="dataSource"，固定对象名。

❑ ref="dataSource"，ref 是引用的作用，意思是只想有一个 id 叫"dataSource"的源（我们在 Spring 配置文件中第一个配置的那个<bean>）。

③ 第二个<property>标签里的属性。

❑ mapperLocations 属性使用一个资源位置的 list。这个属性可以用来指定 MyBatis 的 XML 映射器文件的位置。它的值可以包含 Ant 样式来加载一个目录中所有文件，或者从基路径下递归搜索所有路径。

❑这会从类路径下加载在 com.mr.mappers 包和它的子包中所有的 MyBatis 映射器 XML 文件。

④ 第三个<property>配置实体类的包路径，作用在于以后我们再写 Mapper 文件的时候，如果参数或者返回值是实体类对象，那么可以直接写实体类映射名字，不需要写全类名。

通过以上配置我们就能成功地把 Spring 和 MyBatis 框架整合到一起了，下面先来写持久层和业务逻辑层，看看 MyBatis 到底是怎么用的，这些都完成以后我们最后完成控制层和视图层。

12.2.2　创建实体类

首先我们先对照数据库的表创建一个实体类，数据库的表如图 12-9 所示。

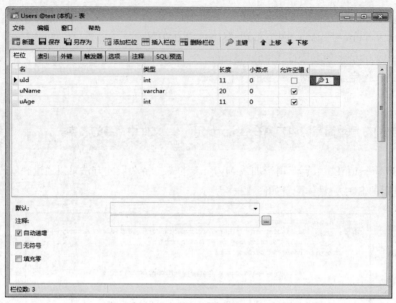

图 12-9　实例数据表结构

根据这张表创建一个 Java 实体类，并在里面声明私有属性和对应的公有方法：

```java
package com.mr.entity;

import org.apache.ibatis.type.Alias;
import org.springframework.stereotype.Component;

@Alias("usersBean")
@Component
public class UsersBean {

    private int uId;
    private String uName;
    private int uAge;
    private String uAddress;
    private String uTel;
    public int getuId() {
        return uId;
    }
    public void setuId(int uId) {
        this.uId = uId;
    }
    public String getuName() {
        return uName;
    }
    public void setuName(String uName) {
        this.uName = uName;
    }
    public int getuAge() {
        return uAge;
    }
}
```

```
        public void setuAge(int uAge) {
            this.uAge = uAge;
        }
        public String getuAddress() {
            return uAddress;
        }
        public void setuAddress(String uAddress) {
            this.uAddress = uAddress;
        }
        public String getuTel() {
            return uTel;
        }
        public void setuTel(String uTel) {
            this.uTel = uTel;
        }



}
```

　　UsersBean 类上方写的那个注解就是对该类的映射，而且@Alias 这个注解是需要导入包的，以后我们在 Mapper 文件中可以直接调用这个名字而无须写类名及完整类名，因为我们在 Spring 的配置文件中已经完成相关配置。

12.2.3　编写持久层

　　开始写持久层之前，我们要知道需要用到 MyBatis 的哪些对象或接口才能完成我们要完成的操作。

　　① SqlSessionFactory：每个基于 MyBatis 的应用都是以一个 SqlSessionFactory 的实例为中心的。SqlSessionFactory 的实例可以通过 SqlSessionFactoryBuilder 获得。而 SqlSessionFactoryBuilder 则可以从 XML 配置文件或一个预先定制的 Configuration 的实例构建出 SqlSessionFactory 的实例。

　　② 从 SqlSessionFactory 中获得 SqlSession：既然有了 SqlSessionFactory，顾名思义，我们就可以从中获得 SqlSession 的实例了。SqlSession 完全包含了面向数据库执行 SQL 命令所需的所有方法。可以通过 SqlSession 实例来直接执行已映射的 SQL 语句。

　　③ 映射实例，让程序具体到哪个 Mapper 文件中执行 SQL 代码。

　　以上这三点是我们每个 DaoImpl 方法里都需要写的，根据面向对象的特点我们先把重复代码提取出来封装到一个类下，这样以后就不用每个方法都创建这 3 个对象了，那么我们先创建一个 BaseDaoImpl 类用于封装这 3 个对象：

```
package com.mr.dao.impl;

import java.io.IOException;
import java.io.Reader;

import org.apache.ibatis.io.Resources;
import org.apache.ibatis.session.SqlSession;
import org.apache.ibatis.session.SqlSessionFactory;
import org.apache.ibatis.session.SqlSessionFactoryBuilder;
import org.springframework.beans.factory.annotation.Autowired;
import org.springframework.stereotype.Repository;

@Repository
```

```
public class BaseDaoImpl<T> {
    //1.声明SqlSessionFactory
    @Autowired
    private SqlSessionFactory sqlSessionFactory;
    //2.声明SqlSession
    protected SqlSession sqlSession;
    //3.声明mapper属性
    private Class<T> mapper;

    //4.为mapper创建get、set方法
    public T getMapper() {
        return sqlSessionFactory.openSession().getMapper(mapper);
    }
    public void setMapper(Class<T> mapper) {
        this.mapper = mapper;
    }
}
```

 说明 **该类里面的注解先不考虑，接下来会有讲解。**

现在开始完成持久层代码。

首先我们要创建 UserDao 接口以及 UserDaoImpl 实现类，因为我们 DaoImpl 类里面要写具体的 CRUD 方法，必然会用到书中上述提到的 3 个对象，现在我们这 3 个对象都封装到一个叫 BaseDaoImpl 类中，所以我们在创建 UserDaoImpl 类不但要实现 UserDao 接口还要继承 BaseDaoImpl 类，并重写本类的构造方法，在构造方法中调用父类的构造方法，这样程序就可以获得 Mapper 对象了：

```
package com.mr.dao.impl;

import java.util.List;
import org.springframework.stereotype.Repository;
import com.mr.dao.UserDao;
import com.mr.entity.UsersBean;

@Repository
public class UserDaoImpl extends BaseDaoImpl<UserDao> implements UserDao {
    //构造函数调用父类的构造方法
    public UserDaoImpl() {
        super();

        this.setMapper(UserDao.class);
    }
    //查询所有用户
    @Override
    public List<UsersBean> getAllUser() {
        // TODO Auto-generated method stub

    }
    //根据用户ID查询用户信息
    public List<UsersBean> getUserById(int id){
```

```
}
//修改用户信息
public void updUser(UsersBean usersBean) {


}
//删除用户
@Override
public void delUser(int uId) {
    // TODO Auto-generated method stub


}
}
```

通过调用父类里面的构造方法和 setMapper()方法可以把接口类型传过去，这样程序就可以通过该类型找到对应的映射文件了。

12.2.4　编写业务层

MyBatis 框架的 3 个对象封装完了，现在开始准备写功能代码了，先来完成 getAllUser()方法，写起来很简单，这是一个查询所有的方法并且返回一个 List 的集合，代码如下：

```
//查询所有用户
@Override
public List<UsersBean> getAllUser() {
    // TODO Auto-generated method stub
    return this.getMapper().getAllUser();
}
```

上面代码中，通过调用父类的 getMapper()方法可以直接让程序找到对应的映射文件。后面的.getAllUser()的作用是在 Mapper 文件中找到具体的 SQL 语句，接下来我们要写 Mapper 文件并在该映射文件中完成一条 SQL 语句。

首先创建一个 XML 文件并起名为*****-Mapper.xml，*号部分是自己起的名字，建议要与实体类同名，由于书中实体类叫 Users，那么文件名字叫 Users-Mapper.xml，如图 12-10 所示。

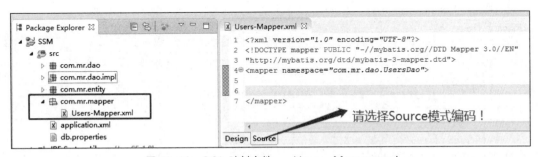

图 12-10　SQL 映射文件——Users-Mapper.xml

创建完 Mapper 文件以后，首先要写一对标签<mapper></mapper>，mapper 标签中 namespace 属性的值是要设定该 Mapper 文件要和哪个接口对应，这里需要写全路径，因为我们做的是查询操作，所以要在这一对<mapper>标签的中间编写查询标签<select>，代码如下：

```
<?xml version="1.0" encoding="UTF-8"?>
<!DOCTYPE mapper PUBLIC "-//mybatis.org//DTD Mapper 3.0//EN"
"http://mybatis.org/dtd/mybatis-3-mapper.dtd">
<mapper namespace="com.mr.dao.UserDao">
```

```
<select id="getAllUser" resultType="usersBean">
    select * from users
</select>
</mapper>
```

① select 标签中 id 属性的值是查询方法里 get-
Mapper().后面接口的名字，如图 12-11 所示。

② resultType 属性是查询结果返回值类型是什么，因
为我们在方法中设定返回值为 Users 类型的 List，所以在
这个属性里，我们直接把返回值类型设定成实体类类型。

```
@Override
public List<Users> getAllUser() {
    // TODO Auto-generated method stub
    return this.getMapper(). getAllUser );
}
```

图 12-11　Mapper 映射文件 id 对应名字

 说明 如果是新增操作<insert>标签、修改<update>标签、删除<delete>标签，属性和用法都一样。

到目前为止，持久层、实体类都已经实现了，接下来实现业务层。先创建业务层接口 service，再创
建业务层的实现类 serviceImpl，并在实现类上面写上注解@service("userService")，在业务层的注解括
号里参数部分要特别声明一个名字，下面我们 Controller 类里创建 Service 对象的时候是根据这个名字
匹配上的，如图 12-12 所示。

```
▲ 📂 SSM                                3⊕ import java.util.List;
   ▲ 🗁 src                             11
      ▷ ⊞ com.mr.controller            12  @Service("userService")
      ▷ ⊞ com.mr.dao                   13  public class UserServiceImpl implements UserService {
      ▷ ⊞ com.mr.dao.impl              14
      ▷ ⊞ com.mr.entity                15⊖    @Autowired
      ▷ ⊞ com.mr.mapper                16       UserDao userDao;
      ▲ ⊞ com.mr.service               17
         ▷ 🗋 UserService.java          18⊖    @Override
      ▲ ⊞ com.mr.service.impl          19  public List<Users> getAllUsers() {
         ▷ 🗋 UserServiceImpl.java      20       // TODO Auto-generated method stub
      🗴 application.xml                21       return userDao.getAllUser();
      🗋 db.properties                  22    }
                                       23
                                       24  }
                                       25
```

图 12-12　Service 层

我们先通过 Spring 注解的方式把 Dao 层类注入进来，用到@Autowired，代码如下：

```
package com.mr.service.impl;

import java.util.List;

import org.springframework.beans.factory.annotation.Autowired;
import org.springframework.stereotype.Service;

import com.mr.dao.UserDao;
import com.mr.entity.UsersBean;

@Service("userService")
public class UserServiceImpl {

    @Autowired
    UserDao userDao;

    public List<UsersBean> getAllUser(){
        return userDao.getAllUser();
```

```
        }
    }
```

通过这个注解，我们就成功地把创建 UserDao 对象的任务移交给了 Spring，这时即可直接通过 userDao 的方式访问到该类里面的成员变量。

业务层的功能是把 Dao 层方法获取到并返回给下一层，即 Controller 控制层。

12.2.5　创建控制层

继续在项目中创建一个类，作为我们的控制层 Controller，这里要与之前讲的 Servlet 有所区别，Servlet 虽然也是控制层，但是属于入侵性的（需要几层 HttpServlet），而 Spring MVC 则不用了，就是创建一个最普通的 Class 就可以，只是需要用注解在声明类代码时标注上这是一个控制层，如图 12-13 所示。

图 12-13　Controller 层

只需添加一个简单的注解即可。有了这个注解后，这个类就不是普通的类了，它现在是一个控制器。

12.2.6　配置 Spring MVC

我们要想用 SpringMVC 来完成工作首先需要创建它自己的配置文件，在项目结构中的 WebContent\WEB-INF 文件夹下创建一个 XML 文件，名字叫作 SpringMVC.xml，如图 12-14 所示。

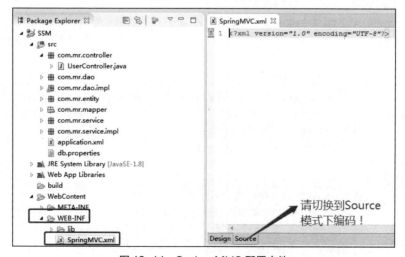

图 12-14　Spring MVC 配置文件

既然是配置文件，那么开头也要与 Spring 配置文件一样需要声明头部分：

```xml
<?xml version="1.0" encoding="UTF-8"?>
<beans    xmlns="http://www.springframework.org/schema/beans"
          xmlns:xsi="http://www.w3.org/2001/XMLSchema-instance"
          xmlns:context="http://www.springframework.org/schema/context"
          xmlns:mvc="http://www.springframework.org/schema/mvc"
          xsi:schemaLocation="http://www.springframework.org/schema/beans
          http://www.springframework.org/schema/beans/spring-beans-4.0.xsd
          http://www.springframework.org/schema/context
          http://www.springframework.org/schema/context/spring-context-4.0.xsd
          http://www.springframework.org/schema/mvc
          http://www.springframework.org/schema/mvc/spring-mvc-4.0.xsd">
</bean>
```

代码说明如下。

① xmlns=http://www.springframework.org/schema/beans

声明 XML 文件默认的命名空间，表示未使用其他命名空间的所有标签的默认命名空间。

② xmlns:xsi=http://www.w3.org/2001/XMLSchema-instance

声明 XML Schema 实例，声明后就可以使用 schemaLocation 属性了。

 说明　以上是每个 Spring 配置文件必须要有的，是 Spring 的根本。

③ xmlns:mvc=http://www.springframework.org/schema/mvc

这个就是 spring 配置文件里面需要使用到 mvc 的标签，声明前缀为 mvc 的命名空间，后面的 URL 用于标示命名空间的地址不会被解析器用于查找信息。其唯一的作用是赋予命名空间一个唯一的名称。当命名空间被定义在元素的开始标签中时，所有带有相同前缀的子元素都会与同一个命名空间相关联。

④ xsi:schemaLaction 部分

该部分是为上面配置的命名空间指定 xsd 规范文件，这样在进行下面具体配置的时候就会根据这些 xsd 规范文件给出相应的提示，比如说每个标签是怎么写的，都有些什么属性都是可以智能提示的，以防配置中出错而不太容易排查，在启动服务的时候也会根据 xsd 规范对配置进行校验。但是这里需要为上面 xmlns 里面配置的 mvc、aop、tx 等都配置上 xsd 规范文件。

以上是 SpringMVC 配置文件声明头部分，接下来我们开始编写文件体。Spring 配置文件都需要配置什么？主要包括以下几项。

① 视图解析器

```xml
<!-- 配置视图解析器 -->
    <bean class="org.springframework.web.servlet.view.InternalResourceViewResolver">
        <property name="prefix" value="/WEB-INF/jsp/" />
        <property name="suffix" value=".jsp"/>
    </bean>
```

② 配置静态资源加载

```xml
<!-- 配置静态资源加载 -->
    <mvc:resources location="/WEB-INF/jsp" mapping="/jsp/**"/>
    <mvc:resources location="/WEB-INF/js" mapping="/js/**"/>
    <mvc:resources location="/WEB-INF/css" mapping="/css/**"/>
    <mvc:resources location="/WEB-INF/img" mapping="/img/**"/>
```

③ 扫描控制器

```xml
<!-- 扫描控制器 -->
    <context:component-scan base-package="com.mr.controller"/>
```

④ 配置指定控制器

```
<!-- 配置指定的控制器-->
    <bean id="userController" class="com.mr.controller.UserController"/>
```

⑤ 自动扫描组件

```
<!-- 自动扫描组件 -->
    <mvc:annotation-driven />
    <mvc:default-servlet-handler/>
```

以上这 5 点是一个 Spring MVC 文件最基本的配置，他们之间没有先后之分，先配置什么都可以，接下来按照上面的步骤分别介绍每个配置。

① 视图解析器：就是把 JSP 页面的路径分开，提高 JSP 页面加载，直接访问页面名称不用写扩展名，就可以实现等同效果。

② 配置静态资源加载：首先要介绍下为什么需要使用静态资源加载，这里要先介绍一下我们的 WEB-INF 文件夹，因为我们以后把一些资源，例如，img、css、js、jsp 等一些文件都要放在 WEB-INF 文件夹下，而这个文件夹有一个特性是 Java 的 Web 应用安全目录。安全目录就是通过客户端是访问不到这个文件夹里面的资源的，需要通过服务端来访问，所以如果想访问 WEB-INF 下的资源，必须要在配置文件中配置静态资源加载，否则无法访问到。

③ 扫描控制器：告诉 Spring MVC 去扫描哪个包下的控制器。

④ 指定控制器：一个包下可以有很多个控制器，我们应用到哪个控制器就需要把这个控制器具体配置出来。

⑤ 自动扫描组件：

❑ <mvc:annotation-driven>会自动注册 RequestMappingHandlerMapping 与 RequestMapping-HandlerAdapter 两个 Bean，这是 Spring MVC 为@Controller 分发请求所必需的，并且提供了数据绑定支持、@NumberFormatannotation 支持、@DateTimeFormat 支持、@Valid 支持、读写 XML 的支持（JAXB）和读写 JSON 的支持（默认 Jackson）等功能。

❑ <mvc:default-servlet-handler/>后，会在 Spring MVC 上下文中定义一个 org.springframework.web.servlet.resource.DefaultServletHttpRequestHandler，它会像一个检查员，对进入 Dispatcher-Servlet 的 URL 进行筛查，如果发现是静态资源的请求，就将该请求转由 Web 应用服务器默认的 Servlet 处理，如果不是静态资源的请求，才由 DispatcherServlet 继续处理。

12.2.7 实现控制层

现在 Spring MVC 的配置文件也已经完成，接下来继续完成 Controller 里面的内容，在前面介绍了 Controller 控制层替代了原来的 Servlet，也就是说 Controller 的作用是接收前台 JSP 页面的请求，并返回相应结果。

在正式写 Controller 层的方法之前，先为大家介绍一个类——ModelAndView。从类名上我们可以看出 Model 是模型的意思，View 是视图的意思，那么该类的作用就是，业务处理器调用模型层处理完用户请求后，把结果数据存储在该类的 Model 属性中，把要返回的视图信息存储在该类的 View 属性中，然后让该 ModelAndView 返回 Spring MVC 框架。框架通过调用配置文件中定义的视图解析器，对该对象进行解析，最后把结果数据显示在指定的页面上。

控制层的实现步骤如下。

（1）因为我们需要调用 Service 层的方法，所以先注入一个对象，代码如下：

```
@Controller()
@RequestMapping("userController")
```

```java
public class UserController {

    @Autowired
    UserService userService;

}
```

（2）接下来开始编写控制层的方法，写之前要思考明白，这个方法的作用是，调用方法，然后进入数据库取到我们想要查询的数据并且返回给 JSP 页面，也就是说有两个功能；第一个是到数据库中提取数据，这部分工作 Dao 中的方法已经帮我们完成了，我们只要调用一下 Dao 中的查询方法就可以了；第二个就是接受 Dao 中的方法的返回值，并且存储起来传递到 JSP 页面，这就用到了我们上面介绍的 ModelAndView，代码如下：

```java
package com.mr.controller;

import java.lang.ProcessBuilder.Redirect;
import java.util.List;

import org.apache.ibatis.annotations.Param;
import org.springframework.beans.factory.annotation.Autowired;
import org.springframework.stereotype.Controller;
import org.springframework.web.bind.annotation.RequestMapping;
import org.springframework.web.servlet.ModelAndView;

import com.mr.entity.UsersBean;
import com.mr.service.UserService;

@Controller
public class UserController {

    @Autowired
    UserService userService;

    @RequestMapping("/getAllUser")
    public ModelAndView getAllUser() {
        //创建一个List集合用于接收Service层方法的返回值
        List<UsersBean> listUser = userService.getAllUser();
        //创建一个ModelAndView对象，括号里面的参数是指定要跳转到哪个JSP页面
        ModelAndView mav = new ModelAndView("getAll");
        //通过addObject()方法，我们把要存的值存储进去
        mav.addObject("listUser", listUser);
        //最后把ModelAndView对象返回出去
        return mav;
    }

}
```

Controller 功能方法就写完了，但是现在还有一个问题，就是该方法如何被访问到，原来写 Servlet 时，是通过 web.xml 配置才能找到具体的 Servlet，现在使用 Spring MVC，每个类都需要配置相应的映射，现在我们只需要一个@RequestMapping 注解就可以搞定了，代码如下：

```java
@Controller
@RequestMapping("userController")
```

```
public class UserController {

    @Autowired
    UserService userService;

    @RequestMapping("/getAllUser")
    public ModelAndView getAllUser() {
        //创建一个List集合用于接收Service层方法的返回值
        List<UsersBean> listUser = userService.getAllUser();
        //创建一个ModelAndView对象，括号里面的参数是指定要跳转到哪个JSP页面
        ModelAndView mav = new ModelAndView("getAll");
        //通过addObject()方法，我们把要存的值存了进去
        mav.addObject("listUser", listUser);
        //最后把ModelAndView对象返回出去
        return mav;
    }

}
```

代码说明：@RequestMapping()这个注解是设定该控制器的请求路径，无论以后是从 JSP 页面发出的请求还是从其他控制器发出的请求，都来写这个路径（UserController/getAllUser）。

12.2.8　JSP 页面展示

我们把所有 Java 功能代码完成了，接下来要在 JSP 页面做显示，我们创建两个 JSP 页面：index 页面（主页面）是做跳转用的，getAll 页面是显示查询结果的页面，如图 12-15 所示。

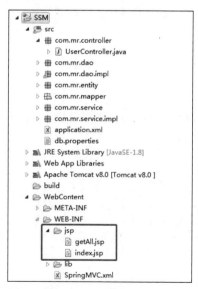

图 12-15　JSP 页面

页面创建完毕，首先我们要把页面的字符集更改成 UTF-8，在 index 页面写一个跳转按钮，能成功跳转到 Controller 里面，代码如下：

```
<script type="text/javascript">
    function toGetAll(){
        location.href="userController/getAllUser";
```

```
        }
    </script>
```

要想完成跳转我们还需要进行一项配置，之前介绍 Spring 框架是管理框架，我们在 Spring 里加载了 MyBatis 框架，但是到目前为止我们还没有对 Spring 框架进行加载，所以还需要最后一个配置文件 web.xml，用于加载 Spring 框架以及一些其他操作。首先在 WEB-INF 下创建一个空白的 XML，并命名为 web.xml，当然也可以从以前项目中复制一份，然后把里面原来项目中声明的东西都删除掉，只留下一对<web-app></web-app>标签，以及<web-app>头标签的声明部分，代码如下：

```xml
<?xml version="1.0" encoding="UTF-8"?>
<web-app version="2.5"
    xmlns="http://java.sun.com/xml/ns/javaee"
    xmlns:xsi="http://www.w3.org/2001/XMLSchema-instance"
    xsi:schemaLocation="http://java.sun.com/xml/ns/javaee
    http://java.sun.com/xml/ns/javaee/web-app_2_5.xsd">


</web-app>
```

web.xml 文件里面必须要配置如下项。

① web.xml 文件编辑器现实的名字和欢迎页面，配置如下：

```xml
<display-name>SSM</display-name>
  <welcome-file-list>
    <welcome-file>/WEB-INF/jsp/index.jsp</welcome-file>
  </welcome-file-list>
```

 <display-name>标签里面写的是项目名字，需要区分大小写。

② 配置鉴定程序，配置如下：

```xml
<!-- 配置监听程序 -->
<listener>
    <listener-class>
        org.springframework.web.context.ContextLoaderListener
    </listener-class>
</listener>
```

③ 加载 Spring 配置文件，配置如下：

```xml
<!-- 初始化Spring配置文件 -->
    <context-param>
        <param-name>contextConfigLocation</param-name>
        <param-value>classpath:application.xml</param-value>
    </context-param>
```

④ 配置控制器，配置如下：

```xml
<!-- 配置控制器 -->
    <servlet>
        <servlet-name>SpringMVC</servlet-name>
        <servlet-class>
            org.springframework.web.servlet.DispatcherServlet
        </servlet-class>
        <!-- 初始化控制器 -->
        <init-param>
```

```
        <param-name>contextConfigLocation</param-name>
        <param-value>/WEB-INF/SpringMVC.xml</param-value>
    </init-param>
</servlet>
```

⑤ 控制器映射，配置如下：

```
<!-- 控制器映射 -->
    <servlet-mapping>
    <servlet-name>SpringMVC</servlet-name>
    <url-pattern>/</url-pattern>
    </servlet-mapping>
```

映射的<servlet-name>标签写的名字一定要与上面的配置控制器里的servlet-name名字一致，并且区分大小写。

⑥ 配置编码过滤器，配置如下：

```
<filter>
        <filter-name>characterEncodingFilter</filter-name>
        <filter-class>org.springframework.web.filter.CharacterEncodingFilter</filter-class>
        <init-param>
            <param-name>encoding</param-name>
            <param-value>UTF-8</param-value>
        </init-param>
        <init-param>
            <param-name>forceEncoding</param-name>
            <param-value>true</param-value>
        </init-param>
    </filter>
    <filter-mapping>
        <filter-name>characterEncodingFilter</filter-name>
        <url-pattern>/*</url-pattern>
    </filter-mapping>
```

配置完以上内容后，接下来就是要在最后的 getAll.jsp 中把查询到的数据显示出来。我们直接用 EL 表达式取到 ModelAndView 对象里面的值。因为查询出来的是一个列表，不确定列表中有多少数据，所以我们要动态循环取值。现在在 JSP 页面头引入标签库，代码如下：

```
<%@ taglib prefix="c" uri="http://java.sun.com/jsp/jstl/core" %>
```

接下来就可以循环我们的列表了，代码如下：

```
<%@ page language="java" contentType="text/html; charset=UTF-8" pageEncoding="UTF-8"%>
<%@ taglib prefix="c" uri="http://java.sun.com/jsp/jstl/core" %>
<!DOCTYPE html PUBLIC "-//W3C//DTD HTML 4.01 Transitional//EN" "http://www.w3.org/TR/html4/loose.dtd">
<html>
<head>
<meta http-equiv="Content-Type" content="text/html; charset=UTF-8">
<title>Insert title here</title>
</head>
<body>
```

```
<table>
    <tr>
        <td>
            序号
        </td>
        <td>
            姓名
        </td>
        <td>
            年龄
        </td>
        <td>
            操作
        </td>
    </tr>
    <c:forEach items="${listUser}" var ="list">
        <tr>
            <td>
                ${list.uId }
            </td>
            <td>
                ${list.uName }
            </td>
            <td>
                ${list.uAge }
            </td>
            <td>
                <input type="button" value="修改" onclick="toUpd(${list.uId})"/>
            </td>
        </tr>
    </c:forEach>
</table>
</body>
</html>
<script>
    function toUpd(id){

        location.href="getUserById?uId="+id;
    }
</script>
```

代码说明：<forEach>标签下的 items 属性写要取的值对应的 Key 名字，后面的 var 属性可以理解成我们临时命名的变量名字，用以接下来调用对象里的属性。

这时浏览器页面即可正常显示数据，运行结果如图 12-16 所示。

从结果可以看出，我们写的代码是没有问题的，结果能正常显示出来，以上这些步骤就是搭建一个基本的 SSM 框架的环境以及最基础的查询功能，下面再给大家介绍一个实例，如果写动态 SQL 的时候需要传参数应该怎么处理。

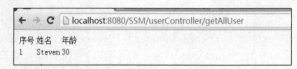

图 12-16　查询所有用户运行结果

12.3 一个完整的 SSM 应用

我们以修改功能为例，先整理下思路，要修改数据需要分以下两步来完成。

① 系统会根据我们选择要修改的数据先在一个页面把完整信息都展现出来。

② 我们会在展示页面修改具体数据，然后一并提交到后台，把所有数据更新。

 这里要理顺好思路，虽然我们只是要修改我们想修改的数据，但是程序判断起来太烦琐，所以我们直接修改，意思是我们在执行 SQL，是把表里除了主键以外的所有列都更新。

下面我们具体来看看修改功能具体应该怎么写，因为三层架构的基本思路是 Controller 调用、service 调用、DAO 层，所以代码先从 DAO 开始写，首先在 DAO 里创建一个接口：

```
//根据用户id查询该用户所有信息
public List<UsersBean> getUserById(int uId);
```

并在 DaoImpl 实现类里面写实现方法：

```
//根据用户id查询用户信息
public List<UsersBean> getUserById(int id){
    return this.getMapper().getUserById(id);
}
```

在 Mapper 文件中写具体的 SQL 语句：

```
<select id="getUserById" resultType="usersBean" parameterType="int">
    select * from users where uId = #{id}
</select>
```

代码说明：这次的 SQL 标签里，我们新认识一个属性 parameterType，这个属性是定义参数是什么类型，在接口中定义一个 int 类型的参数 id，所以这个属性里也写 int。

Dao 和 Mapper 文件完成以后，我们继续 service 层的编写，同样先在 Service 层写接口：

```
// 根据用户id查询该用户所有信息
public List<UsersBean> getUserById(int uId);
```

然后在 ServiceImpl 下写实现类：

```
@Override
    public List<UsersBean> getUserById(int uId) {
        // TODO Auto-generated method stub
        return userDao.getUserById(uId);
    }
```

Controller 里面的方法与之前的稍有不同，就是我们需要接收一个前台传过来的参数：

```
@RequestMapping("/getUserById")
    public ModelAndView getUserById(@Param("uId")Integer uId) {
        ModelAndView mav = new ModelAndView("toUpd");
        List<UsersBean> list = userService.getUserById(uId);
        mav.addObject("list", list);
        return mav;
    }
```

代码说明：接收前台传过来的参数用@Param()注解来获取，注解里面的参数是前台传参数时用到的名字（即问号后面的名字），在注解参数外面直接声明变量。这里要注意，如果传过来是基本数据类型，那么直接声明该类型的封装类类型，并且声明变量的名字要和注解参数里的名字一样才能自动赋值。

现在的这种写法就相当于原来的如下写法：

```
Integer uId = request.getParameter("uId");
```

最后一步，完成 JSP 页面的编写：

```jsp
<%@ page language="java" contentType="text/html; charset=UTF-8" pageEncoding="UTF-8"%>
<%@ taglib prefix="c" uri="http://java.sun.com/jsp/jstl/core" %>
<!DOCTYPE html PUBLIC "-//W3C//DTD HTML 4.01 Transitional//EN" "http://www.w3.org/TR/html4/loose.dtd">
<html>
<head>
<meta http-equiv="Content-Type" content="text/html; charset=UTF-8">
<title>Insert title here</title>
</head>
<body>

<table>
    <tr>
        <td>
            序号
        </td>
        <td>
            姓名
        </td>
        <td>
            年龄
        </td>
        <td>
            操作
        </td>
    </tr>
    <c:forEach items="${listUser}" var ="list">
        <tr>
            <td>
                ${list.uId }
            </td>
            <td>
                ${list.uName }
            </td>
            <td>
                ${list.uAge }
            </td>
            <td>
                <input type="button" value="修改" onclick="toUpd(${list.uId})"/>
            </td>
        </tr>
    </c:forEach>
</table>
</body>
</html>
<script>
    function toUpd(id){
```

```
            location.href="getUserById?uId="+id;
        }
    </script>
```

我们要在页面每一条信息后面都加上"修改"按钮，想修改哪条就单击哪条后面的"修改"按钮，然后，跳转到修改页面直接把原信息显示在页面上：

```jsp
<%@ page language="java" contentType="text/html; charset=utf-8"
    pageEncoding="utf-8"%>
<%@ taglib prefix="c" uri="http://java.sun.com/jsp/jstl/core" %>
<!DOCTYPE html PUBLIC "-//W3C//DTD HTML 4.01 Transitional//EN" "http://www.w3.org/TR/html4/
loose.dtd">
<html>
<head>
<meta http-equiv="Content-Type" content="text/html; charset=utf-8">
<title>Insert title here</title>
</head>
<body>

    <form action="http://localhost:8080/SSM/userController/updUser" method="post">
        <c:forEach items="${list }" var="list">
        <table>
            <tr>
                <Td>
                    序号：<input type="text" name="uId" value="${list.uId }" disabled="disabled"/>
                        <input type="hidden" name="uId" value="${list.uId }"/>
                </Td>
            </tr>
            <tr>
                <td>
                    姓名：<input type="text" name="uName" value="${list.uName }"/>

                </td>
            </tr>
            <tr>
                <Td>
                    年龄：<input type="text" name="uAge" value="${list.uAge }"/>
                </Td>
            </tr>
            <tr>
                <td>
                    <input type="submit" value="提交"/>
                </td>
            </tr>
        </table>
        </c:forEach>
    </form>
</body>
</html>
```

页面效果如图 12-17 所示。

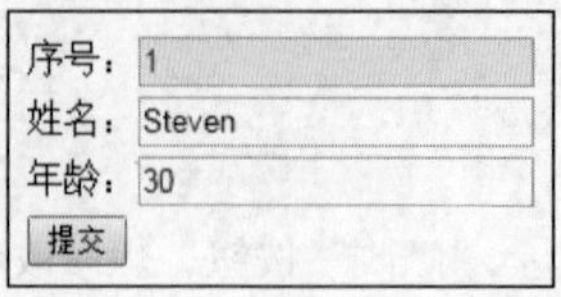

图 12-17　获取修改信息页面

接下来我们开始完成真正的修改功能，在这里要说明一下，如果对数据库表里的数据做改变的话（进行增、删、改操作），我们就需要在 Spring 的配置文件，也就是 application.xml 文件中配置事务：

```
<!-- 事务配置 -->
<bean id="transactionManager" class="org.springframework.jdbc.datasource.DataSourceTransactionManager">
    <property name="dataSource" ref="dataSource"/>
</bean>
```

这里面所有都是固定写法，唯独 ref 属性是指向数据源的名字，所以数据源起什么名字，这就需要写什么。

我们要想完成修改操作，同样先从 Dao 和 Mapper 文件开始着手：

```
//修改方法
public void updUser(UsersBean usersBean);
```

① 完成 DaoImpl 实现类：

```
//修改用户信息
public void updUser(UsersBean usersBean) {
    this.getMapper().updUser(usersBean);
}
```

② 完成 Service 接口：

```
// 修改方法
public void updUser(UsersBean usersBean);
```

③ 完成 ServiceImpl 实现类：

```
@Override
public void updUser(UsersBean usersBean) {
    // TODO Auto-generated method stub
    userDao.updUser(usersBean);
}
```

④ 完成 Controller：

```
@RequestMapping("/updUser")
public String toUpd(UsersBean usersBean){
    userService.updUser(usersBean);
    return "forward:getAllUser";
}
```

前台提交的是整个表单，里面包含的正好是实体类的所有属性，所以在参数上直接写上实体类对象就可以，而且不用写接收参数的注解，Spring MVC 会自动帮我们把接收到的值赋给实体类里面的属性，我们直接拿来用就可以了，这里需要说明的是，按照业务逻辑，修改完一条信息后，应该在列表页面看到修改的效果，所以需要跳到查询所有数据的方法中重新执行查询方法，这样就可以显示出最新数据了。

在 Spring MVC 里转发和重定向与以前不同，直接在字符串里写"forward:"或者"redirect:"，冒号后面写上我们要跳转的 URL 就可以了。

接下来，我们完成最后一步 JSP 页面：

```
<%@ page language="java" contentType="text/html; charset=utf-8"
    pageEncoding="utf-8"%>
<%@ taglib prefix="c" uri="http://java.sun.com/jsp/jstl/core" %>
<!DOCTYPE html PUBLIC "-//W3C//DTD HTML 4.01 Transitional//EN" "http://www.w3.org/TR/html4/
loose.dtd">
<html>
<head>
<meta http-equiv="Content-Type" content="text/html; charset=utf-8">
<title>Insert title here</title>
</head>
<body>
    <form action="http://localhost:8080/SSM/userController/updUser" method="post">
        <c:forEach items="${list }" var="list">
        <table>
            <tr>
                <Td>
                    序号：<input type="text" name="uId" value="${list.uId }" disabled="disabled"/>
                        <input type="hidden" name="uId" value="${list.uId }"/>
                </Td>
            </tr>
            <tr>
                <td>
                    姓名：<input type="text" name="uName" value="${list.uName }"/>
                </td>
            </tr>
            <tr>
                <Td>
                    年龄：<input type="text" name="uAge" value="${list.uAge }"/>
                </Td>
            </tr>
            <tr>
                <td>
                    <input type="submit" value="提交"/>
                </td>
            </tr>
        </table>
        </c:forEach>
    </form>
</body>
</html>
```

代码说明：上图中框起来的代码是在原来 toUpd.jsp 页面的基础上新增上去的，这里用一个隐藏域来重新存一下 uId，这里要说明一下，我们上面已经有一个 input 在放 uId 了，为什么还要写一个隐藏域，这是因为第一个 input 最后有一个属性，表示该 HTML 元素不可编辑，不可用，标注上这样的属性，在后台 Spring MVC 是不能自动把值赋给实体类对象的，所以这里重新写了一个隐藏域。

修改效果如图 12-18 和图 12-19 所示。

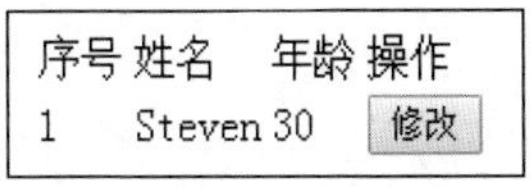

图 12-18　修改前的信息

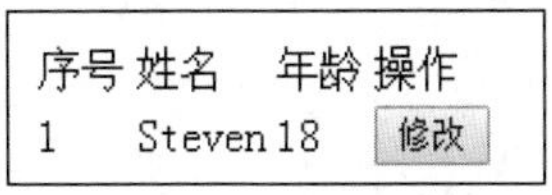

图 12-19　修改后的信息

小 结

　　本章使用 SSM 框架编写了查询功能以及修改功能，并在修改功能上新接触到 MyBatis 框架怎么传值，以及 Spring MVC 如何接收前台值等，新增和删除方法与修改的代码类似，希望各位读者能根据示例中的代码自行实现删除和新增功能。

CHAPTER13

第13章

综合案例——程序源论坛

本章要点：

了解Spring MVC的基本应用 ■

了解应用MyBatis框架操作MySQL

数据库的方法 ■

掌握如何实现JdbcTemplate数据库

连接 ■

掌握UEditor富文本编辑器的应用 ■

了解Shiro验证技术的应用 ■

了解Bootstrap的基本应用 ■

了解MySQL数据库的使用 ■

掌握数据分页技术 ■

■ 随着网络多媒体的发展，人们获取信息的方式越来越多，论坛不再像以前那样被大众使用，而是向专业化、特定用户发展。但是论坛的主要目的是方便一群志趣相投的用户的交流、学习和探讨，本章将手把手教读者制作一个论坛。

13.1　开发背景

开发背景

××大学软件学院是吉林省 IT 人才重点培训基地之一。几年来，学院为社会提供了大批优秀的 IT 技术人才，为国家的信息产业发展做出了很大贡献。学院为了推广 IT 技术，需要提供一个 IT 技术交流平台，为此需要开发一个程序源论坛。

13.2　系统功能设计

系统功能设计

13.2.1　系统功能结构

程序源论坛大致可以分为两个部分：一部分是已登录用户，另一部分是未登录用户。其详细的系统功能结构如图 13-1 所示。

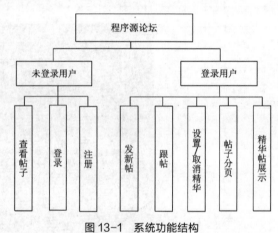

图 13-1　系统功能结构

13.2.2　系统业务流程

程序源论坛业务流程如图 13-2 所示。

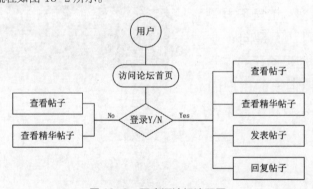

图 13-2　程序源论坛流程图

13.2.3　系统开发环境

本系统的软件开发及运行环境具体如下。

❑ 操作系统：Windows 7。

❑ JDK 环境：Java SE Development Kit (JDK) version 8。

❑ 开发工具：Eclipse for Java EE 4.7（Oxygen）。

❑ Web 服务器：Tomcat 9.0。

❑ 数据库：MySQL 5.7 数据库。

❑ 浏览器：推荐 Google Chrome 浏览器。

❑ 分辨率：最佳效果为 1440 像素×900 像素。

开发环境要求

13.2.4 系统预览

程序源论坛中有多个页面，下面列出网站中几个典型页面的预览，其他页面可以通过运行资源包中本系统的源程序进行查看。

程序源论坛的首页如图 13-3 所示，在该页面中，展示了编程语言专区的各个版块的精华帖子标题、搜索帖子和网站导航等。

图 13-3　论坛首页

在论坛首页中，单击某个版块标题的超链接，可以进入到该版块的帖子列表页面，例如，在不登录的情况下单击"Java SE 专区版块"超链接，将显示图 13-4 所示的帖子列表页面。

图 13-4　未登录的帖子列表页面

登录后的帖子列表页面如图 13-5 所示。

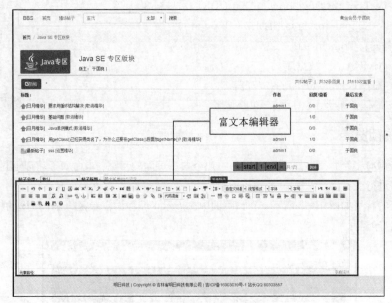

图 13-5　登录后的帖子列表页面

在帖子列表页面中，单击某个帖子标题，可以查看帖子的详细信息，如图 13-6 所示。

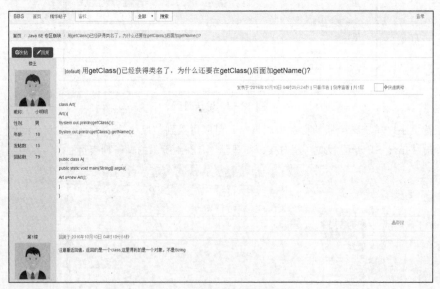

图 13-6　帖子详细信息页面

13.3　开发准备

13.3.1　了解 Java Web 目录结构

首先介绍标准的 Java Web 项目的目录结构，大致可分为 Java 源码区域和资源区域（包括图片、

CSS、JavaScript 和 JSP 文件等）两部分，如图 13-7 所示。

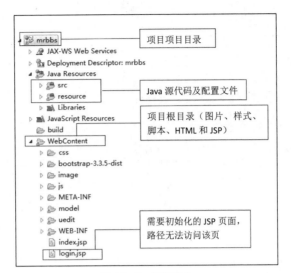

了解 Java Web
目录结构

图 13-7　目录结构

图 13-8 所示的项目目录是 Eclipse 中的目录结构。在计算机中打开该项目，可以看到图 13-8 所示的目录结构。之后需要把这些文件复制到要创建的项目中。

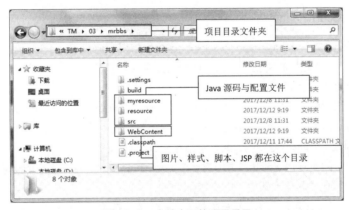

图 13-8　文件夹下的项目目录

13.3.2　创建项目

创建项目的具体步骤如下。

（1）打开 Eclipse，选择"File→New→Dynamic Web Project"菜单项，然后在弹出的新建项目窗口中，输入项目名称，如图 13-9 所示。

（2）单击"Finish"按钮完成创建。创建完成的项目目录，如图 13-10 所示。

创建项目

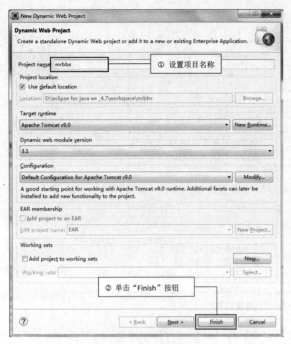

图 13-9　新建项目窗口

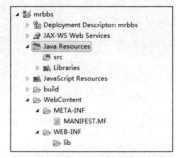

图 13-10　新建项目目录

13.3.3　前期项目准备

前期项目准备

完成项目创建后，先看下 Java Resources 目录。这个目录用于放置 Java 资源包。
src 就是一个资源包，资源包存在的主要目的是区分业务逻辑（通常项目中业务逻辑
分为普通业务逻辑和系统业务逻辑）。本章节中普通业务逻辑写在 src 资源包下，再
创建一个 resource 资源包，用于编写系统层面的业务逻辑（如框架整合、配置文件、系统登录、注册、
权限等），一般的项目开发只需要两个资源包。如果以后编写其他项目的时候，在 src 下写系统业务逻辑，
resource 下写普通业务逻辑也是可以的，或者不创建 resource 资源包，把所有的内容都写到 src 下也可
以，具体情况根据项目的实际情况考量。再创建一个 myresource 资源包，之后的练习代码全都在这个资
源包下。创建一个资源包的具体步骤如下。

（1）在 Java Resources 目录上单击鼠标右键，在弹出的快捷菜单中选择 "New→Source Folder" 菜
单项，如图 13-11 所示。

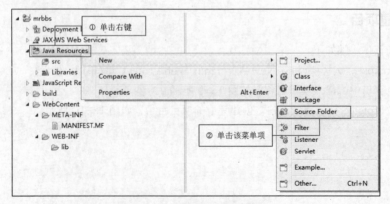

图 13-11　打开新建资源包窗口

（2）打开新建资源包，单击"Browse"按钮选择"mrbbs"项目，输入文件名（即资源包名），如图 13-12 所示，单击"Finish"按钮。

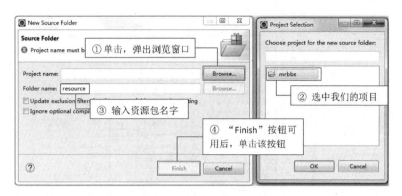

图 13-12　新建资源包窗口

建立完成后目录中就多了一个 resource 资源包，项目的所有框架集成、数据库配置文件、用户登录、注册、权限都会放置在该资源包下，如图 13-13 所示。

按照上述步骤再建立一个 myresource 资源包，之后的练习都将写在 myresource 资源包中。最终的目录结构，如图 13-14 所示。

图 13-13　新建资源包 resource

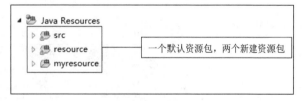

图 13-14　资源包

13.3.4　修改字符集

之前国内很多开发者使用 GB 2312（国标 2312）或 GBK（国标扩展）字符集，这并不利于国际化，国际标准字符集格式是 UTF-8，所以要把项目修改成 UTF-8 字符集。修改项目所用字符集的具体步骤如下。

（1）在项目名称上单击鼠标右键，选择"Properties"（属性）菜单项，如图 13-15 所示。

（2）在打开的属性对话框中，选择"Resource"节点，然后在"Other"中选择"UTF-8"，如图 13-16 所示。

到目前为止，准备工作已经完成了一大半。

修改字符集

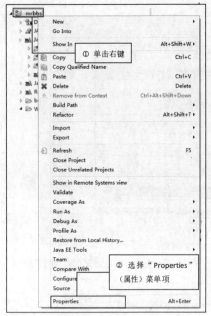

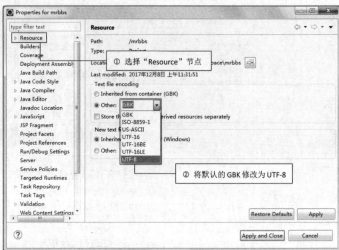

图 13-15　选中属性　　　　　　　　　　图 13-16　修改字符集

13.3.5　构建项目

接下来需要把随书附赠的项目，移植到新建的项目中。这样可以更快地进入开发阶段，快速掌握 Web 开发的过程。

打开随书附赠的资源文件夹（资源包\TM\03），如图 13-17 所示。把 src 文件夹下的内容复制到 mrbbs 项目的 src 资源包下，把 resource 目录下的内容复制到 mrbbs 项目的 resource 资源包中，把 WebContent 文件夹复制到 mrbbs 项目下，由于 WebContent 文件夹默认已存在，需要覆盖项目的 WebContent 文件夹。

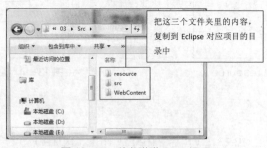

构建项目

图 13-17　随书附赠 BBS 源码

以 src 目录为例，打开 src 文件夹，按组合键"Ctrl+A"选中所有文件，再按组合键"Ctrl+C"复制，然后按组合键"Ctrl+V"粘贴至 Eclipse 的 mrbbs 项目中的 src 资源目录下，注意千万不要粘贴错位置，如果粘贴错位置的话，直接删除重新粘贴，如图 13-18 所示。

再把 resource、WebContent 目录下的所有文件复制到对应的项目目录下。复制完成后，细心的读者会发现项目中有很多小红叉，这里报错的原因是因为缺少 jar 包，使用 Eclipse 进行项目开发时还需要加入 Tomcat 的 jar 包，这样项目才不会报错。加入 Tomcat 的 jar 包的步骤如下。

图 13-18　复制资源

（1）在项目名称单击鼠标右键在弹出的快捷菜单中，选择"Build Path→configure Build Path"菜单项，如图 13-19 所示。

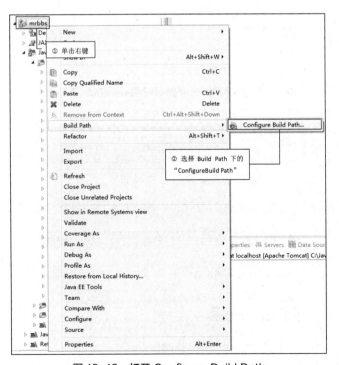

图 13-19　打开 Configure Build Path

（2）在打开的"Properties"（属性）面板中，选择"Libraries"选项卡，单击"Add library"按钮，如图 13-20 所示。

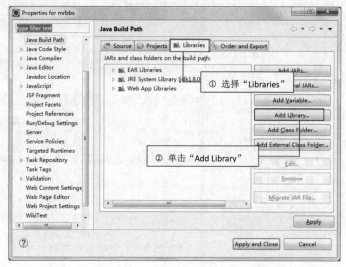

图 13-20　单击 Add Library

（3）在打开的"Add Library"对话框中，选择"Server Runtime"选项，单击"Next"按钮，如图 13-21 所示。

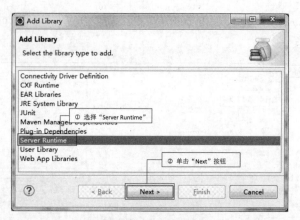

图 13-21　添加库

（4）在打开的选择运行时服务器的用户库对话框中，选择要添加的运行时服务器库，如图 13-22 所示。

图 13-22　选择运行时服务器的用户库对话框

（5）单击"Finish"按钮，返回到属性对话框中，同时在 Librarys 选项卡的列表中添加一个服务器运行时库，这里为 Tomcat 服务器库，如图 13-23 所示。最后，单击"Apply and Close"按钮，完成配置。

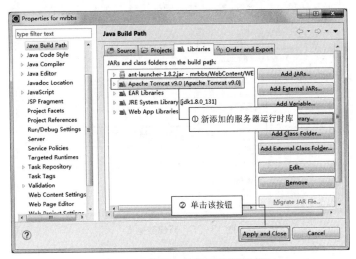

图 13-23　新添加的服务器运行时库

至此，Eclipse 项目准备完毕，接下来要准备数据库了，具体步骤如下。

（1）本项目使用的是 MySQL 5.x，数据库可视化操作使用的是 Navicat for MySQL。安装好数据库与 Navicat for MySQL 后，打开 Navicat for MySQL，连接数据库，具体步骤如图 13-24 所示。

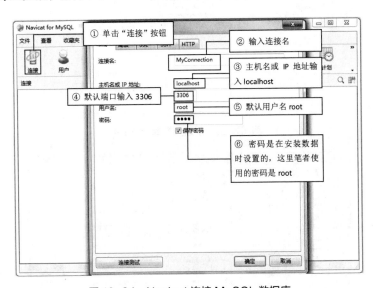

图 13-24　Navicat 连接 MySQL 数据库

（2）单击"确定"按钮，返回到 Navicat for MySQL，然后双击刚刚创建的连接，连接数据库。再创建一个名称为 mrbbs 的数据库。在空白处单击右键，如图 13-25 所示。

（3）单击"新建数据库"，输入数据库名称，设置字符集为"utf8--UTF-8 Unicode"，排序规则为"utf8_general_ci"，然后，单击"确定"按钮，如图 13-26 所示。

（4）创建了一个名为 mrbbs 的数据库，里面没有数据表，把随书附赠资源里的数据库 SQL 脚本文件执行（资源包\TM\03\数据库\mrbbs.sql）就会生成需要的表和部分数据，具体步骤如图 13-27 所示。

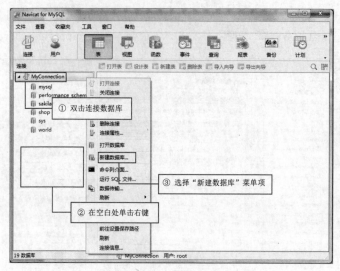

图 13-25 新建数据库

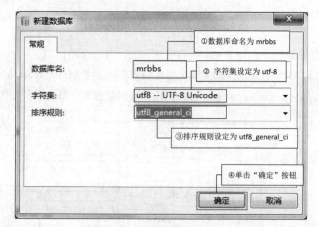

图 13-26 创建数据库 mrbbs

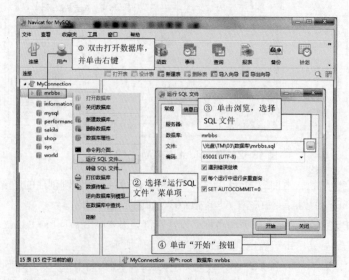

图 13-27 执行 SQL 语句

到这里数据库表已经创建完成，如果表没有显示，则需要关闭软件重新打开，刷新一下，表结构如图 13-28 所示。

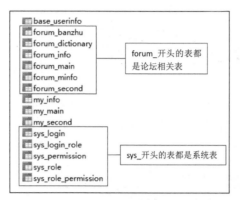

图 13-28　表结构

　如果读者建立的数据库名与书中介绍有出入，比如安装的数据库密码与本书不一致，那么可以去 source 资源包下的 jdbc.properties 文件中进行修改，这个文件中定义了数据库驱动、链接地址、用户名和密码等属性。

到目前为止，所有的准备工作已经就绪，可以启动项目，查看论坛首页的效果，如图 13-29 所示。

图 13-29　首页效果

13.4　UEditor

13.4.1　UEditor 概述

论坛重要的功能就是看帖和发帖，本项目发帖使用的是百度团队开发的 UEditor，如图 13-30 所示。

这是很不错的富文本编辑插件，功能很强大，支持排版，支持插入图片、附件、视频等文件，尤其是支持代码格式，很适合开发技术论坛使用。

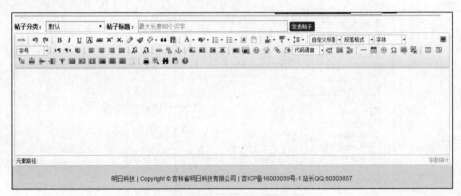

富文本 UEditor
概述

图 13-30　UEditor 展示

UEditor 已经集成在程序中，首先找到 WebContent 目录，在 "WEB-INF\view\" 目录下创建 myJSP 文件夹。在之后的学习中，就在这个目录里创建 JSP，如图 13-31 所示。

在 myJPS 目录上单击右键，在弹出的快捷菜单中选择 "New→JSP File" 菜单项，创建一个 JSP 文件，命名为 test01.jsp，然后，单击 "Finish" 按钮，如图 13-32 所示。

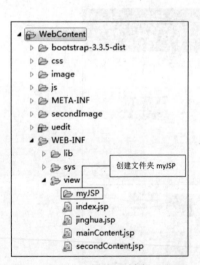

图 13-31　view 目录下创建 myJSP

图 13-32　创建 test01.jsp 页面

在 test01.jsp 页面中增加页面所有的样式与脚本，代码如下：

```jsp
<%@page language="java" contentType="text/html; charset=UTF-8" pageEncoding="UTF-8"%>
<!DOCTYPEHTML>
<html>
<head>
<% //引入jspHead.jsp文件，该文件定义了样式与脚本文件 %>
<%@include file="/../../../jspHead.jsp"%>
</head>
<body>
```

```
<!-- 定义一个Bootstrap布局容器，并设置背景主题info -->
<div class="container bg-info">
    <h1 class="text-center"> Hello world!</h1>
    <!-- 定义一个Bootstrap的row样式，row样式一行最多12个列 -->
    <div class="row">
        <!-- col-xs-6定义一个占6列的单元格 -->
        <div class="col-xs-6">
            <h3 class="text-right"> UI(用户界面):</h3>
        </div>
        <!-- 在定义一个占6列的单元格，一行最多12列，那么与上面的6列刚好组合成一行 -->
        <div class="col-xs-6">
            <h3> <small> Bootstrap 3</small> </h3>
        </div>
        <div class="col-xs-6">
            <h3 class="text-right"> JS Framework(Javascript框架):</h3>
        </div>
        <div class="col-xs-6">
            <h3> <small> JQuery</small> </h3>
        </div>
        <div class="col-xs-6">
            <h3 class="text-right"> Server Framework(服务端框架):</h3>
        </div>
        <div class="col-xs-6">
            <h3> <small> Spring/MyBatis/Shiro</small> </h3>
        </div>
        <div class="col-xs-6">
            <h3 class="text-right"> DataBase(数据库):</h3>
        </div>
        <div class="col-xs-6">
            <h3> <small> MySQL 5.x</small> </h3>
        </div>
    </div>
</div>
</body>
</html>
```

以上代码是开发过程中用到的技术清单，是不是很想看看它所呈现的样子呢？别急，慢慢来。

 凡是存在 WEB-INF 目录下的文件都不会被 HTTP 直接访问到，必须通过 Servlet 处理来返回给用户。

以上编辑好了一个 JSP 页面，前期建立好了一个 myresource 资源包，现在在 myresource 资源包下建立一个包，在这个资源包中写下第一段 Java 代码，展示给用户我们编辑好的 JSP 页面。

 关于 jar 包的建立，国际上的惯用规则是域名倒置，比如前面笔者提到的 UEditor。那么它的 jar 包目录结构就应该是 com.baidu.ueditor，开发中的目录结构就是把域名反过来（简称域名倒置）。

创建包的过程如下。

（1）在"myresource"节点上单击右键，选择"New→Package"菜单项，如图 13-33 所示。

 说明 包的主要用途是区分文件的功能，比如在创建一个名称为"images"的文件夹，里面保存的都是图片；再创建一个名称为"music"的文件夹，里面保存的都是音乐，这样就达到了文件分类的目的。这里的资源包也是同样的道理，只不过是按照功能模块划分。

（2）在打开的对话框中输入包名，然后，单击"Finish"按钮，创建完成，如图 13-34 所示。

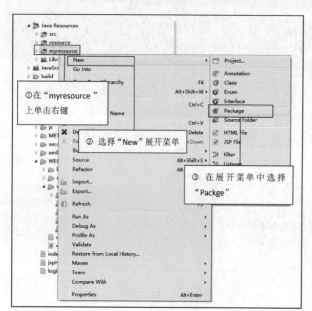

图 13-33　创建包

图 13-34　为包命名

 说明 Java 包理论上是可以随便命名的，但是由于本系统使用了 Spring 框架，所以包名要符合一定的规范，因为在项目启动的时候，Spring 会扫描指定包下的类，映射为请求路径或实现 IoC。详细查看"myresource"资源包下 com.mrkj.ygl.config.WebConfig 类与 com.mrkj.ygl.config.RootConfig 类，这两个类定义了扫描路径。

至此，一个 3 级结构的包就创建完成了，在开发过程中，这个 3 级结构的包主要是描述项目的内容，到第 4 级包我们开始写 Java 源码，第 4 级包的命名是按照实际功能来区分的，在 MVC 架构中，功能包通常为 DAO 层、SERVICE 层、CONTROLLER 层、ENTITY 层还有 UTIL 层。

1. DAO 层

Data Access Object（数据访问对象），是一个数据访问接口。数据访问，顾名思义就是与数据库打交道，夹在业务逻辑与数据库资源的中间。

2. SERVICE 层

服务层，负责处理业务逻辑，这样说比较笼统，可以举个例子进行说明：请假的时候我们需要填写请假单，一般公司的步骤是：首先去综合部取一张请假单；然后填写表单；最后交给综合部。用计算机描述这一过程为：首先向计算机提交一个填写请假表单的请求；然后计算机返回给你一个表单；最后填写表单提交给计算机并告诉计算机这个表单是给综合部的。这整个过程就叫作业务逻辑。

3. CONTROLLER 层

控制层，负责接收数据，封装数据，交给 SERVICE 层处理业务逻辑，SERVICE 处理好数据返回给 CONTROLLER，由 CONTROLLER 判断返回什么数据给用户。

4. ENTITY 层

实体类层，CONTROLLER 有一个步骤为"封装数据"，大概意思就是把零散数据组合成一个对象，比如请假单，我们可以把它理解成一个实体类，这个类有请假人姓名、请假时间、请假事由等字段。我们从用户那里接收的数据是零散的，接收过来的数据大概类似于这种形式：name=yuguoliang，time=2016-08-04，info=生病，但这样的零散数据并不利于阅读，于是 Java 开发规范里增加了实体类的概念。假设请假的实体类为 activity，那么它里面有 3 个属性：name、time 和 info，我们把接收的零散数据封装至 activity，大概的形式为：activity.setName(name)、activity.setTime(time)……这样说或许很难懂，没关系，我们还会在实际开发中讲解。

5. UTIL 层

这里面写一些公共方法，比如数据转换、加密等。

练习写一个 CONTROLLER 层，命名为 MyFirstController，实现之前写好的 test01.jsp。按照图 13-35 和图 13-36 所示的步骤建立一个类。

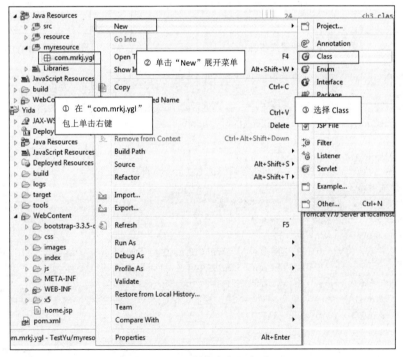

图 13-35　创建类步骤（1）

创建完成后的 myresource 资源包里的内容，如图 13-37 所示。

双击打开"MyFirstController"类，添加如下代码实现 Servlet 跳转 JSP 页面：

```
package com.mrkj.ygl.controller;

import org.springframework.stereotype.Controller;
import org.springframework.web.bind.annotation.RequestMapping;
```

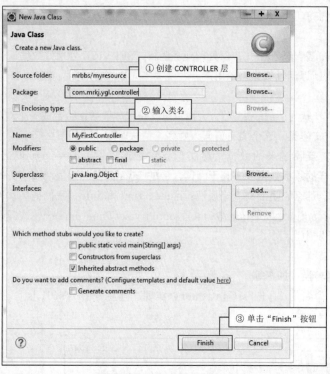

图 13-36　创建类步骤（2）

图 13-37　myresource 目录

```
import org.springframework.web.servlet.ModelAndView;

//@Controller注解声明该类为Spring控制类，继而通过@requestMapping注解声明的路径映射
//如果不使用@Controller注解，@requestMapping注解也会失效
@Controller
public class MyFirstController {
    //@RequestMapping注解用来声明路径映射，可以用于类或方法上
    //该注解映射路径为http://127.0.0.1:8080/mrbbs/myTest
    //通过浏览器输入路径便能够访问到这个方法
    @RequestMapping(value="/myTest")
    public ModelAndView myTest(){
    //设置视图"myJSP/test01"，指向项目路径WebContent/WEB-INF/view/myJSP/test01.jsp文件
        //在com.mrkj.ygl.config.WebConfig.java文件定义了JSP视图等
        ModelAndView mav = new ModelAndView("myJSP/test01");
        //返回ModelAndView对象会跳转至对应的视图文件。也将设置的参数同时传递至视图
        return mav;
    }
}
```

　在输入代码的时候，常有记不住类名的情况发生，这时只要输入两三个字母，然后按键盘上的组合键“Alt+/”，Eclipse 就会给出提示，大大加快编码速度。另外，代码需要按照一定的层级顺序进行编写，从最高级向最低级写起。对于一个类来说级别最高的是类声明（public class MyFirstController），然后是类方法与类成员变量（public ModelAndView myTest），最后是方法体内的逻辑与注解。

重新启动 Tomcat，打开浏览器输入 http://127.0.0.1:8080/mrbbs/myTest，查看运行效果，如图 13-38 所示。

图 13-38　访问 test01.jsp

 在访问路径"http://127.0.0.1:8080/mrbbs/myTest"中，http://代表的是使用 HTTP 请求，请求地址为 127.0.0.1:8080（127.0.0.1 代表着 IP 地址，8080 是端口），这里的端口有可能改变（比如端口冲突，必须手动修改），请求的资源为 mrbbs/myTest。在 Tomcat 启动项目时有这样一句话可以确定当前是以哪个端口启动（信息：Starting ProtocolHandler ["http-apr-8080"]）。

13.4.2　使用 UEditor

现在需要在"WebContent/WEB-INF/view/ myJSP"目录下建立一个 test02.jsp，如图 13-39 所示，把 test01.jsp 的内容复制到 test02.jsp 中。

使用 UEditor

图 13-39　新建一个 test02.jsp

复制完成后删除 test02.jsp 的<body> </body> 标签内部的所有内容，修改后的代码如下：

```
<%@page language="java" contentType="text/html; charset=UTF-8" pageEncoding="UTF-8"%>
<!DOCTYPEHTML>
<html>
<head>
<%@include file="/../../../jspHead.jsp"%>
</head>
<body>
    <!--　删除内容　-->
</body>
</html>
```

在写过一次 JSP 以后，就不需要每次都重新写了，将写好的复制过来，删除不需要的内容即可。在日常工作当中，开发者需要从零开始写的代码比较少。一个成熟的开发者，只需要知道要做什么，大多数的代码可以来自互联网，复制过来修改一下即可。

 在学习的过程中，有一种宽泛的学习模式，不求甚解，多多益善，这种模式可以让读者在短期内迅速成为一个优秀的开发者。但这种模式的弊端是经不起推敲，读者只知道这样做，不知道为什么这样做。尽管这种模式不够严谨，但在前期这是笔者强烈推荐给大家的学习方式。

现在向 JSP 中加入 UEditor，UEditor 的意义是为了让不懂 HTML 的人能够通过一个文本框编辑一段格式良好的 HTML 代码，方便用户查阅，代码如下：

```jsp
<%@page language="java" contentType="text/html; charset=UTF-8" pageEncoding="UTF-8"%>
<!DOCTYPEHTML>
<html>
<head>
<%@include file="/../../../jspHead.jsp"%>
</head>
<body>
<form action="<%=basePath%>saveUeditorContent" method="post">
<!-- 加载编辑器的容器 -->
<div style="padding: 0px;margin: 0px;width: 100%;height: 100%;" >
    <script id="container" name="content" type="text/plain">

    </script>
</div>
</form>


<!-- 配置文件 -->
<script type="text/javascript" src="<%=basePath %>uedit/js/ueditor.config.js"> </script>
<!-- 编辑器源码文件 -->
<script type="text/javascript" src="<%=basePath %>uedit/js/ueditor.all.js"> </script>
<!-- 实例化编辑器 -->
<script type="text/javascript">
        var editor = UE.getEditor('container');
</script>
<!-- end富文本 -->
</body>
</html>
```

test02.jsp 完成之后，按照惯例写转发 Servlet 来展示这个页面，查看效果。在 myresource 资源包的 com.mrkj.controller 包下创建 Test02Controller.java 文件，如图 13-40 所示。

这段代码与我们测试的代码无差别，只是访问了 JSP，代码如下：

图 13-40　创建 Test02Controller

```java
package com.mrkj.ygl.controller;

import org.springframework.stereotype.Controller;
import org.springframework.web.bind.annotation.RequestMapping;
import org.springframework.web.servlet.ModelAndView;
//@Controller注解声明该类为Spring控制类，继而通过@requestMapping注解声明的路径映射
//如果不使用@Controller注解，@requestMapping注解也会失效
@Controller
public class Test02Controller {
    //@RequestMapping注解用来声明路径映射，可以用于类或方法上
    //该注解映射路径为http://127.0.0.1:8080/mrbbs/goTest02
    //通过浏览器输入路径便能够访问到这个方法
    @RequestMapping(value="/goTest02")
    public ModelAndView goTest02(){
```

```
//设置视图"myJSP/test01"，指向项目路径WebContent/WEB-INF/view/myJSP/test02.jsp文件
//在com.mrkj.ygl.config.WebConfig.java文件定义了JSP视图等
    ModelAndView mav = new ModelAndView("myJSP/test02");
//返回ModelAndView对象会跳转至对应的视图文件。也将设置的参数同时传递至视图
    return mav;
    }
}
```

重新启动 Tomcat，在浏览器中输入"http://127.0.0.1:8080/mrbbs/goTest02"，看看 UEditor 的效果，并向 UEditor 中插入一张图片吧！效果如图 13-41 所示。

图 13-41　UEditor 展示效果

 如果读者的 UEditor 无法显示或保存，那么很可能是端口与项目名出现了问题。请打开"WebContent\uedit\js\jsp"目录下的 config.json 文件，修改 imageUrlPrefix 属性，将其中的端口与项目名修改为自己所用的。

13.4.3　展示 UEditor

用户发帖是为了让所有人都看到，那就需要把 UEditor 编辑的内容展示出来，展示给所有的用户。

要想把 UEditor 编辑的内容展示出来，首先要知道 UEditor 里编辑的内容。把 UEditor 的内容以 form 表单的形式提交给后台，后台将获取内容并展示出来。在 test02.jsp 文件中，增加表单提交按钮，代码如下：

```
<form action="<%=basePath%>saveUeditorContent" method="post">
<div style="padding: 0px;margin: 0px;width: 100%;height: 100%;" >
    <script id="container" name="content" type="text/plain">

    </script>
</div>
<button type="submit"> 保存</button>
</form>
```

展示 UEditor

在"myresource"资源包下"controller"层中向 Test02Controller 类添加如下代码：

```
package com.mrkj.ygl.controller;
```

```java
import org.springframework.stereotype.Controller;
import org.springframework.web.bind.annotation.RequestMapping;
import org.springframework.web.servlet.ModelAndView;
//@Controller注解声明该类为Spring控制类，继而通过@requestMapping注解声明的路径映射
//如果不使用@Controller注解，@requestMapping注解也会失效
@Controller
public class Test02Controller {
    //@RequestMapping注解用来声明路径映射，可以用于类或方法上
    //该注解映射路径为http://127.0.0.1:8080/mrbbs/saveUeditorContent
    //通过浏览器输入路径便能够访问到这个方法
    @RequestMapping(value="/saveUeditorContent")
    public ModelAndView saveUeditor(String content){
        //设置视图"myJSP/test03"，指向项目路径WebContent/WEB-INF/view/myJSP/test013.jsp文件
        //在com.mrkj.ygl.config.WebConfig.java文件定义了JSP视图等
        ModelAndView mav = new ModelAndView("myJSP/test03");
        //addObject方法设置了要传递给视图的对象
        mav.addObject("content", content);
        //返回ModelAndView对象会跳转至对应的视图文件。也将设置的参数同时传递至视图
        return mav;
    }

    @RequestMapping(value="/goTest02")
    public ModelAndView goTest02(){
        ModelAndView mav = new ModelAndView("myJSP/test02");

        return mav;
    }
}
```

在 myJSP 文件夹中，新建一个 test013.jsp 用于显示 UEditor 编辑的内容。在 Servlet 中，把 content 参数传递给 JSP 页面，在 JSP 页面使用 EL 表达式${content}即可把内容输入到页面中，代码如下：

```jsp
<%@page language="java" contentType="text/html; charset=UTF-8" pageEncoding="UTF-8"%>
<!DOCTYPEHTML>
<html>
<head>
<%@include file="/../../../jspHead.jsp"%>
</head>
<body>${content }
</body>
</html>
```

重新启动 Tomcat，在浏览器中输入"http://127.0.0.1:8080/mrbbs/goTest02"，编辑一些内容，如图 13-42 所示。然后单击"保存"按钮，我们在 UEditor 编辑的内容就会展示出来，如图 13-43 所示。

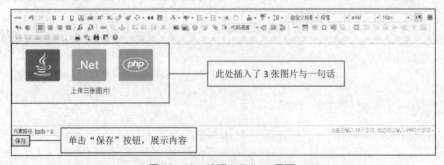

图 13-42　编辑 UEditor 界面

虽然编辑的内容已经展示出来，但只是编写者个人可见，若想让其他人查阅我们编辑的帖子，那就需要把编辑的内容保存至数据库中。下文将要介绍如何把内容保存至数据库中，最终完成发帖、跟帖功能。

图 13-43　展示编辑的 UEditor

13.5　数据库设计

13.5.1　数据与逻辑

数据与逻辑

数据库设计在整个项目开发中的重要性，如果按百分比来说，至少要占 40% 的比重，由此可见数据库设计的重要性。一个好的数据库设计，可以减少项目的开发成本，减少数据冗余，数据库模型直接影响着业务逻辑走向。

当下有些公司不重视数据库，把重点放在了业务逻辑与功能上，这直接导致一个严重的问题出现：软件开发后没几年，因为数据太多而出现查询一条数据耗时过长的情况，难以维护，直接导致软件的二次开发甚至重新开发。

13.5.2　创建数据库表

在本项目的数据库中，主要有 3 张数据表。其中，发帖与跟帖对应的是 my_main 表与 my_second 表。my_main 表负责存储主帖，my_second 表负责存储跟帖，另外还有一张 my_info 表，用于记录回复人数、查看人数、最后回复人以及最后回复时间。下面分别介绍这 3 张数据表的表结构。

创建数据库表

（1）my_main 表

my_main 表用于存储主帖，其结构如表 13-1 所示。

表 13-1　my_main 表

字段名	数据类型	允许空值	主键	描述
main_id	varchar(64)	☐	☑	主键
main_title	varchar(80)	☐	☐	帖子标题
main_content	text	☐	☐	帖子内容
main_creatime	datetime	☐	☐	发帖时间
main_creatuser	varchar(64)	☐	☐	发帖用户
main_commend	int	☐	☐	精华帖子

（2）my_second 表

my_second 表用于存储跟帖，其结构如表 13-2 所示。

表 13-2　my_second 表

字段名	数据类型	允许空值	主键	描述
sec_id	varchar(64)	☐	☑	主键
main_id	varchar(64)	☐	☐	外键 my_main.main_id
sec _content	text	☐	☐	帖子内容
sec _creatime	datetime	☐	☐	发帖时间
sec _creatuser	varchar(64)	☐	☐	发帖人
sec _sequence	int	☐	☐	序列用于排序

（3）my_info 表

my_info 表用于记录帖子信息，其结构如表 13-3 所示。

表 13-3　my_info 表

字段名	数据类型	允许空值	主键	描述
info_id	int	☐	☑ 自动递增	主键
main_id	varchar(64)	☐	☐	外键 my_main.main_id
info_reply	int	☐	☐	回复数量
info_see	int	☐	☐	查看数量
info_lastuser	varchar(64)	☐	☐	最后回复用户
info_lastime	datetime	☐	☐	最后回复时间

my_main 表是 my_second 表与 my_info 表的父表。表关系一定要维护好，主外键关系对应要明确。现在很多开发者对主外键关系不注重，只是随便写了一个字段，这样做很容易造成数据冗余，难以维护。

13.6　页面功能设计

13.6.1　设计页面效果

在页面设计之前，首先要明确功能以什么样的形式展现给用户。当下软件公司讨论的话题都围绕着用户体验展开，在技术水平与实力势均力敌的情况下，唯有提升服务质量，才能在众多竞争对手中脱颖而出。不只是软件公司，任何一个行业都是如此。

本小节按照 HTML 5 标准开发，基础 UI 使用 Bootstrap3，JavaScript 框架为 jQuery 1.11.3。这里要制作两个页面，一个是发帖和展示帖子的页面，另一个是查看帖子的页面。首先来练习如何制作发帖页面，如图 13-44 所示。

设计页面效果

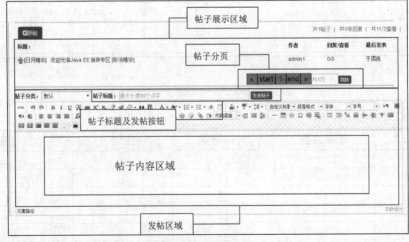

图 13-44　页面原型

13.6.2 发表帖子页面

复制 myJSP 文件夹中的 test02.jsp，重新命名为 mainPage.jsp，如图 13-45 所示。

发表帖子页面

图 13-45 复制 test02.jsp

打开刚刚复制的 mainPage.jsp，为帖子增加一个帖子标题，代码如下：

```
<%@page language="java" contentType="text/html; charset=UTF-8" pageEncoding="UTF-8"%>
<!DOCTYPE HTML>
<html>
<head>
<%@include file="/../../../jspHead.jsp"%>
</head>
<body>
    <!--   <form>标签为表单，action属性指向提交路径，method属性设置请求方法   -->
    <form action="<%=basePath %>saveUeditorContent" method="post">
    <!--   <label>标签为input表单定义标注   -->
    <label for="biaoti"> 帖子标题： </label>
    <!--   <input>标签用于收集用户信息   -->
    <input type="text" name="mainTitle" placeholder="最大长度80个汉字" style="width: 360px;" >
    <!--   <button>标签放置一个按钮，type属性设置为submit用于提交表单   -->
    <button type="submit" class="btn btn-primary btn-xs text-right">
    发表帖子
    </button>
     <!--   富文本编辑器   -->
     <div style="padding: 0px;margin: 0px;width: 100%;height: 100%;" >
        <script id="container" name="content" type="text/plain">

        </script>
     </div>
    </form>

<!-- 配置文件 -->
    ......
<!-- end富文本 -->
</body>
</html>
```

13.6.3 展示帖子页面

在 mainPage.jsp 文件中添加帖子展示区域，帖子展示区域使用表格标记<table>实现。目前还没有数据，这里可以使用虚拟数据（读者可随意编写数据），<th> </th> 标签体内为表格标题，每个标题对应一组<td> </td> 标签，代码如下：

```jsp
<%@page language="java" contentType="text/html; charset=UTF-8" pageEncoding="UTF-8"%>
<!DOCTYPEHTML>
<html>
<head>
<%@include file="/../../../jspHead.jsp"%>
</head>
<body>
        <!--   使用Bootstrap table样式   -->
        <table class="table table-striped">
            <!--   <tr>标签创建一行   -->
            <tr>
                <!--   <th>标签创建表头   -->
                <th width="70%"> <strong> 标题：</strong> </th>
                <th width="10%"> <strong> 作者</strong> </th>
                <th width="10%"> <strong> 回复/查看</strong> </th>
                <th width="10%"> <strong> 最后发表</strong> </th>
            </tr>
            <tr>
                <!--   <th>标签创建单元格   -->
                <td>
                    <!--   <a>标签指向一个URL地址   -->
                    <a href="#">
                    <!--   <img>标签指向一个图片URL地址   -->
                    <img src="image/folder_new.gif"/>
                    [最新帖子]  欢迎光临Java EE版块专区
                    </a>
                </td>
                <td> admin1</td>
                <td> 0/0</td>
                <td> 于国良</td>
            </tr>
        </table>
        <form action="<%=basePath %>saveUeditorContent" method="post">
            ...
        </form>
            ...
</body>
</html>
```

展示帖子页面

13.6.4 添加分页原型

把分页原型增加到 mainPage.jsp 页面中。首先在<head> </head> 标签体中增加样式，然后增加分页，代码如下：

```jsp
<%@page language="java" contentType="text/html; charset=UTF-8" pageEncoding="UTF-8"%>
<!DOCTYPEHTML>
<html>
<head>
<%@include file="/../../../jspHead.jsp"%>
    <!--   分页样式   -->
    <style type="text/css">
    .page{
```

添加分页原型

```
            display:inline-block;                /*  内联对象   */
            border: 1px solid ;                   /*  边框1像素   */
            font-size: 20px;                      /*  文字大小20像素 */
            width: 30px;                          /*  宽度30像素   */
            height: 30px;                         /*  高度30像素   */
            background-color: #1faeff;            /*  设置背景色   */
            text-align: center;                   /*  居中对齐   */
        }
        a,a:hover{ text-decoration:none; color:#333}
        </style>
</head>
<body>

        <table class="table table-striped">
            ...
        </table>
        <!--   使用Bootstrap栅格系统   -->
        <div class="row">
            <!--  定义单元格，占用7列，该单元格用于占位使用   -->
            <div class="col-xs-7">

            </div>
            <!--  定义单元格，占用5列，分页样式在该单元格书写   -->
            <div class="col-xs-5 text-nowrap">
                <!--  定义<span>标签，用于放置前一页连接   -->
                <span class="page">
                <!--  定义<a>标签，单击显示前一页数据   -->
                <a href="?page=1&mainType=javaee"> «</a>
                </span>
                <!--  定义<span>标签，用于放置跳转第一页连接   -->
                <span class="page" style="width: 50px !important;">
                <!--  定义<a>标签按钮，该标签始终指向第一页   -->
                <a href="?page=1&mainType=javaee"> start</a>
                </span>
                <!--  定义<span>标签,用于放置页码号连接,如果有多页数据则会显示临近页,至多5页   -->
                <span class="page">
                <!--  定义<a>标签，指向指定页面   -->
                <a href="?page=1&mainType=javaee"> 1</a>
                </span>
                <!--  定义<span>标签，用于放置最后一页连接   -->
                <span class="page" style="width: 40px !important;">
                <!--  定义<a>标签，该标签始终指向最后一页   -->
                <a href="?page=1&mainType=javaee"> end</a>
                </span>
                <!--  定义<span>标签，用于放置下一页连接   -->
                <span class="page">
                <!--  定义<a>标签，该标签始终指下一页   -->
                <a href="?page=1&mainType=javaee"> »</a>
                </span>
            </div>
        </div>
```

```
<form action="<%=basePath %>saveUeditorContent" method="post">
    ...
</form>

</body>
</html>
```

13.6.5　查看页面原型

在 myresource 资源包中，com.mrkj.ygl.controller 包下新建一个 MainPageController 类，用于查看 mainPage.jsp 的内容，代码如下：

```
package com.mrkj.ygl.controller;

import org.springframework.stereotype.Controller;
import org.springframework.web.bind.annotation.RequestMapping;
import org.springframework.web.servlet.ModelAndView;
//@Controller注解声明该类为Spring控制类，继而通过@requestMapping注解声明的
//路径映射
//如果不使用@Controller注解，@requestMapping注解也会失效
@Controller
public class MainPageController {
    //@RequestMapping注解用来声明路径映射，可以用于类或方法上
    //该注解映射路径为http://127.0.0.1:8080/mrbbs/goMainPage
    //通过浏览器输入路径便能够访问到这个方法
    @RequestMapping("/goMainPage")
    public ModelAndView goMainPage (){
        //设置视图"myJSP/mainPage"，指向项目路径
        //WebContent→WEB-INF→view→myJSP→mainPage.jsp文件
        //在com.mrkj.ygl.config.WebConfig.java文件定义了JSP视图等
        ModelAndView mav = new ModelAndView("myJSP/mainPage");
        //返回ModelAndView对象会跳转至对应的视图文件，也将设置的参数同时传递至视图
        return mav;
    }
}
```

查看页面原型

重新启动 Tomcat，在浏览器中输入"http://127.0.0.1:8080/mrbbs/goMainPage"查看页面原型，运行效果如图 13-46 所示。

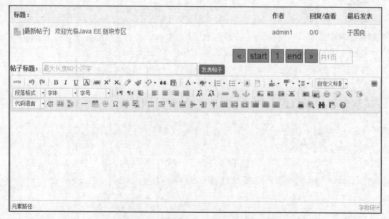

图 13-46　mainPage.jsp 展示效果

13.7 帖子保存与展示

13.7.1 接收帖子参数

页面原型已经完成，剩下的就是实现后台功能。

（1）发表帖子：前台用户编辑好内容后单击发表帖子，mainPageController 接收参数，处理参数，存入数据库中。

（2）查看帖子：单击帖子标题，查看帖子内容。内容包括主帖与跟帖。

（3）分页列表：每页最多 40 条帖子，多出分页显示，页面最多显示 5 页。

（4）跟帖：回复主帖，依次排列在主帖下方，每页最多 15 条跟帖，多出则分页显示。

实现发帖功能。打开 myresource 资源包下的 test02Controller 类，之前曾用它来接收过 UEditor 编辑过的内容，现在剪切 saveUEditor()方法至 MainPageController 中。注意是剪切，不是复制，代码如下：

```
package com.mrkj.ygl.controller;

import org.springframework.stereotype.Controller;
import org.springframework.web.bind.annotation.RequestMapping;
import org.springframework.web.servlet.ModelAndView;
//@Controller注解声明该类为Spring控制类，继而通过@requestMapping注解声明的路径映射
//如果不使用@Controller注解，@requestMapping注解也会失效
@Controller
public class MainPageController {
    //@RequestMapping注解用来声明路径映射，可以用于类或方法上
    //该注解映射路径为http://127.0.0.1:8080/mrbbs/goMainPage
    //通过浏览器输入路径便能够访问到这个方法
    @RequestMapping("/goMainPage")
    public ModelAndView goMainPage (){
        //设置视图"myJSP/mainPage"，指向项目路径
        //WebContent→WEB-INF→view→myJSP→mainPage.jsp文件
        //在com.mrkj.ygl.config.WebConfig.java文件定义了JSP视图等
        ModelAndView mav = new ModelAndView("myJSP/mainPage");
        //返回ModelAndView对象会跳转至对应的视图文件，也将设置的参数同时传递至视图
        return mav;
    }
    //@RequestMapping注解用来声明路径映射，可以用于类或方法上
    //该注解映射路径为http://127.0.0.1:8080/mrbbs/saveUeditorContent
    //通过浏览器输入路径便能够访问到这个方法
    @RequestMapping(value="/saveUeditorContent")
    public ModelAndView saveUeditor(String content){
        //设置视图"myJSP/test03"，指向项目路径WebContent/WEB-INF/view/myJSP/test013.jsp文件
        //在com.mrkj.ygl.config.WebConfig.java文件定义了jsp视图等
        ModelAndView mav = new ModelAndView("myJSP/test03");
        //addObject方法设置了要传递给视图的对象
        mav.addObject("content", content);
        //返回ModelAndView对象会跳转至对应的视图文件。也将设置的参数同时传递至视图
        return mav;
    }
}
```

操作完成后，将加底色的代码删除。

处理帖子参数

13.7.2　处理帖子参数

本小节开始写下第一个服务层，在 myresource 资源包中，com.mrkj.ygl 包下建立 service 层，如图 13-47 和图 13-48 所示。

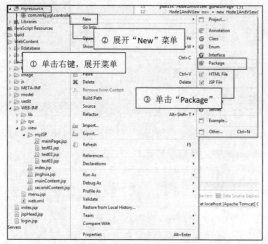

图 13-47　选择创建包菜单项

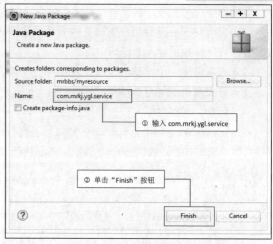

图 13-48　创建 service 子包

在刚刚建立的 service 包下，建立 MainPageService 类文件，实现把接收到的参数保存至数据库中，代码如下：

```
package com.mrkj.ygl.service;

import java.text.SimpleDateFormat;
import java.util.Date;
import java.util.UUID;

import javax.annotation.Resource;
import org.springframework.jdbc.core.JdbcTemplate;
import org.springframework.stereotype.Service;

@Service
public class MainPageService {

    //注入Spring JdbcTemplate
    @Resource
    JdbcTemplate jdbc;
    //注入时间格式化
    @Resource
    SimpleDateFormat sdf;
    /**
     *
     * @param content帖子内容
     * @param mainTitle帖子标题
     * @param mainCreatuser发帖人，这里我们使用用户IP作为发帖人
     * @return
```

```
    */
    public int saveMainContent(String content,String mainTitle,String mainCreatuser){
        //定义SQL语句，这里的SQL使用的是防注入模式，VALUES的值使用的是?占位符
        String sql_save_mymain = "INSERT INTO my_main "
        + "(main_id,main_title,main_content,"
        + "main_creatime,main_creatuser,main_commend)"
        + " VALUES (?,?,?,?,?,?)";
        //表id使用的是UUID
        String mainId = UUID.randomUUID().toString();
        //时间格式化，格式要与数据库中的datatime相对应yyyy-MM-dd hh:mm:ss
        sdf.applyPattern("yyyy-MM-dd hh:mm:ss");
        //获取当前时间作为创建时间
        String mainCreatime = sdf.format(new Date());
        //精华帖标记，0普通帖，1精华帖
        Integer mainCommend = 0;
        //执行update语句，第一个参数SQL语句，后面可以写任意多的参数
        return jdbc.update(sql_save_mymain,
                mainId,mainTitle,content,mainCreatime,mainCreatuser,mainCommend);
    }


}
```

有了后台服务，就可以把前台传递过来的数据保存到数据库中。返回 MainPageController 文件实现 saveUeditor()方法，调用 service 层把接收到的数据保存至数据库。修改 saveUeditor()方法，其他方法不要修改，代码如下：

```
package com.mrkj.ygl.controller;

import javax.annotation.Resource;
import javax.servlet.http.HttpServletRequest;

import org.springframework.stereotype.Controller;
import org.springframework.web.bind.annotation.RequestMapping;
import org.springframework.web.servlet.3;

import com.mrkj.ygl.service.MainPageService;

@Controller
public class MainPageController {
    @RequestMapping("/goMainPage")
    public ModelAndView goMainPage (){
        …      //省略了部分代码
        return mav;
    }
    //@Resource，Javax.annotation.Resource，该注解并不是Spring注解，但是Spring支持该注解注入
    @Resource
    MainPageService mps;

    //被rquestMapping注解声明的方法，会自动注入
    //request：该参数由Spring注入
    //content：该参数由前端传递过来，记录了UEditor数据，参数名称要与传递过来的参数名要一致
    //mainTitle：该参数由前端传递过来，记录了帖子标题，参数名称要与传递过来的参数名要一致
    @RequestMapping(value="/saveUeditorContent")
```

```
public ModelAndView saveUeditor(HttpServletRequest request
                                ,String content,String mainTitle){
    ModelAndView mav = new ModelAndView();
    //获取客户端IP地址作为发帖人
    String mainCreatuser = request.getRemoteAddr();
    int result = mps.saveMainContent(content, mainTitle, mainCreatuser);
    //根据result判断是否向数据库当中插入了一条数据
    if (result == 1){
        //如果数据插入成功，重新刷新页面数据
        mav.setViewName("redirect:/goMainPage");
    }else{
        //如果数据插入失败，设置视图指向错误页面
        mav.setViewName("myJSP/error");
    }

    return mav;
    }
}
```

重新启动 Tomcat 服务器，输入“http://127.0.0.1:8080mrbbs//goMainPage”，打开浏览器测试一下，效果如图 13-49 和图 13-50 所示。

图 13-49　输入内容

图 13-50　内容保存至数据库中

13.7.3　保存帖子附加信息

在 13.5 节，数据库设计的时候创建了一张 my_info 表，该表的主要功能是记录帖子的信息。保存发

帖的时间也需要在 my_info 表中实现, 这里需要初始化一条与 my_main 表相关联的数据。在 MainPage-Service 的 saveMainContent()方法中增加如下代码:

```
public int saveMainContent(String content,String mainTitle,String mainCreatuser){
    //定义SQL语句, 这里的SQL使用的是防注入模式, VALUES的值使用的是?占位符
    String sql_save_mymain = "INSERT INTO my_main "
    + "(main_id,main_title,main_content,"
    + "main_creatime,main_creatuser,main_commend)"
    + " VALUES (?,?,?,?,?,?)";
    String sql_save_myinfo = "INSERT INTO my_info "
    + "(main_id,info_reply,info_see,"
    + "info_lastuser,info_lastime) "
    + "VALUES (?,0,0,?,?)";
    //表id使用的是UUID
    String mainId = UUID.randomUUID().toString();
    //时间格式化的格式要与数据库当中的datatime相对应yyyy-MM-dd hh:mm:ss,
    sdf.applyPattern("yyyy-MM-dd hh:mm:ss");
    //获取当前时间作为创建时间
    String mainCreatime = sdf.format(new Date());
    //精华帖标记, 0普通帖, 1精华帖
    Integer mainCommend = 0;
    //初始化myinfo表数据, 注意my_info表的id为自增长所以这里并没有设置info_id的值
    jdbc.update(sql_save_myinfo, mainId,mainCreatuser,mainCreatime);
    //执行update语句, 第一个参数SQL语句, 后面可以写任意多的参数、
    return jdbc.update(sql_save_mymain,
            mainId,mainTitle,content,mainCreatime,mainCreatuser,mainCommend);
}
```

保存帖子附加信息

 说明 帖子信息表（my_info）与主帖表（my_main）使用 main_id 字段关联, 这样在获取主帖的时候就可以很容易获取帖子信息表。表与表之间的关联一般情况下都是使用一个表的主键关联。

13.7.4　分页查询帖子

项目开发当中, 编者认为最复杂的就是数据查询以及查询出的数据如何展示。本项目帖子的展示, 要求是分页显示。每页显示 40 条帖子, 单击帖子标题进入查看帖子页面, 页面展示内容有: 帖子标题、作者、回复数、查看数、最后回复人。帖子排序规则, 优先按照 my_main 表中 main_commend 字段（精华帖）, 其次按照 main_creatime 字段（创建时间）。由于只查询一张表 my_main 表无法获取到所有需要的数据, 因此这里使用连接查询 my_info 表。

首先打开 myresource 资源包下的 MainPageController 类文件, 找到 goMainPage()方法, 这个方法是跳转到帖子展示页面的方法, 目前帖子展示页面使用的是虚拟数据。现在要把从数据库中查询出来的数据展示给用户, 需要将 goMainPage()修改为以下代码:

```
//初始化论坛主页面
@RequestMapping("/goMainPage")
public ModelAndView goMainPage (HttpServletRequest request,
        @RequestParam(name="page",defaultValue="1") Integer page,
        @RequestParam(name="row",defaultValue="40")Integer row){

    ModelAndView mav = new ModelAndView("myJSP/mainPage");
```

分页查询帖子

```
//获取main与info
List<Map<String, Object> > mainContents = mps.getMainPage((page-1)*row, row);
mav.addObject("main", mainContents);
//获取帖子总数
Long count = mps.getMainCount();
 //获取分页方法
String pageHtml = mps.getPage(count, page, row);
mav.addObject("pageHtml", pageHtml);

return mav;
}
```

然后打开 myresource 资源包下 MainPageService 类文件，添加 getMainPage()方法，用于定义查询 SQL 语句，这里使用左连接查询关键字（left join）连接 my_main 表与 my_info 表，分页使用关键字 limit，增加代码如下：

```
public List<Map<String, Object> >  getMainPage(int row,int offset){
    //分页查找my_main左连接(left join)my_info约定好每页最多显示40条帖子
    String sql_select_mymain = "SELECT main.*,info.info_id,info.info_reply,info.info_see,"
        + "info.info_lastuser,info.info_lastime FROM mrbbs.my_main as main "
        + "left join my_info as info on main.main_id = info.main_id "
        + "order by main.main_commend,main.main_creatime desc limit ?,?";
    return jdbc.queryForList(sql_select_mymain,row,offset);
}
```

说明　在添加上面的代码后，代码中的 List 和 Map 下方将出现红色的波浪线，这里因为没有导入所在的包，导入 java.util 包中的这两个类就可以了。

分页查找的关键点是要计算总共有多少页。先用总条数与每页显示的条数求余，如果余数不等于 0，那么用总条数除以每页显示的条数加 1 获得总页数，如果余数等于 0，那么总条数除以每页显示条数获得总页数。

在 myresource 资源包下的 MainPageService 类文件里添加查找总条数方法，代码如下：

```
public Long getMainCount(){
    //使用count关键字，查询总条数
    String sql_select_mymain = "select count(main_id) as count from my_main";
    //执行SQL语句，返回总条数
    return (Long)jdbc.queryForMap(sql_select_mymain).get("count");
}
```

实际上分页就是一个一个连接，用户单击连接跳转到相应的页面，同样在 myresource 资源包下，MainPageService 类文件下添加 getPage()方法，用于生成分页导航，代码如下：

```
public String getPage (Long count,Integer currentPage,Integer offset){
    //数据
    Long currentLong = Long.parseLong(currentPage+"");
    Long countPage = 0L;
    //这里计算总页数
    if(count%offset!=0){
        countPage = count/offset+1;
    }else{
        countPage = count/offset;
```

```
    }
    //使用StringBuffer拼接字符串
    StringBuffer sb = new StringBuffer();
    //前一页判断，判断当前页数大于1则存在前一页，否则不存在前一页
    if (currentPage> 1){
        sb.append("<span class=\"page\"> <a href=\"?page="+(currentPage-1));
        sb.append("\"> «</a> </span> ");
    }else{
        sb.append("<span class=\"page\"> <a href=\"?page=1");
        sb.append("\"> «</a> </span> ");
    }
    sb.append("<span class=\"page\" style=\"width: 50px !important;\"> ");
    sb.append("<a href=\"?page=1");
    sb.append("\"> start</a> ");
    sb.append("</span> ");

    //中间页数导航，中间最多显示5页，这里的计算有些复杂，判断了三次
    //第一次判断总页数减去当前页数加1大于等于5，证明向后存在5页
    //假设我们当前页数为2，那么我们中间导航显示为2、3、4、5、6
    if ((countPage-currentLong+1) >=5){
        for (Long i = currentLong ; i<currentPage+5;i++){
            sb.append("<span class=\"page\"> ");
            sb.append("<a href=\"?page="+i);
            sb.append("\"> "+i+"</a> ");
            sb.append("</span> ");
        }
    //第二次判断，基于上一次的判断不成立，那么证明当前页数向后不足5页
    //这时候判断总页数减4，判断中间导航是否能够支撑5页，假设总页数为10
    //当前页数为7，7向后不足5页，那么判断总页数是否够支撑5页，用总页数减4
    //如果够5页，那么得出一个结论是当前页数向后不够5页，总页数大于或等于5页
    //当前页数包含在最后5页，那么中间导航显示的就是6、7、8、9、10
    }else if (countPage-4 >  0){
        for (long i = countPage-4 ; i<= countPage;i++){
            sb.append("<span class=\"page\"> ");
            sb.append("<a href=\"?page="+i);
            sb.append("\"> "+i+"</a> ");
            sb.append("</span> ");
        }
    //经过上面两轮的判断，可以直接得出结论，总页数不足以支撑5页
    //那么从1开始到总页数结束
    }else{
        for (long i = 1 ; i<= countPage;i++){
            sb.append("<span class=\"page\"> ");
            sb.append("<a href=\"?page="+i);
            sb.append("\"> "+i+"</a> ");
            sb.append("</span> ");
        }
    }
    //判断最后一页，最后一页等于总页数，这里只要判断是否存在1页，不存在最后一页设为1
    sb.append("<span class=\"page\" style=\"width: 40px !important;\"> ");
    sb.append("<a href=\"?page="+(countPage==0?1:countPage));
```

```
        sb.append("\"> end</a> ");
        sb.append("</span> ");
        //判断是否存在下一页，当前页数小于总页数，那么存在最后一页
        if (currentLong<countPage){
            sb.append("<span class=\"page\"> ");
            sb.append("<a href=\"?page="+currentLong+1);
            sb.append("\"> »</a> ");
            sb.append("</span> ");
        }else{
            sb.append("<span class=\"page\"> ");
            sb.append("<a href=\"?page="+currentLong);
            sb.append("\"> »</a> ");
            sb.append("</span> ");
        }
        //输出总页数
        sb.append("<span> ");
        sb.append("共"+countPage+"页");
        sb.append("</span> ");

        return sb.toString();
    }
```

分页后台功能方法到这里已经完成，方法接受了 3 个参数——count（数据总条数）、currentPage（当前页数）和 offset（偏移量，这个参数用于求得总页数），参数的传递都是通过<a>标签的 href="?page=值"，这里写的并不是全路径，使用的是一个小技巧，这样写请求路径就是当前浏览器路径。

初学者不太容易理解分页，我们来回顾一下思路。首先要确定分页的原型，它其实就是一个按钮组，功能包括：前一页、后一页、首页、尾页以及中间导航。前一页需要判断当前页数是不是第一页，如果是第一页，那么把前一页设置为 1；如果不是第一页，那么前一页设置为当前页数减 1。后一页需要判断当前页数是不是最后一页，如果是最后一页，那么把后一页设置为总页数；如果不是最后一页，那么后一页等于当前页数加 1。

中间导航部分需要考虑的情况比较多，首先约定中间最多显示 5 页，约定好总长度，我们围绕着当前页数与总页数开始考虑问题，如果总页数减去当前页数加 1 大于等于 5，那么证明从当前页数向后存在 5 页（比如总页数为 10，当前页数为 3，那么中间导航显示为 3、4、5、6、7 当前页数排在第一位）。如果上面的条件没有被满足，那么证明当前页数到最后一页不足 5 页，这说明当前页数在后四页当中，这时我们判断总页数减 4 大于 0，那么得出结论是当前页数在后 4 页当中，并且总页数大于等于 5（比如总页数为 10，当前页数为 7，那么中间导航显示为 6、7、8、9、10）。如果以上的两个条件都不满足，那么可以直接得出结论，总页数不够 5 页，（如总页数为 3，当前页数为 2，那么中间导航显示为 1、2、3），分页功能是初级程序员必须要掌握的技能。

13.7.5　使用 JSTL 迭代数据

这样后端的方法也完成了，现在要把获取的数据在 JSP 页面上展现出来，最终显示给用户。在

controller 层中，向 JSP 传递了两个参数：第一个参数 "main" 存放帖子内容，通过 mav.addObject("main", mainContents)创建；第二个参数 "pageHtml" 存放帖子分页，通过 mav.addObject("pageHtml", pageHtml)创建。因此在 JSP 页面当中，我们可以获取到这两个参数，再把获取的参数显示成为我们想要的格式即可。打开 WebContent 目录下的 "WEB-INF/view/myJSP/mainPage.jsp"，首先展示查询出来的帖子，然后把分页展示出来，代码如下：

```jsp
<%@page language="java" contentType="text/html; charset=UTF-8" pageEncoding="UTF-8"%>
<!DOCTYPEHTML>
<html>
<head>
    ...
</head>
<body>

    <table class="table table-striped">
        <tr>
            <th width="70%"> <strong> 标题：</strong> </th>
            <th width="10%"> <strong> 作者</strong> </th>
            <th width="10%"> <strong> 回复/查看</strong> </th>
            <th width="10%"> <strong> 最后发表</strong> </th>
        </tr>
        <!-- choose标签相当于Java代码当中switch case语句 -->
        <c:choose>
            <%-- when标签相当于Java当中switch case语句当中的case，属性test设置条件 --%>
            <c:when test="${not empty main }">
                <!-- forEach相当于Java代码当中的循环 -->
                <!-- 属性items为要迭代元素 -->
                <!-- 属性item为迭代出来的元素 -->
                <!-- 属性varStatus为迭代状态 -->
                <c:forEach items="${main }" var="item" varStatus="vs">
                    <tr>
                        <td>
                        <!-- 该<a>标签指向具体帖子连接，单击打开 -->
                        <a href="<%=basePath%>secondPageContent?mainId=${item.main_id}">
                        <img src="<%=basePath %>image/pin_1.gif"
                        id="${item.main_id}img" />
                        [日月精华]  
                        <!-- 获取标题 -->
                         ${item.main_title }
                        </a>
                        </td>
                        <td>
                        <!-- 获取发帖人 -->
                        ${item.main_creatuser }
                        </td>
                        <td>
                        <!-- 获取回复人数与查看人数 -->
                        ${item.info_reply }/${item.info_see }
                        </td>
                        <td>
                        <!-- 获取最后发帖人 -->
```

使用 JSTL
迭代数据

```
                    ${item.info_lastuser }
                </td>
            </tr>
        </c:forEach>
    </c:when>
</c:choose>
</table>
<div class="row">
    <div class="col-xs-7">

    </div>
    <div class="col-xs-5 text-nowrap">
        <!--  获取分页   -->
        ${pageHtml }
    </div>
</div>

<form action="<%=basePath %>saveUeditorContent" method="post">
    ...
</form>

<!-- 配置文件 -->
    ...
<!-- end富文本 -->
</body>
</html>
```

说明 上述代码块中，使用一个<a>标签指向了一个地址，这个地址是我们提前设置好的，它用于在单击的时候查看帖子的详细内容。只要在后台写一个方法处理，不必二次修改，这是日常开发当中的一个非常实用的小技巧，功能一定要想全面后再去实现代码，避免后续进行反复修改。

重新启动 Tomcat 服务器，在浏览器中输入"http://127.0.0.1:8080/mrbbs/goMainPage"，数据库当中的数据被显示到 JSP 中，如图 13-51 所示。

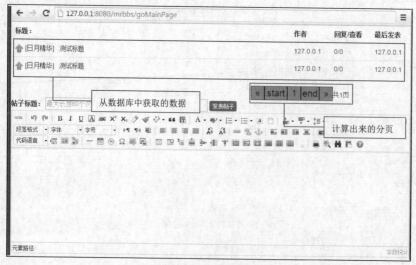

图 13-51　展示发帖

13.7.6 查看帖子的详细内容

到目前为止一个完整的页面已经完成，下面要做的是单击标题查看帖子的详细内容，功能包括查看主帖、查看回复帖和回帖。

首先在 WebContent 根目录下，打开 "WEB-INF/view/myJSP" 文件夹，新建一个 secondPage.jsp 文件，代码如下：

```jsp
<%@page language="java" contentType="text/html; charset=UTF-8"
pageEncoding="UTF-8"%>
<!DOCTYPEhtml>
<html>
<head>
<%@include file="/../../../jspHead.jsp" %>
    <!--   分页样式   -->
    <style type="text/css">
    .page{
        display:inline-block;           /*  内联对象    */
        border: 1px solid ;             /*  边框1像素    */
        font-size: 20px;                /*  文字大小20像素   */
        width: 30px;                    /*  宽度30像素    */
        height: 30px;                   /*  高度30像素    */
        background-color: #1faeff;      /*  设置背景色    */
        text-align: center;             /*  居中对齐    */
    }
    a,a:hover{ text-decoration:none; color:#333}
    </style>
</head>
<body>

</body>
</html>
```

打开 myresource 资源包，在 com.mrkj.ygl.controller 包下新建 SecondPageController.java 类文件，先处理跳转 secondPage.jsp，这个路径是在 mainPage.jsp 初始化参数迭代的时候提前定义好的路径，现在按照提前定义好的路径，来处理查看详细帖子。

我们先要考虑需要哪些参数，在 mainPage.jsp 初始化的时候，首先把 mainId 传递给了后台，这样就获取了围绕这个帖子的相关信息，然后根据 mainId 获取到 my_main 数据，最后获取 my_second，这样一个完整的帖子原型就出来了，有主帖和跟帖，代码如下：

```java
package com.mrkj.ygl.controller;

import java.util.Map;

import javax.annotation.Resource;

import org.springframework.stereotype.Controller;
import org.springframework.web.bind.annotation.RequestMapping;
import org.springframework.web.bind.annotation.RequestParam;
import org.springframework.web.servlet.ModelAndView;

import com.mrkj.ygl.service.SecondPageService;
```

```java
@Controller
public class SecondPageController {
    //注入Service
    @Resource
    SecondPageService sps;

    @RequestMapping(value="/secondPageContent")
    public ModelAndView goSecondPage(String mainId,
    @RequestParam(name="page",defaultValue="1") Integer page,
    @RequestParam(name="row",defaultValue="15")Integer row){
        ModelAndView mav = new ModelAndView("myJSP/secondPage");
        //根据传递过来的mainId查找my_main与my_second表
        Map<String, Object> mainAndSecond = sps.getMainAndSeconds(mainId,(page-1)*row, row);
        //将返回值传递给JSP
        mav.addObjects("mainAndSeconds",mainAndSecond);

        return mav;
    }
}
```

如果把上面代码输入到 Eclipse 当中，代码会报"未找到该方法"的错误，这是因为在 Service 层没有增加该方法。在开发的时候，先建立一个 controller 控制层，写完方法声明、参数声明、返回值以后，开始写 service 服务层处理逻辑，逻辑处理完毕后，再返回去写 controller 控制层，直接调用 service 服务层的方法，获得返回值传递给 JSP，JSP 接收参数初始化页面，完成流程。

接下来在 myresource 资源包中的 com.mrkj.ygl.service 包下新建 SecondPageService.java 文件，写下获取主帖和跟帖的方法，代码如下：

```java
package com.mrkj.ygl.service;

import java.util.List;
import java.util.Map;
import javax.annotation.Resource;
import org.springframework.jdbc.core.JdbcTemplate;
import org.springframework.stereotype.Service;
//@service注解声明通知Spring该层为服务层，如果服务层不使用@Service注解声明
//导致控制层无法注入
@Service
public class SecondPageService {

    //注入Spring JdbcTemplate，在resource资源包下
    // "com.mrkj.ygl.config.RootConfig.java" 文件下配置JdbcTemplate，否则无法注入
    @Resource
    JdbcTemplate jdbc;
    //获取帖子详细信息包括主帖跟帖
    public Map<String,Object> getMainAndSeconds(String mainId,Integer start,Integer offset){
        //定义SQL语句，查询主帖
        String sql_select_mymain = "select main_id,main_title,"
            + "main_content,DATE_FORMAT(main_creatime,'%Y年%m月%d日 %h点%i分%s秒') "
                + "as main_creatime,main_creatuser,"
                + "main_commend from my_main where main_id = ?";
        //定义SQL语句，查询跟帖
```

```
            String sql_select_mysecond = "select sec_id,main_id,"
                + "sec_content,DATE_FORMAT(sec_creatime,'%Y年%m月%d日 %h点%i分%s秒') "
                    + "as sec_creatime,sec_creatuser,sec_sequence"
                    + " from my_second where main_id = ? ORDER BY sec_creatime"
                    + " LIMIT ?,?";
        //执行SQL语句，获取主帖信息
        Map<String, Object> mainContent = jdbc.queryForMap(sql_select_mymain,mainId);
        //判断主帖是否存在，如果存在查找跟帖
        if (mainContent != null){
            List<Map<String, Object> > seconds
            = jdbc.queryForList(sql_select_mysecond,mainId,start,offset);
            mainContent.put("seconds", seconds);
        }
        //返回帖子模型
        return mainContent;
    }


}
```

后端代码到这里已基本完成，只要把数据展示出来即可。打开刚刚建立的 secondPage.jsp，把传递过来的数据展示出来，包括主帖和跟帖的数据，代码如下：

```
<%@page language="java" contentType="text/html; charset=UTF-8"
 pageEncoding="UTF-8"%>
<!DOCTYPEhtml>
<html>
    …
<body>
<!-- 以下代码使用JSTL标签迭代出主帖与跟帖 -->
<div class="container-fluid" >
    <table class="table table-bordered">
        <tr>
        <!-- <td>标签，该单元格定义了发帖人信息与身份 -->
        <td class="tbl">
        <div style="text-align: center;">
        <p> 楼主</p>
        <a> <img alt="" src="<%=basePath %>image/avatar_002.gif" /> </a>
        </div>
        <!-- <table>标签，该表格用户展示发帖人信息 -->
        <table class="table" style="background-color:#e5edf2; ">
        <tr>
        <td> 昵称:</td>
         <!-- 使用EL表达式获取发帖人 -->
        <td> ${mainAndSeconds.main_creatuser }</td>
        </tr>
        <tr>
        <td> 性别:</td>
        <td> 男</td>
        </tr>
        <tr>
        <td> 年龄:</td>
        <td> 18</td>
        </tr>
```

```
<tr>
<td> 发帖数：</td>
<td> 10</td>
</tr>
<tr>
<td> 回帖数：</td>
<td> 10</td>
</tr>
</table>
</td>
<!--  <td>标签，该单元格定义了帖子详细内容  -->
<td class="tbr">
<div style="height: 65px;padding-left: 20px;padding-top: 1px;">
<h3>
<!--  使用EL表达式获取帖子标题  -->
<a style="color: #ifaeff"> ${mainAndSeconds.main_title }</a>
</h3>
</div>
<!-- 下面这是画出一条横线 -->
<div style="width:98%;height:1px;margin-bottom:10px;
    padding:0px;background-color:#D5D5D5;overflow:hidden;">
</div>
<p class="text-right" style="padding-right: 90px;">
<span style="padding-right: 30px;">
<!--  EL表达式获取发帖时间  -->
<a style="color: #78BA00;">
发表于:${mainAndSeconds.main_creatime }
</a>
</span>
<span> </span>
</p>
<!-- 下面这是画出一条横线 -->
<div style="width:98%;height:1px;margin-bottom:10px;
            padding:0px;background-color:#D5D5D5;overflow:hidden;">
</div>
<div style="padding-top: 12px;min-height: 380px;">
<!-- EL表达式获取帖子内容  -->
${mainAndSeconds.main_content }
</div>
<!-- 下面这是画出一条横线 -->
<div style="width:98%;height:1px;margin-bottom:10px;
            padding:0px;background-color:#D5D5D5;overflow:hidden;">
</div>
<!--  上下间隙90像素  -->
<div style="padding-right: 90px;">

</div>

</td>
</tr>
<!--  <choose>标签相当于Java代码当中的switch case语句  -->
```

```
<c:choose>
<%-- <when>标签相当于Java代码当中的switch case语句当中的case，属性test设置条件 --%>
<c:when test="${not empty mainAndSeconds.seconds }">
<!-- forEach相当于Java代码当中的循环 -->
<!-- 属性items为要迭代元素 -->
<!-- 属性item为迭代出来的元素 -->
<!-- 属性varStatus为迭代状态 -->
<c:forEach items="${mainAndSeconds.seconds}" var="item" varStatus="vs">
<tr>
<td class="tbl">
<div style="text-align: center;">
<!-- 利用vs获取迭代序号，vs索引从0开始 -->
<p> 第${vs.index+1 }楼</p>
<a>
<img alt="" src="<%=basePath %>image/avatar_002.gif" />
</a>
</div>
<table class="table" style="background-color:#e5edf2; ">
<tr>
<td> 昵称:</td>
<!-- 获取跟帖人 -->
<td> ${item.creatuser }</td>
</tr>
<tr>
<td> 性别:</td>
<td> 男</td>
</tr>
<tr>
<td> 年龄:</td>
<td> 18</td>
</tr>
<tr>
<td> 发帖数:</td>
<td> 10</td>
</tr>
<tr>
<td> 回帖数:</td>
<td> 10</td>
</tr>
</table>
</td>

<td class="tbr">
<span style="padding-right: 30px;">
<!-- 获取跟帖时间 -->
<a style="color: #78BA00;"> 回复于:${item.sec_creatime }
</a>
</span>
<div style="width:98%;height:1px;margin-bottom:10px;
                    padding:0px; background-color:#D5D5D5;overflow:hidden;">
</div>
<div style="padding-top: 12px;min-height: 380px;">
<!-- 获取跟帖内容 -->
```

```
            ${item.sec_content }
            </div>
            <div style="width:98%;height:1px;margin-bottom:10px;
                              padding:0px; background-color:#D5D5D5;overflow:hidden;">
            </div>
            <div style="padding-right: 90px;">
            </div>
            </td>
            </tr>
            </c:forEach>
            </c:when>
            </c:choose>
        </table>
        <div style="padding: 10px 5px;text-align: right;"> ${pageHtml }</div>

    </div>
    </body>
    </html>
```

打开浏览器输入 http://127.0.0.1:8080/mrbbs/goMainPage，在图 13-52 所示的页面中，单击任意一个帖子，查看一下效果，如图 13-53 所示。

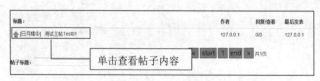

图 13-52　帖子列表

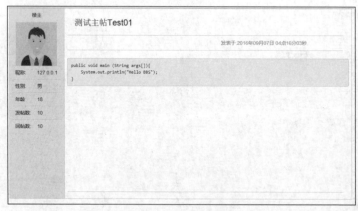

图 13-53　帖子详细内容

13.8　帖子的关系链

维护关系链

13.8.1　维护关系链

设计数据库的时候，曾使用 main_id 关联了 3 张表（my_main、my_info、my_second），数据的穿插是一个程序员必须具备的知识，现在来梳理一下 main_id 究竟是怎样关联上所有数据的。

第一次出现 main_id 是在发帖的时候，把帖子标题与帖子内容传递至后台，由后台生成 ID 保存至数据库中，如图 13-54 所示。

```java
public int saveMainContent(String content,String mainTitle,String mainCreatuser){
    //定义sql语句, 这里的sql使用的是参数注入模式, VALUES的值使用的是?占位符
    String sql_save_mymain = "INSERT INTO my_main "
    + "(main_id,main_title,main_content,"
    + "main_creatime,main_creatuser,main_commend)"
    + " VALUES (?,?,?,?,?,?)";
    String sql_save_myinfo = "INSERT INTO my_info "
    + "(main_id,info_reply,info_see,"
    + "info_lastuser,info_lastime) "
    + "VALUES (?,0,0,?,?)";
    //表id使用的是UUID
    String mainId = UUID.randomUUID().toString();
    //时间格式化这里的格式要与数据库当中列与datatime相对应yyyy-MM-dd hh:mm:ss.
    sdf.applyPattern("yyyy-MM-dd hh:mm:ss");
    //获取当前时间作为创建时间
    String mainCreatime = sdf.format(new Date());
    //精华帖标识, 0普通帖, 1精华帖
    Integer mainCommend = 0;
    //初始化my_info表的数据
    jdbc.update(sql_save_myinfo, mainId,mainCreatuser,mainCreatime);
    //执行update语句, 第一个参数sql语句, 后面可以携任意多参数.
    return jdbc.update(sql_save_mymain,
            mainId,mainTitle,content,mainCreatime,mainCreatuser,mainCommend);
}
```

图 13-54 在 MainPageService 中生成 main_id

第二次出现 main_id 是在 mainPage.jsp 展示数据的时候，我们把帖子标题放在<a>标签体内，<a>标签指向一个地址并传递参数 main_id 给后台，如图 13-55 所示。

```html
<c:choose>
    <c:when test="${not empty main }">
        <c:forEach items="${main }" var="item" varStatus="vs">
            <tr>
                <td>
                    <a href="<%=basePath%>secondPageContent?mainId=${item.main_id}" >
                    <img src="<%=basePath %>1/1/3image/pin_1.gif" id="${item.main_id}img" />
                    [日月精华]   ${item.main_title }
                    </a>
                </td>
                <td>
                    ${item.main_creatuser }
                </td>
                <td>
                    ${item.info_reply }/${item.info_see }
                </td>
                <td>
                    ${item.info_lastuser }
                </td>
            </tr>
        </c:forEach>
    </c:when>
</c:choose>
```

图 13-55 <a>标签指向路径把 main_id 传递至后台

第三次出现 main_id 是在获取帖子详细内容与跟帖的时候（单击<a>标签查看帖子内容，传递给 secondPageController），如图 13-56 所示。

```java
@RequestMapping(value="/secondPageContent")
public ModelAndView goSecondPage(String mainId,@RequestParam(name="page",defaultValue="1") Integer page
    ModelAndView mav = new ModelAndView("myJSP/secondPage");
    //根据传过来的mainId查找my_main与my_second表
    Map<String, Object> mainAndSecond = sps.getMainAndSeconds(mainId,(page-1)*row, row);
    //将返回信息传给JSP
    mav.addObject("mainAndSeconds", mainAndSecond);

    Long count = sps.getSecondCount();
    Map<String,String> parm = new HashMap<>();
    parm.put("mainId", mainId);
    String pageHtml = sps.getPage(count, page, row,parm);
    mav.addObject("pageHtml", pageHtml);

    return mav;
}
```

图 13-56 后台接收到的 mainId

　　讲解这些只是为了让读者明白，main_id 其实一直没有断，它贯穿了发帖和看帖的全过程。接下来将第 4 次出现 main_id，这次出现是为了发表跟帖，跟帖的时候需要把 main_id 传递过去，这样才知道这个跟帖跟的是哪一个主帖。

　　跟帖同样使用 UEditor，既然是发表跟帖，那就要知道是针对哪一条主帖发表跟帖，这里使用隐藏 <input> 标签记录主帖 ID，实现主帖与跟帖的绑定。打开 secondPage.jsp 页面，代码如下：

```
<%@page language="java" contentType="text/html; charset=UTF-8"
pageEncoding="UTF-8"%>
<!DOCTYPEhtml>
<html>
<head>
    ......
</head>
<body>

<div class="container-fluid" >
    ......
    <!-- 富文本 -->
    <form action="<%=basePath %>saveSencondPage" method="post">
        <!-- 隐藏字段，记录主帖ID，发表跟帖时，将该字段传递之后台，将主帖与跟帖关系绑定 -->
        <input name="mainId" type="hidden" value="${mainAndSeconds.main_id }">
        <p class="text-right" style="padding-right: 90px;">
            <button type="submit" class="btn btn-primary btn-xs text-right" >
            <span class="glyphicon glyphicon-edit" aria-hidden="true"> </span>
                回复帖子
            </button>
        </p>
        <!-- 加载编辑器的容器 -->
        <script id="container" name="content" type="text/plain">

        </script>
    </form>

    <!-- 配置文件 -->
    <script type="text/javascript" src="<%=basePath %>uedit/js/ueditor.config.js"></script>
    <!-- 编辑器源码文件 -->
    <script type="text/javascript" src="<%=basePath %>uedit/js/ueditor.all.js"></script>
    <!-- 实例化编辑器 -->
    <script type="text/javascript">
        var editor = UE.getEditor('container');
    </script>
</div>
</body>
</html>
```

在上述代码中，至关重要的是不要把关系链弄断。如果关系链断了，那么数据将无法正常查询。在以后的开发中，关系链通常都是靠着一个关键字段关联起来，知道了这一点，无论开发什么样的流程，多么复杂的结构，都能迎刃而解。

13.8.2 保存跟帖

在上面的 JSP 当中，笔者讲解了如何维护好跟帖与主帖的关系，接下来要将跟帖保存至数据库。打开 myresource 资源包下的 secondPageController 类，准备接收 JSP 传递过来的数据，保存至数据库 my_second 表当中，代码如下：

保存跟帖

```
//接收JSP传递过来的参数main_id与富文本content，保存至数据库my_second表中
@RequestMapping(value="/saveSecondPage")
public ModelAndView saveSecondPage(HttpServletRequest request,
                                    String mainId,String content){
    ModelAndView mav = new ModelAndView();
    String mainCreatuser = request.getRemoteAddr();
    int result = sps.saveSecondPage(mainId, content, mainCreatuser);
    if (result == 1){
        mav.setViewName("redirect:/secondPageContent?mainId="+mainId);
    }else{
        mav.setViewName("404");
    }
    return mav;
}
```

接收到参数，调用 SecondPageService 类的保存方法 saveSecondPage() 来保存数据，如果保存成功返回 1，这里做一个判断，如果成功返回视图。上面代码中的 "int result = sps.saveSecondPage(mainId, content, mainCreatuser);" 用于将跟帖保存至数据库中，第一个参数 mainId 将主帖与跟帖在数据库中绑定。

现在开始写 service 层，打开 myresource 资源包下的 SecondPageService 类文件，实现保存方法，代码如下：

```
public int saveSecondPage (String main_id,String content,String creatuser){
    String sql_insert_mysecond = "insert INTO my_second "
    + "(sec_id,main_id,sec_content,sec_creatime,sec_creatuser,sec_sequence) "
    + "VALUES (?,?,?,now(),?,'1')";

    return jdbc.update(sql_insert_mysecond,UUID.randomUUID().toString(),
            main_id,content,creatuser);

}
```

这里发帖人 creatuser 字段使用用户 IP 替代，创建时间使用 MySQL 数据库函数 now() 自动添加。执行 SQL 语句，会返回更新数据的记录数量。如果成功插入数据，那么返回值是 1。

打开浏览器输入 "http://127.0.0.1:8080/mrbbs/goMainPage"，单击一个帖子，进入帖子详细信息页面，在该页面中可以发表跟帖，如图 13-57 和图 13-58 所示。

图 13-57 发表跟帖

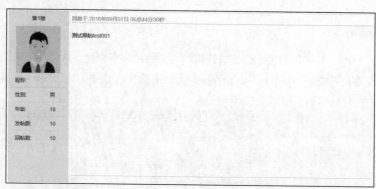

图 13-58　显示跟帖

13.8.3　带参数的分页

带参数的分页

跟帖的展示也需要以分页的形式展现，这里的分页与 mainPage.jsp 分页有所不同，在单击分页的时候，不只要把 page（要跳转的页面）传递过去，还需要把维护关系的 mainid 字段传递给后台，两个参数缺一不可，缺少了 mainid 参数，就无法知道要获取哪个帖子下的跟帖。打开 myresource 资源包下的 secondPageController 类文件，修改 goSecondPage()方法，代码如下：

```
@RequestMapping(value="/secondPageContent")
public ModelAndView goSecondPage(String mainId,
    @RequestParam(name="page",defaultValue="1") Integer page,
    @RequestParam(name="row",defaultValue="15")Integer row){
        ModelAndView mav = new ModelAndView("myJSP/secondPage");
        //根据传递过来的mainId查找my_main与my_second表
        Map<String, Object> mainAndSecond = sps.getMainAndSeconds(mainId,(page-1)*row, row);
        //将返回值传递给JSP
        mav.addObject("mainAndSeconds", mainAndSecond);

        Long count = sps.getSecondCount(mainId);
        Map<String,String> parm = new HashMap<> ();
        parm.put("mainId", mainId);
        String pageHtml = sps.getPage(count, page, row,parm);
        mav.addObject("pageHtml", pageHtml);

        return mav;
}
```

在上面的代码中增加了分页的参数 mainId，这样在单击分页超链接时，就可以把 mainId 传递给后台了。

分页方法的具体实现，比起 main_page 分页，这里其实只是增加了一个参数而已。读者可能好奇为什么这里我们使用 Map 作为参数，而不是直接使用 String，这是因为 Map 本身的结构就是特别适合参数，Map 可以分解为 Entry，Entry 可以直接获取 Map 的 key 与 value，我们把 key 当作参数名，把 value 作为参数值。

打开 myresouce 资源包下的 secondPageService 类文件增加 getSecondCount()getPage()方法：
```
public Long getSecondCount(String mainId){
    //count：数据库当中数据总条数
```

```java
//currentPage：当前页数
//offset：每页显示数据条数
//parm：附加参数
public String getPage (Long count,Integer currentPage,
                        Integer offset,Map<String,String> parm){
    //将当前页数转换为Long类型，统一类型方便计算
    Long currentLong = Long.parseLong(currentPage+"");
    //记录总页数，初始化给定值为0L。因为是长整形所以要在数字后面加L
    Long countPage = 0L;
    //计算总页数，根据数据库数据总条数与每页显示数据条数，计算总页数
    //使用求余运算，判断是否整除，如果整除，使用总条数除以每页显示数据条数，得出总页数
    //如果没有整除那么证明有余数，使用总条数除以每页显示数据条数加一得出总页数
    if(count%offset!=0){
        countPage = count/offset+1;
    }else{
        countPage = count/offset;
    }
    //将parm里的参数拼接成URL参数
    StringBuffer sbParm = new StringBuffer("");

    //判断parm是否为空，设置额外附加参数
    if (parm!=null){
        //从Map类型获取entrySet，Entry是Map的一个元素，以键值对呈现
        Set<Entry<String, String>>   entrySet = parm.entrySet();
        //迭代Set获取Entry元素，将键作为参数名，值作为参数值拼接成URL参数
        for (Entry<String, String>   entry : entrySet){
            sbParm.append("&"+entry.getKey()+"="+entry.getValue());
        }

    }

    StringBuffer sb = new StringBuffer();
    //前一页，判断当前页数是否大于1
    if (currentPage> 1){
        //大于1的话，前一页就等于当前页减1
        sb.append("<span class=\"page\"> <a href=\"?page="+(currentPage-1));
        sb.append(sbParm);
        sb.append("\"> «</a> </span> ");
    }else{
        //不大于1的话，证明是第一页
        sb.append("<span class=\"page\"> <a href=\"?page=1");
        //增加URL参数
        sb.append(sbParm);
        sb.append("\"> «</a> </span> ");
    }
    //第一页
    sb.append("<span class=\"page\" style=\"width: 50px !important;\"> ");
    //连接永远指向第一页
    sb.append("<a href=\"?page=1");
    //增加URL参数
    sb.append(sbParm);
    sb.append("\"> start</a> ");
    sb.append("</span> ");
```

```
                //如果总页数减去当前页数大于5，那么证明可以显示5个分页
                if ((countPage-currentLong+1) >=5){
                    for (Long i = currentLong ; i<currentPage+5;i++){
                        sb.append("<span class=\"page\"> ");
                        sb.append("<a href=\"?page="+i);
                        //增加URL参数
                        sb.append(sbParm);
                        sb.append("\"> "+i+"</a> ");
                        sb.append("</span> ");
                    }
                }
                //如果总页数减4大于0那么证明从总页数仍然够5页
                else if (countPage-4 >   0){
                    for (long i = countPage-4 ; i<= countPage;i++){
                        //顺序迭代页面
                        sb.append("<span class=\"page\"> ");
                        sb.append("<a href=\"?page="+i);
                        //增加URL参数
                        sb.append(sbParm);
                        sb.append("\"> "+i+"</a> ");
                        sb.append("</span> ");
                    }
                }
                //否则总页数不够5页
                else{
                    for (longi = 1 ; i<= countPage;i++){
                        //顺序迭代页面
                        sb.append("<span class=\"page\"> ");
                        sb.append("<a href=\"?page="+i);
                        //增加URL参数
                        sb.append(sbParm);
                        sb.append("\"> "+i+"</a> ");
                        sb.append("</span> ");
                    }
                }
                //增加最后一页
                sb.append("<span class=\"page\" style=\"width: 40px !important;\"> ");
                //这里使用了三目表达式，判断总页数是否为0，如果是0返回1，否则返回总页数
                sb.append("<a href=\"?page="+(countPage==0?1:countPage));
                //增加URL参数
                sb.append(sbParm);
                sb.append("\"> end</a> ");
                sb.append("</span> ");
                //判断是否拥有下一页
                if (currentLong<countPage){
                    sb.append("<span class=\"page\"> ");
                    //如果满足条件，下一页为当前页加1
                    sb.append("<a href=\"?page="+currentLong+1);
                    sb.append(sbParm);
                    sb.append("\"> »</a> ");
                    sb.append("</span> ");
                }else{
                    sb.append("<span class=\"page\"> ");
```

```
//为满足条件，下一页为当前页
sb.append("<a href=\"?page="+currentLong);
sb.append(sbParm);
sb.append("\"> »</a> ");
sb.append("</span> ");
}

sb.append("<span> ");
sb.append("共"+countPage+"页");
sb.append("</span> ");

return sb.toString();
}
```

上述代码要比之前写的分页代码复杂，因为每一步都做了参数判断，并且拼接了 URL 参数。注意这里的参数拼接，是一个很实用的技巧。

增加完上述代码，整个论坛的核心功能就结束了，难点在于关系链的维护与分页查找数据。

13.9 实现登录注册

13.9.1 用户注册

用户注册模块，几乎是每个软件必须要有的功能，这里基于 Bootstrap 定义了一个表单，共有 5 个字段，分别是用户名、密码、重复密码、姓名和邮箱。这 5 个字段是注册环节必须要有的，效果如图 13-59 所示。

用户注册

图 13-59 注册界面

编写注册模块要注意几点：用户名不可重复、用户名密码长度、密码尽可能加密，这里使用 MD5 加密，代码如下：

```
@RequestMapping(value="/register.do")
public ModelAndView register(HttpServletRequest request,String username ,
    String password ,String repassword , String email , String wxname) {
    ModelAndView mav = new ModelAndView("redirect:/login.jsp");
    //判断用户名密码合法性，用户名不为null或空字符串
    if (username!=null&&!"".equals(username.trim())&&username.length()<20
```

```
            &&password!=null&&!"".equals(password.trim())
            &&(password.equals(repassword))){
    //判断用户名是否存在
    Long count = userloginService.selectByUsernameCount(username).get("count");
    if (0==count){
        Sys_login entity = new Sys_login();
        entity.setUsername(username);
        //密码使用MD5加密，密码不允许使用明文
        entity.setPassword(MD5.md5(password));
        if (email!=null&&!"".equals(email.trim())&&ValidataUtil.isEmail(email)){
            entity.setEmail(email);
        }

        if (wxname!=null&&!"".equals(wxname.trim())){
            entity.setWxname(wxname);
        }

        if(userloginService.insertSelective(entity)> 0){
            mav.addObject("msg", "注册成功");
        }
    }else{
        mav.addObject("msg", "注册失败");
    }
}

return mav;
}
```

13.9.2　用户登录

用户登录模块，使用了 Shiro 框架，该框架是目前来说最流行的安全框架，其特点是轻量且简单。效果如图 13-60 所示。

用户登录

图 13-60　登录界面

实现登录验证，使用了 Shiro 验证技术。Shiro 的验证方法是基于 Subject 类，该类实现了 login()方法（登录）、logout()方法（退出），如果登录失败会抛出相应的异常，代码如下：

```
@RequestMapping(value="/verification.do")
public ModelAndView login(HttpServletRequest request,String username,String password,
        @RequestParam(defaultValue="0000") String verifyCode, Model model) {
    ModelAndView mav = new ModelAndView();
    String msg = "";
    HttpSession session = request.getSession();
    //验证码，本系统暂时没有涉及验证码，所以给出固定值0000
    String SessionverifyCode = "0000";
    if (SessionverifyCode!=null&&SessionverifyCode.equals(verifyCode)){
        session.setAttribute("verifyCode", MD5.md5(Math.random()+""));
        //获取Shiro令牌
        UsernamePasswordToken token = new UsernamePasswordToken(username, password);
        //Shiro判断
        Subject subject = SecurityUtils.getSubject();
        // session会销毁，在SessionListener监听session销毁，清理权限缓存
        if (subject.isAuthenticated()) {
            subject.logout();
        }
        try{
            //Shiro登录操作
            subject.login(token);
            //根据用户名获取用户实体类
            Sys_login loginEntity = userloginService.selectByUsername(username);
            session.setAttribute("UserName", username);
            session.setAttribute("loginEntity", loginEntity);
            session.setAttribute("loginFlag", true);
            //这个值是用户从之前的页面跳转过来的，如果该值不为null跳转到此URL
            String cotroUrl = (String)session.getAttribute("Referer");
            if (cotroUrl!=null&& !"".equals(cotroUrl)){
                String temp = cotroUrl.substring(cotroUrl.lastIndexOf("/"));
                mav.setViewName("redirect:/"+temp);
            }else{
                mav.setViewName("redirect:/index.jsp");
            }
        }
        //如果登录失败会抛出相应异常
        catch(IncorrectCredentialsException e) {
            msg = "登录密码错误. Password for account." + token.getPrincipal()
            + " was incorrect.";
            model.addAttribute("message", msg);
            System.out.println(msg);
            mav.setViewName("redirect:/login.jsp");
        } catch (ExcessiveAttemptsException e) {
            msg = "登录失败次数过多";
            model.addAttribute("message", msg);
            System.out.println(msg);
```

```
                    mav.setViewName("redirect:/login.jsp");
                } catch (LockedAccountException e) {
                    msg = "账号已被锁定. The account for username " + token.getPrincipal()
                    + " was locked.";
                    model.addAttribute("message", msg);
                    System.out.println(msg);
                    mav.setViewName("redirect:/login.jsp");
                } catch (DisabledAccountException e) {
                    msg = "账号已被禁用. The account for username " + token.getPrincipal()
                    + " was disabled.";
                    model.addAttribute("message", msg);
                    System.out.println(msg);
                    mav.setViewName("redirect:/login.jsp");
                } catch (ExpiredCredentialsException e) {
                    msg = "账号已过期. the account for username " + token.getPrincipal()
                    + "  was expired.";
                    model.addAttribute("message", msg);
                    System.out.println(msg);
                    mav.setViewName("redirect:/login.jsp");
                } catch (UnknownAccountException e) {
                    msg = "账号不存在. There is no user with username of "
                      + token.getPrincipal();
                    model.addAttribute("message", msg);
                    System.out.println(msg);
                    mav.setViewName("redirect:/login.jsp");
                } catch (UnauthorizedException e) {
                    msg = "您没有得到相应的授权！" + e.getMessage();
                    model.addAttribute("message", msg);
                    System.out.println(msg);
                    mav.setViewName("redirect:/login.jsp");
                }
            }else{
                mav.addObject("msg", "验证码错误！");
                mav.setViewName("redirect:/login.jsp");
            }
            return mav;
        }
```

13.9.3　用户退出

　　由于使用了 Shiro 框架实现登录，那么必须要配置退出。退出有两种情况：一种是用户手动退出；另一种是用户关闭了浏览器。

　　通过监听 session，检测到生成了一个新的 session 时，sessionCreated( )方法被执行，向 session 中做一个未登录标记。session 断开时，sessionDestroyed( )方法被执行，调用 Shiro 登出方法，代码如下：

用户退出

```
package com.mrkj.ygl.listener;

import javax.servlet.annotation.WebListener;
import javax.servlet.http.HttpSessionEvent;
```

```
import javax.servlet.http.HttpSessionListener;

import org.apache.shiro.SecurityUtils;
import org.apache.shiro.subject.Subject;

@WebListener
public class SessionListenerBySeachLogin implements HttpSessionListener {

    @Override
    publicvoid sessionCreated(HttpSessionEvent se) {

        se.getSession().setAttribute("loginFlag", "false");
    }

    @Override
    publicvoid sessionDestroyed(HttpSessionEvent se) {

        Subject subject = SecurityUtils.getSubject();
        //首先要确定用户已经登录，再执行退出操作
        if (subject.isAuthenticated()) {
            // session会销毁，在SessionListener监听session销毁，清理权限缓存
            subject.logout();
        }
    }
}
```

13.10 配置文件

13.10.1 框架配置文件

Spring 配置方法有两种：一种是通过 XML 配置；另一种是通过编程方式配置。本项目采用编程方式配置，在 resource 资源包下使用 3 个类配置 Spring，分别是：SpringWebInitializer、WebConfig、RootConfig。

其他配置文件清单如下。

（1）MyBatis 以 XML 的方式配置，在 resource 资源包下 spring-transaction.xml 文件中配置了相关参数。

框架配置文件

（2）Shiro 以 XML 的方式配置，在 resource 资源包下 spring-pz-shiro.xml 文件中配置了相关参数。

（3）在 RootConfig 中引入了 MyBatis 与 Shiro 配置文件。

13.10.2 UEditor 配置文件

UEditor 配置文件清单如下。

（1）附件上传配置。通过"WebContent/uedit/js/jsp/config.json"文件配置附件上传路径。

UEditor 配置文件

（2）工具栏配置。通过"WebContent/uedit/js/ueditor.config.js"文件配置删除不需要的工具栏。

小 结

　　本章运用软件工程的设计思想，采用了当下最流行的 SSM 框架整合技术，同时还加入了 Shiro 和 UEditor，这些内容都是实际项目开发中经常应用的技术。在开发程序中使用 Shiro 框架，会使程序开发变得简单，并且安全性也比较高。希望读者能够通过学习本章的项目，来领会以上知识，并做到融会贯通。